台区线损
管理与分析

王永平◎主编

中国电力出版社
CHINA ELECTRIC POWER PRESS

内 容 提 要

本书紧密结合台区管理实践，针对台区线损管理的重点和难点，对相关理论进行了详细阐述，归纳总结了导致台区线损异常的主要因素，并结合同期线损管理系统台区治理的具体案例进行了深入分析，提出了台区线损异常分析、治理思路。

全书分为七章，主要内容包括台区线损管理基础知识、台区线损影响因素、台区线损理论计算、台区线损异常原因分析、高损台区典型案例分析、负损台区典型案例分析、不可算台区典型案例分析等；以同期线损管理系统台区治理的具体案例，详述了高损、负损和不可算台区的异常诊断分析过程，图文并茂，对于台区线损管理具有较强的指导作用。

本书可为供电企业、科研部门从事配电网或台区管理工程技术人员、科研人员提供借鉴与参考，对相关培训机构、节能爱好者也具有较大的参考价值。

图书在版编目（CIP）数据

台区线损管理与分析 / 王永平主编. —北京：中国电力出版社，2020.1（2023.4 重印）
ISBN 978-7-5198-4208-6

Ⅰ.①台… Ⅱ.①王…   Ⅲ.①线损计算 Ⅳ.① TM744

中国版本图书馆 CIP 数据核字（2020）第 025882 号

出版发行：中国电力出版社
地　　址：北京市东城区北京站西街 19 号（邮政编码 100005）
网　　址：http://www.cepp.sgcc.com.cn
责任编辑：孙世通（010-63412326）　马雪倩
责任校对：黄　蓓　于　维
装帧设计：北京宝蕾元科技发展有限责任公司
责任印制：钱兴根

印　　刷：河北鑫彩博图印刷有限公司
版　　次：2020 年 4 月第一版
印　　次：2023 年 4 月北京第五次印刷
开　　本：787 毫米 ×1092 毫米　16 开本
印　　张：17.25
字　　数：305 千字
定　　价：88.00 元

编 委 会

主　编：王永平

副主编：周　桦　戴松灵　李　响

委　员：林双庆　王　涛　廖学静　明自强　姚建东　王　曦
　　　　苏少春　曾嘉志　张安安　李富祥

编 写 组

组　长：周　桦

副组长：戴松灵　李　响　鲜其军

成　员（排名不分先后）：

江　木　郭　雷　贺星棋　刘云平　罗　涛　田佩平

马瑞光　唐　伟　杨　里　蒋福佑　周笑言　潘　翀

徐　娇　周发强　梁志卓　周　茜　王大刚　孙　科

齐行义　岳　刚　黄善领　周建佳　廖云川　梁　奎

吴光灿　刘　鑫　罗阳富　朱　科　夏雪冰　张　明

朱洪元　钟　涛　王　彬　张仁建　任　健　廖小桥

马春山　杨　刚　卫亮亮　江　均　汪渤庚　裘碧恒

龙　剑　胡晓松　谢光彬　蔡章强　刘人礼　涂平稳

吕　刚　吴　先　罗彬文　赵　艳　李　洁　贺　进

王家祥　向　婷　刘　锋　刘　毅　林晓倩　黄丹丹

况松凌　郑　涛　刘元生　马　越　何承刚

前　言

台区作为末端供电单元，包含大量低压用户、低压配电线路及相关辅助设备，存在点多、面广、环境复杂等特点。台区线损管理是配电网线损管理的重要构成，是节能降损增效的重要环节。因此，加强台区线损管理，降低台区同期线损率，是落实国家节能减排工作要求，供电企业有效防范经营风险、提高企业经济效益、推动企业高质量发展的重要措施，具有显著的经济效益和社会效益。

本书紧密结合台区管理实践，针对台区线损管理的重点和难点，对相关理论进行了详细的阐述，归纳总结了导致台区线损异常的主要因素，并结合同期线损管理系统台区治理的具体案例，进行了深入分析，提出了台区线损异常分析、治理思路，旨在为供电企业、科研部门从事配电网或台区管理工程技术人员、科研人员提供借鉴与参考。

全书共分为七章，涵盖了台区线损管理的主要方面，包括台区线损管理基础知识、台区线损影响因素、台区线损理论计算、台区线损异常原因分析、高损台区典型案例分析、负损台区典型案例分析和不可算台区典型案例分析等。全书由王永平教授级高工主编和统筹，精心组织国网四川省电力公司管理团队及一线业务专家编写后汇编而成，由西南石油大学张安安教授、国网四川电科院李富祥教授级高工等专家完成全书的审定修改。同时，本书在编写中，还得到了国网四川电科院，国网四川成都、德阳、绵阳等供电公司各级领导、专家和一线班组人员的大力支持和帮助，编写组在此表示感谢。本书在编写过程中，参考和引用了相关著作、论文和标准，在此表示感谢。

希望本书的出版及应用，能将电网企业台区线损管理工作带上一个新的层次，为电网企业在实际台区线损管理工作提供借鉴，科学指导电网企业开展技术、管理降损，提升电网企业台区线损精益管理水平，提升电网企业生产经营效益。

由于作者水平有限，书中若有不妥及可商榷之处在所难免，欢迎业务专家、学者及广大读者给予批评指正。

编　者
2019 年 12 月

目 录

第一章

台区线损管理基础知识

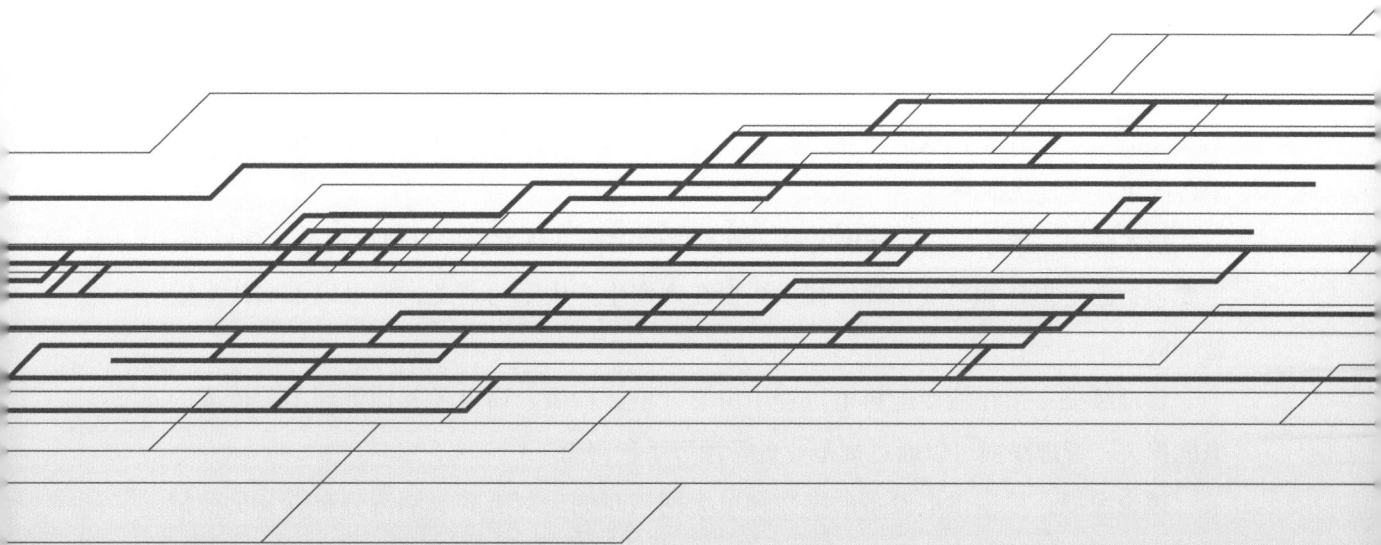

第一节 线损的基本概念

线损电量：一个供电地区或电力网在给定时段（日、月、季、年）内，输电、变电、配电各环节中所损耗的全部电量（其中包括分摊的电网损耗电量、电抗器和无功补偿设备等所消耗的电量以及不明损耗电量等）称为线路损耗电量，简称线损电量或线损。

台区：指一台或一组配电变压器的供电范围或区域。一般应按照一个台区对应一台变压器设置供电范围。

台区线损电量：台区配电网在输送和分配电能的过程中所消耗的有功电量称为台区线损电量。

台区输入电量：指台区外或台区下的电源输入的电量。

台区输入电量 = 台区考核表（台区总表）正向电量 + 用户上网电量

台区输出电量：指输出到台区外的电量。台区输出电量一般等于台区考核表（台区总表）反向电量。

台区用电量：台区下用户直接消费的电量。

台区线损电量 = 台区输入电量 − 台区输出电量 − 台区用电量

台区线损率：台区线损率 = （台区线损电量 / 台区输入电量）× 100%。两台及以上变压器低压侧并联，或低压联络开关并联运行的，可将所有并联运行变压器视为一个台区单元统计线损率。

技术线损：指经由输变配售电设施所产生的损耗，技术线损可通过理论计算得到，主要包括固定损耗和可变损耗。技术线损在现实生产中不可避免，但可以采取技术措施降低。

管理线损：指在输变配售电过程中由于计量、抄表、窃电及其他管理不善造成的电能损失。管理线损可以通过规范业务管理等手段降低。

理论线损：根据供电设备的参数和电力网当时的运行方式、潮流分布以及负荷情况，由理论计算得出的损耗。

理论线损率：是供电企业对其所属输、变、配、售电设备，根据设备参数、负荷潮流、特性等计算得出的线损率。

统计线损：指根据抄表例日抄录的供售电量差值计算出的线损，包含分区、分压、分元件、分台区线损。

同期线损：指使用同一时段供售电量计算得到线损。同期线损消除了抄表供售不同期的影响，反映了同一时段电能在传输过程中发生的损耗。

无功功率：指与电源交换能量的功率，单位为乏或千乏。

有功功率：指做功被消耗的功率，单位为瓦特。

功率因数：在交流电路中，电压与电流之间相位差（φ）的余弦叫作功率因数，一般用符号 $\cos\varphi$ 表示。在数值上功率因数等于有功功率与视在功率之比。在总功率不变的条件下，功率因数越高，则电源供给的有功功率越大。

营配贯通：通过营配数据共享和信息集成，实现营销 SG186 系统、PMS2.0 系统以及电网地理信息系统（简称 GIS 系统）之间数据一致及同步变动。

营销 SG186 系统：是国家电网有限公司一体化企业级信息集成平台。营销 SG186 系统包括业扩、计量、电费、用电检查等专业功能模块，提供用电档案信息、营销电量信息、换表记录信息、关口计量点档案信息、关口表计信息等数据。

PMS 系统：设备（资产）运维精益管理系统（简称 PMS），是以设备管理、资产管理和 GIS 为核心的企业级信息系统，提供输变配电设备信息等数据。

电力用户用电信息采集系统：是对电力用户的用电信息进行采集、处理和实时监控的系统，实现用电信息的自动采集、计量异常监测、电能质量监测、用电分析和管理、相关信息发布、分布式能源监控、智能用电设备的信息交互等功能。

营销基础数据平台：是供电企业级一体化信息集成平台数据中心的重要组成部分，是营销数据共享和对外开放的资源中心，主要提供营销专业相关信息系统数据，包含营销 SG186 系统、用电信息采集系统等营销基础数据。

海量数据平台：指集成电能量采集系统、用电信息采集系统、调度 SCADA 系统等数据的中间平台。

三相不平衡：配电变压器的三相不平衡率 =（最大电流 − 最小电流）/ 最大电流 ×100%。各种绕组接线方式变压器的中性线电流限制水平应符合《配电网运维规程》（Q/GDW 1519—2014）规定。配电变压器的不平衡度应符合：Yyn0 接线不大于 15%，中性线（零线）电流不大于变压器额定电流的 25%；Dyn11 接线不大于 25%，中性线电流不大于变压器额定电流的 40%。

办公用电：办公用电指供电企业在生产经营过程中，为完成输、变、配、售电等生产经营行为而必须发生的电能消耗，电能所有权并未发生转移，包括供电企业所属机关办公楼、调度大楼、供电（营业）所、检修公司、信息机房、集控站等办公用电，不包括供电企业租赁场所用电（非供电单位申请用电的）、供电企业出租场所用电和集体企业用电、基建技改工程施工用电。

漏电保护：电网的漏电流超过某一设定值时，能自动切断电源或发出报警信号的一种安全保护措施。

三相四线：是由三根相线和一根中性线组成的接线方式，其连接有星形接线和三角形接线两种。

无功功率补偿：简称为无功补偿，是一种在供电系统中提高电网功率因数，降低供电变压器及输送线路的损耗，提高供电效率，改善供电环境的技术。电网中常用的无功功率补偿方式包括：集中补偿，在高低压配电线路中安装并联电容器组；分组补偿，在配电变压器低压侧和用户车间配电屏安装并联补偿电容器；就地补偿，在单台电动机处安装并联电容器等。

力调电费：指供电公司根据客户一段时间内（如一个月或年）所使用的有无功电量来计算其平均功率因数，并据此收取的电费。

进户线：指从电能表箱出线至用户室内总开关之间的导线。

下户线：指低压架空线路至电能表箱进线端之间的导线。

高供低计：指高压供电到用户，电能计量装置安装在用户电力变压器的低压侧，实行的低压计量。

违约用电：指危害供用电安全、扰乱正常供用电秩序行为，属于违约用电行为，包括在电价低的供电线路上，擅自接用电价高的用电设备或私自改变用电类别；私自超过合同约定的容量用电；擅自超过计划分配的用电指标；擅自使用已在供电企业办理暂停手续的电力设备或启用供电企业封存的电力设备；私自迁移、更动和擅自操作供电企业的用电计量装置、电力负荷管理装置、供电设施以及约定由供电企业调度的用户受电设备；未经供电企业同意，擅自引入（供出）电源或将备用电源和其他电源私自并网。

窃电：主要指在供电企业的供电设施上，擅自接线用电，绕越供电企业用电计量装置用电，伪造或者开启供电企业加封的用电计量装置封印用电，故意损坏供电企业用电计量装置，故意使供电企业用电计量装置不准或者失效，以及其他未经供电企业允许的盗窃电能行为。

电能表误差：由于电能表自身结构和外界条件的影响，所测得的电量与负载实际消耗的电量是有差别的，这种差异称为电能表误差。

计量点：用来记录计量装置位置点的信息实体，主要包括计量点编号、计量点名称、计量点地址、计量点分类和计量点性质等属性。计量点分为电力客户计费点和关口计量点。

互感器准确度：在正常使用条件下互感器测量结果的准确程度。

农网：农村配电网，负荷分散，供电半径大，线路长，短路容量小，一般为100~200MVA。

城网：城市配电网，负荷相对集中，布点多，事故影响大，短路容量大，一般为200~300MVA。

供电半径：变电站供电半径，指变电站供电范围的几何中心到边界的平均值。中低压配电网线路的供电半径是指从变电站（配电变压器）二次侧出线到其供电的最远负荷点之间的线路长度。

综合倍率：指实际电能与电能表读数之间的关系，即等于电压互感器的变比乘以电流互感器变比。

相电压：三相电源或三相负载每一相两端的电压。

线电压：多相供电系统中两线之间的电压，以三相为例，A、B、C 三相引出线相互之间的电压。

第二节　台区线损管理概述

台区作为末端供电单元，包含大量低压用户、低压配电线路及相关辅助设备，存在点多、面广、环境复杂等特点。台区线损管理是配电网线损管理的重要构成，是节能降损增效的重要环节。随着社会经济的发展，第三产业及城乡居民用电占总用电量的比例逐年提高，与之相对应的台区线损电量总量及在总线损电量中的占比也逐渐上升。因此，加强台区线损管理，降低台区线损率，是供电企业有效防范经营风险、提高企业经济效益的重要措施。

一、台区线损的构成

在保证台户关系准确的前提下，台区线损可分为技术线损和管理线损。技术线损主要包括供电半径、低电压线路线径、三相不平衡、用户负荷特性、无功功率补偿等引起的损耗。管理线损主要包括计量装置（电能表、测量用互感器）的误差，如表计错误接线、计量装置故障、互感器倍率错误、二次回路电压降等引起的损耗，营业工作中的漏抄、错算，用户违约用电、窃电，供售电量抄表时差，绝缘不良造成的泄漏电流等。

台区线损主要受以下几方面因素的影响：

（1）台区拓扑结构及用户分布；

（2）台区设备能耗水平；

（3）台区用户用电特性；

（4）抄表例日的变动导致台区损耗统计值的变化；

（5）错抄、漏抄影响线损统计异常；

（6）由于季节、负荷变化等原因使电网潮流发生较大变化导致运行方式不合理；

（7）供售不同期时差电量的影响；

（8）电能表计的正负误差影响线损变化；

（9）客户窃电；

（10）基础档案错误；

（11）其他影响因素。

二、台区线损管理

台区线损管理，应以采集全覆盖和营配全贯通为依托，通过供电量、用电量的同步采集，实现台区线损率的在线监测，达到规范管理、降损增效的目的。

针对台区线损的构成及影响因素，台区线损管理主要涉及用电信息采集管理、计量管理、用电检查管理、技术降损管理、营业业务管理和项目管理等专业管理。

（1）台区线损综合管理。负责台区线损管理总体牵头工作；负责组织拟定台区线损管理工作方案和工作计划；负责台区线损各项综合性指标及其日常监控分析，并将指标动态及时传达至各专业；负责工作过程中重大问题的综合协调；负责对各单位台区线损管理情况进行考核评价。

（2）用电信息采集管理。负责台区用电信息采集管理工作；负责台区用户（含台区总表）的采集覆盖和消缺；负责台区采集指标及其日常监控分析；负责新投异动关口采集管理；负责督办指导、协调解决采集类问题。

（3）计量管理。负责台区计量管理工作；负责台区用户（含台区总表）的智能电能表覆盖和消缺；负责台区计量指标及其日常监控分析；负责新投异动关口计量管理；负责督办指导、协调解决计量类问题。

（4）用电检查管理。负责台区用电检查管理工作；负责台区窃电查处和案例收集编制；负责办公用电管理；负责组织对各单位台区线损的真实性开展日常专项稽查，并提出处理意见；负责督办指导、协调解决用电检查类问题。

（5）技术降损管理。加强公用配电变压器无功运行管理，实现无功分相动态就地平衡，确保台区功率因数不低于0.95；开展三相负荷不平衡治理，实现三相负载均衡；加强低电压治理、裸导线绝缘化改造等，降低线路损耗。

（6）营业业务管理。负责台区及用户（含"三供一业"移交、合表改造、老旧小区改造等）的资料档案管理；负责督办指导、协调解决营业业务类问题。

（7）项目管理。负责启动项目储备；负责牵头对接供应商，协调物资供货。

第三节　台区线损管理的主要内容

一、指标管理

根据台区指标的历史完成情况、理论线损计算结果，参考各台区用电量、用户分布、配电网拓扑、设备情况以及用电结构等实际用电环境，测算制定各台区线损指标，并将指标计划下达给台区管理人员，对线损率指标完成情况进行跟踪、分析、考核。

二、统计分析

利用台区线损管理相关信息系统，及时对台区线损开展定期统计（日、周、月、季、年等）、定量分析，将统计线损与计划、同期及理论线损值进行比较，对电量同比变化大、线损率波动大的异常台区进行重点分析，找出主要影响因素，制定针对性措施，降损增效。

三、档案管理

（1）做好新建（变更）台区验收、资料更新工作。掌握辖区内配电网改造项目进度情况，做好台区及用户相关资料验收、交接工作，营销系统各业务流程要与现场工作同步进行，准确录入档案信息，及时将变动信息完整归档，确保台—户关系准确，与现场保持一致。

（2）用电信息采集系统及时建档、调试、上线采集，确保用户计量点档案与现场一致。实现台区智能电能表远程采集，完成在线损信息系统中上线监测。

四、台区巡视

制定台区日常巡视管理规定，对配电变压器设备、低电压线路通道、总表及户表电能计量装置开展定期巡视，特殊季节增加巡视次数，如夏季树木生长快，要及时砍伐触及线路的树木、藤蔓，保障线路通道满足运行要求，减少电流泄露产生损耗。掌握无电能表、临时接电等动态用电情况，及时发现问题并处理，了解用户规律、做到心中有数，规范用电秩序。开展高损、负损专项治理行动时，可结合实际安排特殊巡视。

五、计量管理

加强计量设备管理，执行电能计量装置定期校验、按周期轮换制度。重点监测零电量、波动大用户，加强表计现场检查。检查台区综合配电柜（JP）柜内计量装置（电能表、电流互感器、电压互感器）是否完好，电能表、互感器是否烧损，接线是否正确，一次和二次接点是否松动、氧化等，及时更换和调换不合格电能表、互感器。检查户表的表箱是否完好，接线、铅封有无异常。加强对小电量无电能表用户清理，及时建档，加装表计。

六、用电检查管理

（1）定期开展用电检查。明确普查范围、时间，组织好人员、车辆、仪表工具等，检查计量装置运行是否完好正常、电能表铅封是否完好，用户有无违章用电或窃电行为及嫌疑。

（2）根据台区统计监测、分析的结果，精准识别用电异常情况，及时开展反窃电专项行动，查处违章用电与窃电行为，维护良好供用电秩序。

七、无功电压管理

（1）做好台区无功电压管理，利用线损信息系统监测台区功率因数。对长期功率因数低的台区，结合实际，通过计算配置补偿电容器容量，补偿到变压器最大负荷时其高压侧功率因数不低于0.95。

（2）做好无功功率补偿装置的运行维护，对已配置的电容器进行定期巡视，发现设备缺陷和异常及时统计上报，安排消除缺陷工作计划，及时组织消除，确保正常运行。

八、三相负荷平衡管理

随着人民生活水平提高，农网改造升级实施，大量大功率电器投入运行，极易引起三相负荷分配不均匀，增加台区的有功损耗。利用线损信息系统，加强台区三相负荷不平衡监测、统计、分析等工作，可结合实际现场测量，掌握挂接用户的用电类别、负荷增长及变化情况，定期对配电变压器低压侧出口、各主干线、各支路三相负荷电流进行测量，计算三相电流不平衡度，制定调整工作方案并组织实施。努力做到配电变压器低压侧出口、各主干线、各支路等三相负荷平衡，使台区三相电流不平衡度小于15%，实现配电变压器负载均衡，降低损耗。

第四节　台区管理相关信息系统简介

一、同期线损管理系统

（一）系统介绍

一体化电量与线损管理系统（即同期线损管理系统）是充分利用信息化成果建设的线损专业管理系统，通过电量源头采集、线损（率）自动生成、业务全方位贯通、指标全过程监控，加强基础管理，支撑专业分析，满足高级应用，辅助降损决策，推进电量与线损管理标准化、智能化和精益化，支撑电网科学发展与经营管理提升。

同期线损管理系统集成营销、运维检修（简称运检）、调度等专业信息系统的数据，数据关系图见图1-1。其系统功能分成基础管理、专业管理、高级应用和智能决策四大类。

（1）**基础管理**。实现数据集成、档案管理、拓扑管理和模型管理功能。

（2）**专业管理**。实现关口管理、计算与统计、指标管理以及线损"三率"（"三率"

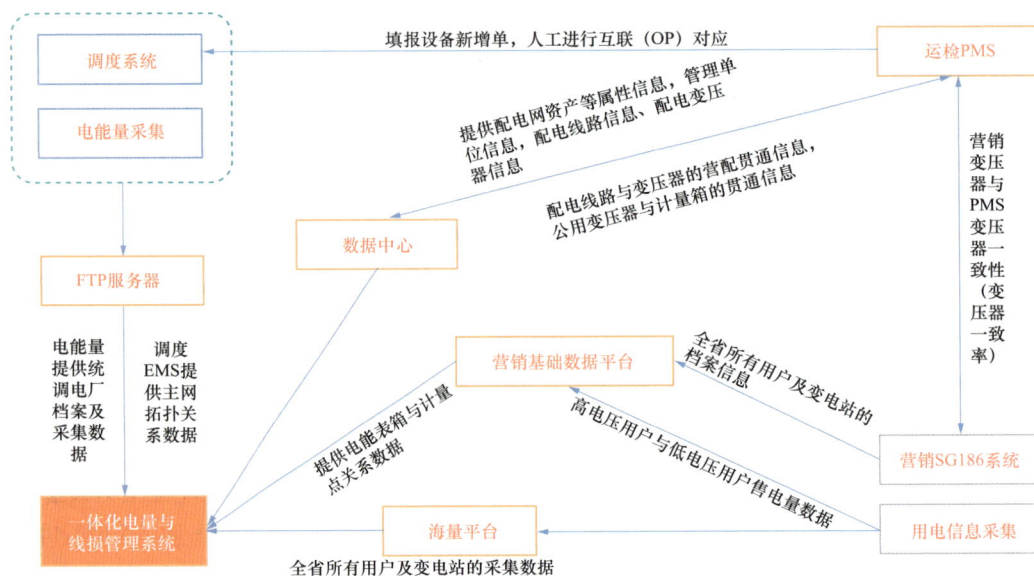

图 1-1 同期线损管理系统数据关系示意图

指同期线损率、统计线损率、理论线损率）管理功能。

（3）高级应用。 实现智能监测、异常管理、全景展示与发布以及专业协同功能。

（4）智能决策。 实现异常工单生成、异常工单派工、异常工单处理和异常工单统计等功能。

（二）台区同期线损管理

1. 台区同期线损计算概述

同期线损管理系统台区同期线损率计算过程如图 1-2 所示。台区同期线损计算数据来源：

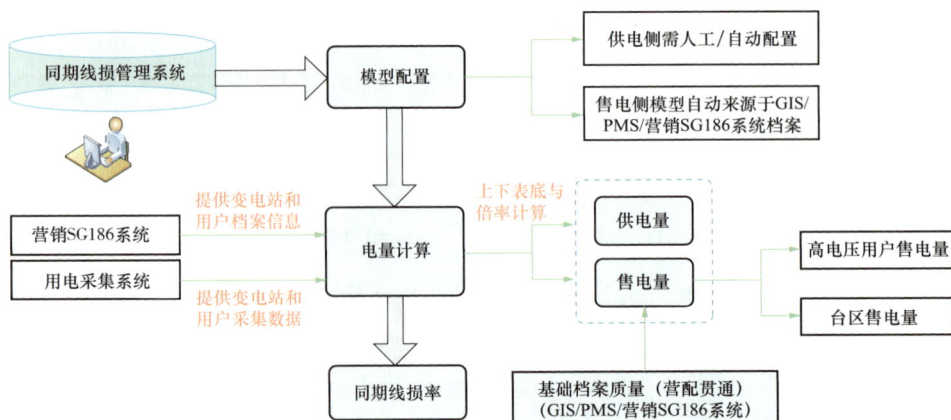

图 1-2 同期线损管理系统台区同期线损率计算过程

（1）采用 PMS 系统和营销 SG186 系统档案信息一致的变压器，作为台区档案数。

（2）台区输入电量。台区输入电量指台区外或台区下的电源输入的电量，即等于台区考核表（台区总表）正向电量＋用户上网电量。

（3）台区输出电量：指输出到台区外的电量，一般等于台区考核表（台区总表）反向电量。

（4）台区售电量。该台区（公用变压器）下所有低压用户售电量之和。其中，营销 GIS 系统提供"变—箱"关系，营销 SG186 系统提供"箱—户"关系，需要保证"变—箱—户"低压正确贯通，才能确保台区售电量取数关系准确。

2. 台区同期线损管理功能

在台区同期线损管理功能上，主要包括：

（1）台区档案管理。台区档案来源于营销 SG186 系统，且该台区变压器信息与 PMS 系统一致。台区档案管理界面如图 1-3 所示。

在台区详细信息界面，展示台区下挂用户信息，并可对该台区进行用电地址分析，有利于开展反窃电工作。

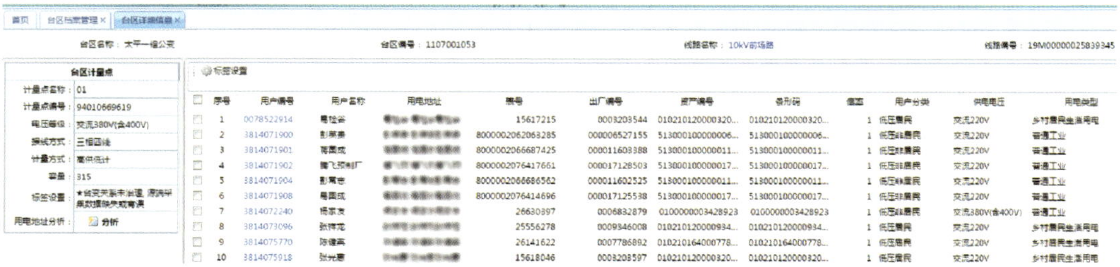

图 1-3　台区档案管理界面

（2）台区同期月（日）线损管理。在分台区同期月线损管理模块中，可对零供、零售、高损、负损的台区进行异常诊断，方便后续异常处理。异常诊断分析界面如图 1-4 所示。

（3）台区监测分析。在台区监测分析管理模块（见图 1-5），可以监测台区线损达标情况、线损率分布趋势，查看台区电量明细，通过台区智能看板（见图 1-6）定位异常类型，实现对台区线损情况的监控，为台区线损分析提供有效的辅助工具。

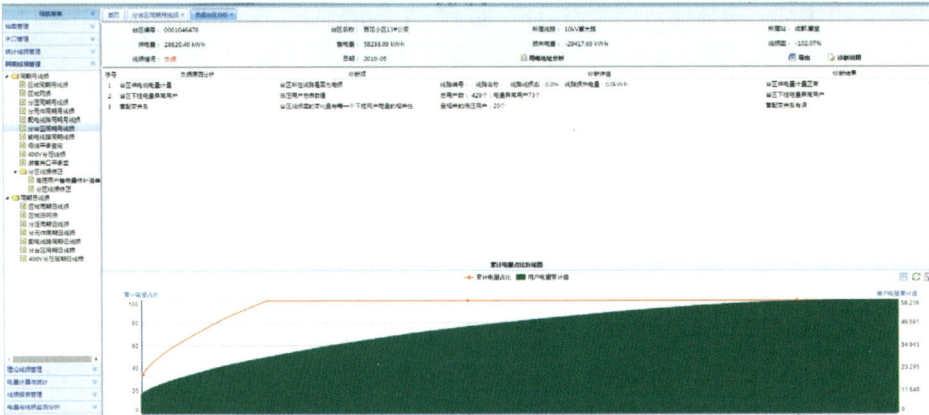

图 1-4　异常诊断分析界面

图 1-5　台区监测分析管理模块

图 1-6　台区智能看板界面

（4）线损助手 App。线损助手 App 包含台区经理、线路管家、所长助理和线损专责四块内容，涵盖台区、线路、人员等主要信息，工作人员利用手机即可操作，节省工作时间，提高工作效率。线损助手 App 界面如图 1-7 所示。

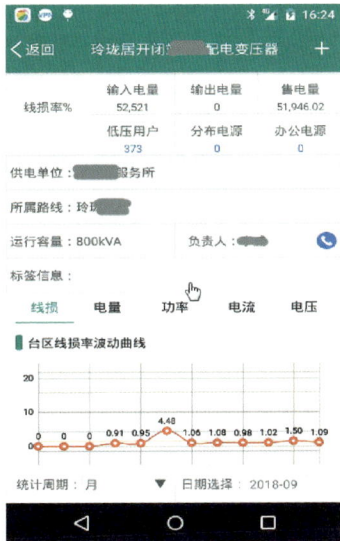

图 1-7　线损助手 App 界面

1）台区经理。基于同期线损管理系统数据，实时推送作业任务，同步共享采集、拓扑以及线损异常信息，实现基于异常工单的现场作业管理；台区经理 App 提供管辖范围内台区线损综合情况查询、统计、信息异常监控以及台户关系查询等功能，实现配电变压器导航，提高现场作业效率。台区经理 App 运行界面如图 1-8 所示。

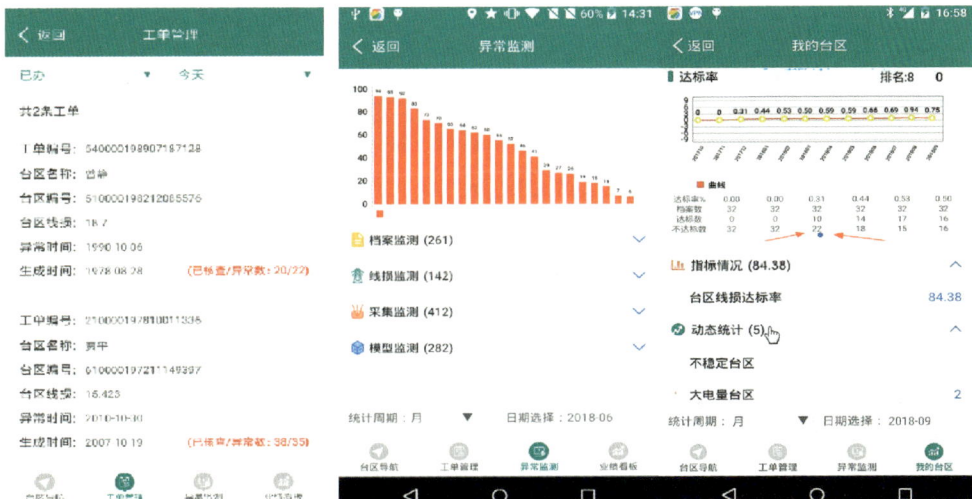

图 1-8　台区经理 App 运行界面

2）所长助理。依托同期线损管理系统开展问题分析与治理，对设备档案、拓扑关系、电量采集等数据进行异常诊断，将异常情况生成工单，派发至现场责任人，动态推送辖区范围内的配电网、线路、配电变压器、各类终端以及用户的运行指标情况，跟踪核查，实现异常情况的高效、便捷治理。所长助理 App 运行界面如图 1-9 所示。

图 1-9　所长助理 App 运行界面

二、电力用户用电信息采集系统

（一）系统概述

电力用户用电信息采集系统是对电力用户的用电信息进行采集、处理和实时监控的系统，实现用电信息的自动采集、计量异常监测、电能质量监测、用电分析和管理、相关信息发布、分布式能源监控、智能用电设备的信息交互等功能。用电信息采集系统网络拓扑图如图 1-10 所示。

（二）系统功能

用电信息采集系统主要有数据采集任务管理、数据管理、定值控制、用户负荷管理、有序用电管理、用电情况分析和对时功能等功能。

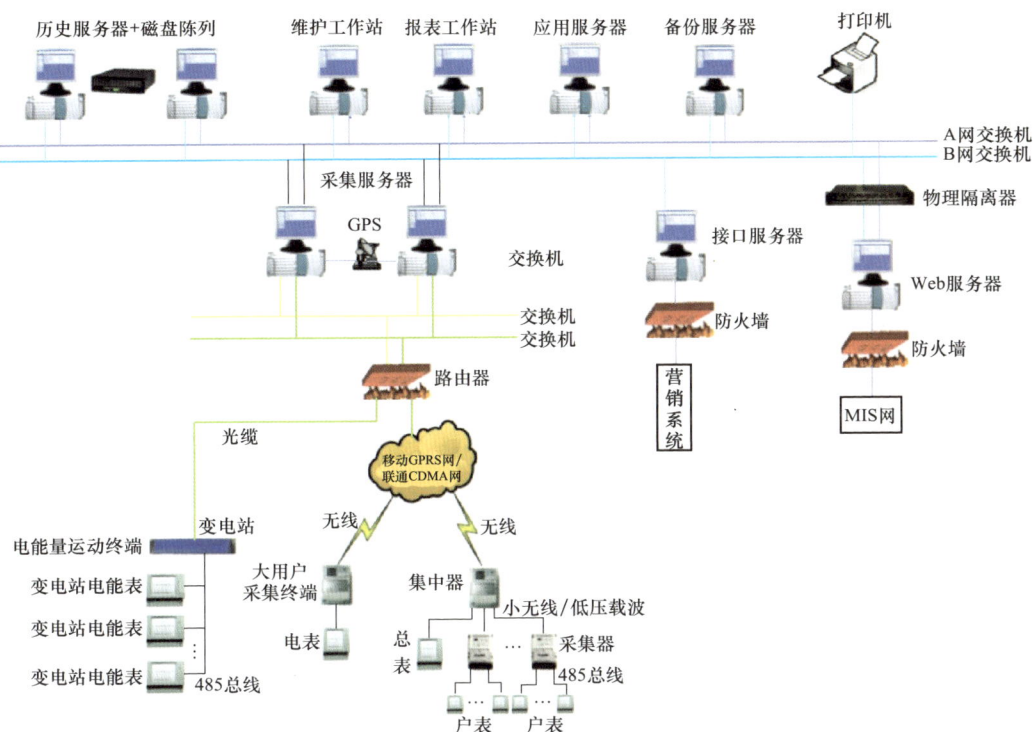

图 1-10　用电信息采集系统网络拓扑图

（1）数据采集任务管理。根据不同业务对采集数据的要求，编制自动采集任务，包括任务名称、任务类型、采集群组、采集数据项、任务执行起止时间、采集周期、执行优先级和正常补采次数等信息，并管理各种采集任务的执行，检查任务执行情况。

（2）数据管理。数据管理包括数据合理性检查，数据计算、分析，数据存储管理。

（3）定值控制。通过对终端设置功率定值、电量定值、电费定值以及控制相关参数的配置和下达控制命令，实现系统功率定值控制、电量定值控制和费率定值控制功能。

（4）用户负荷管理。对重点用户提供用电情况跟踪、查询和分析功能。查询信息包括历史和实时负荷曲线、电能量曲线、电能质量数据、工况数据以及异常事件信息等。

（5）有序用电管理。

1）负荷预测分析。按区域、行业、线路、电压等级、自定义群组、用户、变压器容量等类别，以组合的方式对一定时段内的负荷进行分析，统计负荷的最大值及发生时间、最小值及发生时间，负荷曲线趋势，并进行同期比较，以便及时了解系统负荷的变化情况。

2）负荷有序控制。根据有序用电方案管理或安全生产管理要求，编制限电控制方案，对电力用户的用电负荷进行有序控制，并对重要用户采取保电措施，可采取功率定值控制和远方控制两种方式。

（6）用电情况分析。

1）线损、变损分析。根据各供电点和受电点的有功功率和无功功率的正／反向电能量数据以及供电网络拓扑数据，统计、计算各种电压等级、分区域、分线、分台区的线损。可进行实时线损计算，按日、月固定周期或指定时间段统计分析线损。

2）异常用电分析。对采集数据进行比对、统计分析，发现用电异常。如同一计量点不同采集方式的采集数据比对或实时数据和历史数据的比对，发现功率超差、电能量超差、负荷超容量等用电异常，记录异常信息。对现场设备运行工况进行监测，发现用电异常。如计量柜门、电流互感器／电压互感器（TA/TV）回路、表计状态等，发现异常，记录异常信息。用采集到的历史数据分析用电规律，与当前用电情况进行比对分析，分析异常，记录异常信息。

（7）对时功能。系统通过网络与卫星时钟进行对时，并可通过软件完成本系统内设备及电能表计的对时。

三、营销 SG186 系统

（一）系统功能

营销 SG186 系统模块将营销业务划分为客户服务与客户关系、电费管理、电能计量及信息采集和市场与需求侧等 4 个业务领域及综合管理，共 19 个业务类（137 个业务项及 753 个业务子项）分别是：新装增容及变更用电、抄表管理、核算管理、电费收费及账务管理、线损管理、资产管理、计量点管理、计量体系管理、电能信息采集、供电用合同管理、用电检查管理、95598 业务处理、客户关系管理、客户联络、市场管理、能效管理、有序用电管理、稽查及工作质量和客户档案资料管理。

（二）线损管理

线损管理是用电管理的一项重要业务内容，根据生产部门提供的变电站、线路、台区资料，建立和维护变电站、线路、台区基础管理信息，获取和确认考核数据，统计计算出供电单位 10kV 及以下的台区、线路、分压线损率和计划指标完成情况，为线损率的异常检查、工作质量考核和经济分析提供依据。

营销 SG186 系统中的线损管理功能主要包括线损基础信息管理、考核单元管理、考核电量管理、线损报表统计和线损异常管理等。营销 SG186 系统线损管理功能结构图如图 1-11 所示。

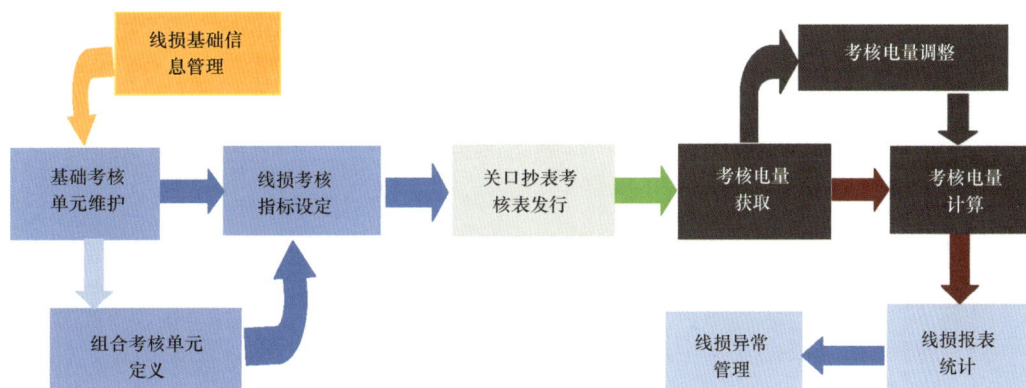

图 1-11 营销 SG186 系统线损管理功能结构图

线损指标的计算流程为：①从核算管理获取考核单位的供电量和售电量；②从安全生产管理获取配电网拓扑关系资料和配电网变更资料；③从用电客户档案资料管理和计量点管理获取考核表和用电客户受电信息；④为用电检查管理、营销分析与辅助决策提供数据。

线损指标计算数据流示意图如图 1-12 所示。

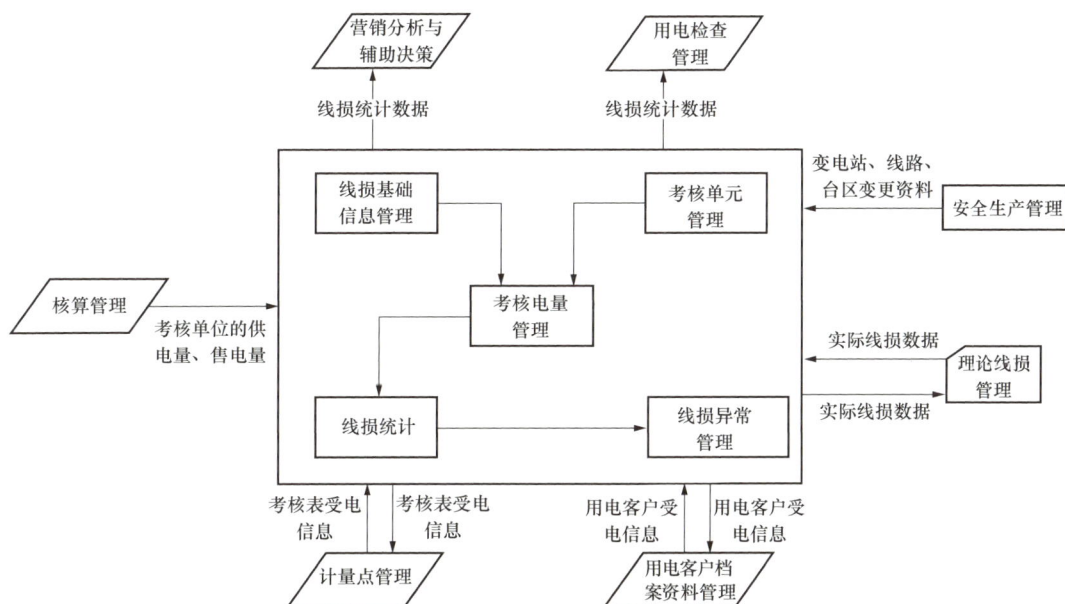

图 1-12 线损指标计算数据流示意图

（1）线损基础信息管理。线损基础信息管理包含变电站编辑、线路编辑、台区编辑三大模块。根据安全生产管理提供的新建、变更变电站、线路、台区资料，采用手工录入或系统接口方式，同步更新变电站、线路、台区之间的拓扑关系，并向供电业务扩展（简称业扩）提供线路与用电客户、台区与用电客户对应关系的变更信息，线损基础信息管理包括变电站资料管理、线路资料管理和台区资料管理。

1）变电站编辑。根据安全生产管理提供变电站（含开关站）的新建、拆除、变更信息，同步更新变电站资料。

2）台区编辑。根据安全生产管理系统提供台区的新建、拆除、变更信息，同步更新台区资料，并向业扩提供台区和用电客户计量点之间关系发生变化的资料。

3）线路编辑。根据安全生产管理系统提供线路的新建、拆除、变更信息，同步更新线路资料。并向业扩提供因变更引起线路和用电客户计量点之间关系发生变动的用电客户信息。

（2）考核单元管理。根据配电网络的拓扑关系以及供电单位，定义线损统计的考核单元，考核单元管理可分为基础考核单元维护、组合考核单元定义、线损考核指标设定。

1）基础考核单元维护。查询并定义考核单元信息［单一供电线路（台区）为基础考核单元］，并对"线路考核单元"进行流入流出维护。

2）组合考核单元定义。对于无法区分清晰的具备连带关系的台区或者线路，可以进行合并考核，将其视为一个考核单元。

3）线损考核指标设定。对于线路或台区进行线损考核指标设定。

（3）考核电量管理。根据安全生产管理提供的线路、台区的变更调整资料和负荷调整信息（负荷调整时间、范围、调整电量），对考核单元的供电量、售电量进行调整。考核电量管理包括关口抄表、考核电量获取、供售电量调整、考核单位电量计算、供售电量调整统计查询。

1）关口抄表。对当前供电公司下的关口表进行抄表，或修改抄表之后的本次抄见示数。

2）考核电量获取。获取考核表的抄见电量和用电客户的售电量，用于计算考核单元电量。

3）供售电量调整。根据安全生产管理提供的线路、台区变更资料，获取并记录考核单元的负荷调整信息，包括调整时间、范围、调整电量。对考核单元的供电量、售电量进行调整。

4）考核单位电量计算。根据考核表的抄见电量和用电客户的售电量，按照定义的考核单元统计供电量和售电量。

5）供售电量调整统计查询。根据考核表的抄见电量和用电客户的售电量，按照定义的考核单元统计供电量和售电量。

（4）线损统计。根据考核单元的供电量和售电量，计算考核单元的线损率。获取考核单元计划指标，计算出实际线路线损率与计划指标值的差异值。线损统计包含变电站、线路、台区的线损率统计，可以按照不同的管理单位，按照不同的电压等级，按照月、季、年进行当期和累计线损率的统计。统计内容包括台区线损统计、线路线损统计、分压线损统计和供电单位线损统计等。

（5）线损异常管理。对有损线损进行测算分析，依据线损率与计划指标和同期完成值的比较结果及线损趋势图，对于超出线损指标的线路、台区的异常波动进行分类筛选和动态查询，为异常检查、工作质量考核和分析提供依据。线损异常管理分为异常线路统计和异常台区统计。

1）异常线路统计。依据当期和累计实际线路线损率与计划指标值的比较，与同期线损率的比较，按线路线损率的大小进行排序，筛选出异常线路。具体筛选分析内容包括供电量、售电量、损失电量、线损率、线损率指标、与指标比较差异值、与指标比较损失电量差异值、与同期比较差异值、与同期损失电量比较差异值。

2）异常台区统计。依据当期与累计实际台区线损率与计划指标值的比较，与同期线损率的比较，筛选异常台区。具体筛选分析内容包括供电量、售电量、损失电量、线损率、线损率指标、与指标比较差异值、与指标比较损失电量差异值、与同期比较差异值、与同期损失电量比较差异值，并筛选出比较差异值较大的台区。

第二章

台区线损影响因素

第一节　技术因素

一、配电网结构及输配电设备对台区线损的影响

配电网结构应合理，要将高压深入到负荷中心供电，缩短电源与有效负荷之间的距离。按照《配电网规划设计技术导则》（DL/T 5729—2016），配电变压器应按照"小容量、密布点、短半径"的原则配置，低压配电网要有较强的适应性，主干线截面积应按照远期规划一次选定。配电线路导线截面积应选择适当，确保以经济电流密度运行。220V/380V 线路应有明确的供电范围，要根据导线截面积、负荷等参数，校验供电半径是否满足末端电压质量要求。正常负荷下，A+、A 类区域供电半径不宜超过150m，B 类不宜超过 250m，C 类不宜超过 400m，D 类不宜超过 500m，E 类供电区域供电半径需经计算确定。

对于部分老旧台区，由于规划期负荷预测不足、建设标准低、负荷转移等因素，导致导线截面积小、低压供电半径大，低电压线路末端电压较低，增加了线路损耗。另外，随着居民消费电器增多，部分台区下户线导线截面积配置过小，也会增加台区损耗。

在台区改造时，宜对台区负荷发展进行重新评估，对负荷较重台区进行增设配电变压器、划片供电，调整配电变压器位置，使其靠近负荷中心，尽可能地缩短低电压线路供电半径，合理选择导线材料、截面，减少线路造成的损耗，改善用户端电压质量。同时，配电线路应尽量绝缘化，减少泄漏电流等损耗，且具有更高的安全性和可靠性。

二、电能计量设备对台区线损的影响

电能计量装置指由各种类型的电能表、计量用电压、电流互感器（或专用二次绕组）及其二次回路连接组成的用户计量电能的装置，包括电能计量柜（箱、屏）。按照《电能计量装置技术管理规程》（DL/T 448—2016）规定，电能计量装置需经设计审查、试验验收合格后方可投入运行。

电能计量的准确与否直接影响到电量的考核和结算，电量又是线损管理的基础，

因此，合理配置计量装置，对电能表、互感器、二次接线等各个环节加强误差控制，是归真线损数据的保证。

电能表、计量互感器准确度等级应按照《电能计量装置技术管理规程》（DL/T 448—2016）配置，电压互感器二次回路压降不应大于其额定二次电压的0.2%。互感器二次回路的连接导线应采用铜质单芯绝缘线，对电流二次回路，连接导线截面积应按电流互感器的额定二次负荷计算确定，至少不小于4mm²；对电压二次回路，连接导线截面积应按允许的电压降计算确定，至少不小于2.5mm²。互感器实际二次负荷应在25%~100%额定二次负荷范围内；电流互感器额定二次负荷的功率因数应为0.8~1.0；电压互感器额定二次功率因数应与实际二次负荷的功率因数接近。电流互感器额定一次电流的确定，应保证其在正常运行中的实际负荷电流达到额定值的60%左右，至少不小于30%，否则应选用高动热稳定电流互感器以减小变比。为提高低负荷计量的准确性，应选用过载4倍及以上的电能表。经电流互感器接入的电能表，其标定电流宜不超过电流互感器额定二次电流的30%，其额定最大电流应为电流互感器额定二次电流的120%左右。直接接入式电能表的标定电流应按正常运行负荷电流的30%左右进行选择。

对在运台区，要根据实际负荷情况，配置适当变比的互感器，避免出现"小马拉大车"或"大马拉小车"情况。

三、三相负荷分布对台区线损的影响

低压台区三相不平衡普遍存在于配电网运行中，其主要分为事故性不平衡和正常性不平衡。事故性不平衡是由于不对称短路或接地造成，常见于外力破坏、雷击等。正常性三相不平衡是由于三相负荷分布不均，导致各相电流不同，中性线电流增大的运行情况。根据功率计算公式 $Q=I^2R$，在中性线电阻 R 一定的情况下，中性线线路损耗功率 Q 随不平衡电流 I 的平方倍增加。

根据《配电网运维规程》（Q/GDW 1519—2014）规定，配电变压器的负荷不平衡度应符合以下标准：Yyn0接线不平衡度不大于15%，中性线电流不大于变压器额定电流的25%；Dyn11接线不平衡度不大于25%，中性线电流不大于变压器额定电流的40%。

在台区设计方案、用户接入方案编制及审查中，应充分考虑用户的用电性质、负荷大小、负荷同时性等因素，合理安排用户接入相别。对运行中的台区应按照季度，依据"四级平衡"原则，开展"计量点平衡→各支路平衡→主干线平衡→变压器低压出口侧平衡"工作，保证负荷的动态调整管理。

四、无功电压对台区线损的影响

电感性设备是电网中消耗无功功率的主要部分，另外，目前应用越来越广泛的电力电子装置等非线性装置也会消耗大量的无功功率。

无功功率的大量存在会严重影响电网的供电质量，输配电线路上电流会增大，同时增加线路电压降落，大量无功功率在电网中传输更会造成电力线路损耗的增加，降低系统的经济性。为提高用户无功功率补偿的经济效益，减少无功功率的传输，应尽量就地补偿。通常的补偿方式有个别补偿、分组补偿和集中补偿。在配电网的规划设计时期，就应该充分考虑线路、配电变压器的无功功率就地补偿，完善无功功率平衡管理机制，有计划地安装无功功率补偿装置，提高负荷的功率因数。台区配置无功功率集中自动补偿，可投切的无功功率总容量不低于配电变压器额定容量的30%。

第二节　管理因素

低压台区的线损电量占电力系统运行中总损耗电量的比重大，需要对损耗构成及成因做出有效分析，进而制定有针对性的降损措施，才能节能降损增效。除第一节罗列的技术因素外，管理原因造成的台区电量损失也不容忽视。管理损失指由于管理因素所造成的损失。技术线损在电力系统运行中不可避免，只能通过技术改造或科技进步尽量减小，而管理线损通过加强管理，理论上可全部消除。影响台区线损率的管理因素较多，主要包含计量管理方面、采集管理方面、外部运行环境方面、用电管理方面、档案管理方面、窃电管理方面和业务流程不规范等。

一、计量管理方面

（1）计量管理不到位，电能表超期运行，不按规定周期检定、轮换。表计运行出现偏差不能及时发现和处理，不按要求追补电量。

（2）互感器及表计接线错误，三相四线电能表不接中性线、进表箱电缆中性线和相线接反或穿匝错误、TV断线、互感器倍率错误等，影响计量失准，导致表计少计量或不计量，造成电量损失。

（3）计量装置设备选用不合适，不能根据实际负荷选择，当负荷过小或过大时，造成空载或过载计量，引起计量偏差。

（4）表箱内布线不规范，相线进出线接反，使表计不计正向电量。表接线压接松动，造成表计烧坏引起计量偏差。计量箱老化损坏，不能上锁加封，使用户窃电有机可乘。

二、采集管理方面

（1）采集监测、闭环管理不到位，不能及时发现并处理表底采集失败或错误的问题，导致台区关口或用户电量计算失真。

（2）采集终端设备故障或参数设置错误，例如时钟超差、采集终端故障、终端自动造数、采集参数下发错误等，造成采集数据异常，引起线损波动。

三、外部运行环境方面

（1）树竹障碍。线路通道树竹接触低电压导线，导致线路通过树竹接地或者放电，流过线路电流增加，线路损耗增加。

（2）湿度、温度。计量装置安装位置的周围环境、温度和湿度不满足电能表运行条件，造成计量装置使用寿命缩短或者计量准确性降低。

四、用电管理方面

（1）用户表和关口表抄表不同步，远程自动抄表出现采集异常，表码抄录不成功或与实际不符，人员未到现场核实，影响台区线损。

（2）用户无功功率补偿装置安装不到位，或是安装的无功功率补偿装置不按要求正常投入运行，部分用电需求大的用户没有正确引导其安装专用变压器，私自将其接入公用变压器运行，造成台区功率因数低，影响低压损耗。

（3）临时用电管理混乱，安装不规范、私拉乱接，存在挂钩线、地爬线，漏电保护器安装不到位，表计校验不到位，造成电量"跑冒滴漏"。

（4）抄表人员工作责任心不强或工作失误，存在漏抄、错抄、少抄表计电量或抄表不到位估算电量，使发行电量与实际使用电量不符，造成线损率偏高或偏低。

（5）电量核算差错，由于营销发行环节出现工作疏忽，导致实际应该发行的电量未进行发行，计算错误或台区内发生退补等，会导致台区高损或负损。

（6）台区小电量和自用电未纳入统计。常见的台区小电量如配电房中照明、交通信号灯、路灯、公安监控探头、广电信号放大器、电信网络设备、广告灯、书报亭、福利彩票亭、公交站亭、景观灯等，以及供电企业的办公用电等，未能一一装表计量，易导致线损异常。

（7）用电检查不到位。稽查员工工作责任心不强，反窃电能力不足，对台区窃电行为不能及时发现和查处。

（8）台区总表安装位置不合理。部分公用台区采用高供高计方式，变压器损耗计入台区损耗，造成台区高损。

五、档案管理方面

（1）业务系统内电能表倍率与现场不符。营销系统台区下电能表倍率与实际倍率不相符，导致台区线损异常。

（2）台户关系不对应。营配贯通、营销系统台区下用户数量与现场实际用户数量不相符，造成电量统计错误，导致台区线损异常。应对台区内所有用户逐一进行梳理，按实际归属关系进行调整，并监测调整台户关系后的台区线损率情况。排查台户关系可辅助运用台区识别仪等仪器设备，下行载波方式采集的居民用户需测到每个集中器位置，下行总线方式采集的居民用户需测到每一路进线，非居民用户应测到每个表位。

（3）新投异动档案动态维护不及时。台区基础档案及时更新维护应是一个常态化工作，维护不及时将导致台区线损异常。新投异动维护通常包括台区建档、倍率更新、用户切割、营配贯通、采集建档及调试。

（4）台区计算模型配置不准确。电源上网、办公用电计量点未按要求配置模型，或计量点方向配置错误，造成台区同期线损计算结果异常。

六、窃电管理方面

窃电指以非法占用电能为目的，采取隐蔽或其他非法手段窃取电量，从而躲避或减少电能表计量，导致电能表内部数据和实际用电量之间存在较大的偏差。

窃电可分为传统窃电和技术窃电两类。传统窃电如私拉乱接、无表用电、绕越电能表用电、私自开启电能表接线盒封印和电能表表盖封印用电、损坏电能表及计量互感器用电等，此类窃电可通过日常巡视、检查铅封、比对中性线和相线电流发现。技术窃电如使用倒表器、移相方式、有线或无线遥控方式窃电等，其均是利用电能表的工作原理，通过改变电流、电压、相位等三个方面的参数，分别采取断流、欠流、失压以及通过移相或改变接线等方式达到窃电目的，此类窃电方式非常隐蔽，难以发现。

七、业务流程不规范

业务流程不规范主要体现在换表流程不规范上。一是换表流程涉及的内容不准确。换表记录应准确记录表计、互感器更换的时间、在用变比、综合倍率及新旧表计的表底。二是相关流程执行不及时。换表当日应及时在相关系统中执行换表流程，否则，将造成换表日台区线损率的异常大幅波动。三是流程执行顺序错误。规范的换表流程应是先执行现场换表，再在系统中执行换表流程，然后在换表流程终结后应及时调试表计采集上线，否则将造成台区电量异常，引起台区日线损率波动。

第三节 降损效益分析

一、减小导线电阻

（一）导线电阻与台区损耗的关系

由 $\Delta P = I^2 R$ 可知，当电流 I 一定时，导线电阻 R 越大，有功损耗 ΔP 越大，所以降低导线电阻是降低台区损耗的有效途径。

（二）降低导线电阻的主要途径

通过增大导线截面积或减小线路长度，可以有效降低导线电阻，从而减小台区损耗。增大导线截面积主要考虑经济电流强度，重点是消除卡脖线，更换铁导线；减小线路长度主要是将配电变压器尽量置于负荷中心附近，改造近电远供迂回线路。通过降低导线电阻，节约的电量为

$$\Delta A' = \Delta A_1 \left(1 - \frac{R_2}{R_1}\right) \qquad （2-1）$$

式中 $\Delta A'$——改造后节约的电量，kWh；

$\quad\quad$ ΔA_1——改造前的损失电量，kWh；

$\quad$ R_1、R_2——线路改造前后的电阻，对于有分支的线路以等值电阻代替，Ω。

$\quad\quad$ R_2/R_1——线路损耗变化关系图如图 2-1 所示。

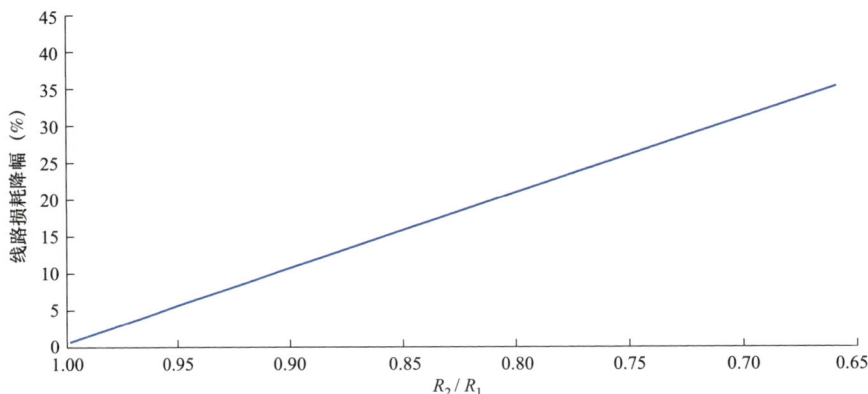

图 2-1 R_2/R_1－线路损耗变化关系图（图中 R_2/R_1 最小 0.65）

二、调整电压

（一）电压与台区损耗的关系

由 $P=\sqrt{3}\,UI\cos\varphi$ 可知，在传输同样的功率 P 时，功率因数 φ 一定，变压器电压 U 降低，电流 I 升高，将造成线路损耗增大，损耗大小与电流的平方成正比。因此，当传输功率较大时，低电压运行会使电流增大，造成损耗增加。适当提高变压器电压将降低线路损耗。

电网中线损的大小与运行电压的平方成反比

$$\Delta A=\frac{P^2+Q^2}{U^2}\cdot R\cdot t \tag{2-2}$$

式中 ΔA——线损电量，kWh；

$\quad\quad$ P——有功功率，kW；

$\quad\quad$ Q——无功功率，kvar；

$\quad\quad$ U——运行电压，kV；

$\quad\quad$ R——电阻，Ω；

$\quad\quad$ t——时间，h。

调整后运行电压／调整前运行电压—线路损耗变化关系图如图 2-2 所示。

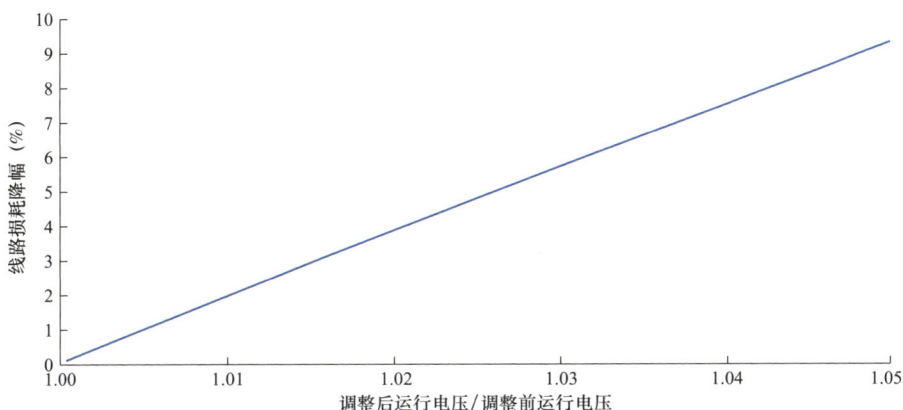

图 2-2　调整后运行电压 / 调整前运行电压—线路损耗变化关系图（设 P^2+Q^2 和调整前 U、R、t 为单位 1）

由此可见，适当提高配电变压器运行电压是一项重要的降损措施。

（二）台区低电压的主要原因

（1）运行因素。一是功率因数低。当台区负载率较低同时感性负载较多时，功率因数将降低，此时需要无功功率补偿。若并联电容器组投切不够及时或者容量不足，线路将输送较大的无功功率，电压降落增大，低电压线路末端将出现低电压。二是配电变压器重载及过载。配电变压器重载会增加变压器内部的压降，出线侧电压将降低，此时也会导致线路末端低电压。三是配电变压器分接头挡位不合适。若配电变压器分接头处在较低挡位时，也可能导致出线侧电压偏低，从而导致台区线路末端电压偏低。

（2）电网结构。一是由于上级电网电能质量不高，配电变压器接入点电压低，造成低电压线路电压偏低，引起低电压线路末端低电压。二是台区供电半径大，线路线径小，线路末端负荷重，将引起压降增大，导致末端用电客户低电压。

（3）负荷接入分布。一是三相负荷不平衡，大量负荷分布在一相或两相，导致该相电流大，线路电压降落大，造成末端某一相或两相电压偏低。二是绝大部分负荷位于线路末端，大量电力通过低电压线路传输，线路损失大，末端电压低。

（三）提高台区运行电压的主要途径

做好台区无功的就地平衡和加强配电变压器挡位调节管理，是最简单有效的办法，在低电压台区治理中使用较为广泛，特别是针对无功功率补偿容量充足且无功功率基本平衡的低电压台区，改变配电变压器分接头挡位是最优先考虑的方法。在系统无功充足时，改变 10kV 配电变压器分接头，提高低电压线路电压 5%，可以使台区损耗降低约 10%。

三、调整功率因数

（一）功率因数与台区损耗的关系

在一定有功负荷条件下，单位长度线路、单位时间的有功功率电量损失为

$$\Delta P = I^2 R = \frac{S^2}{U^2} R = \frac{P^2}{U^2 \cos^2 \varphi} R \tag{2-3}$$

式中　ΔP——单位长度线路、单位时间的有功功率电量损失；

$\quad\quad I$ ——线路电流；

$\quad\quad R$ ——输电线路单位长度电阻；

$\quad\quad S$ ——线路视在功率；

$\quad\quad P$ ——线路传输的有功功率；

$\quad\quad U$ ——线路电压；

$\quad\cos\varphi$ ——线路功率因数。

由式（2-3）可见，电力在线路中传输产生的损耗与线路电压、功率因数的平方成反比，与线路传输的有功负荷的平方，线路单位长度电阻成正比。

通过改变线路功率因数，降损幅度为

$$\Delta P\% = \left(1 - \frac{\Delta P_1}{\Delta P_2}\right) \times 100\% = \left(1 - \frac{\cos^2 \varphi_1}{\cos^2 \varphi_2}\right) \times 100\% \tag{2-4}$$

式中　ΔP_1、ΔP_2——分别为调整后及调整前的单位长度线路、单位时间的有功功率电量损失；

$\quad\cos\varphi_1$、$\cos\varphi_2$——分别为调整前后的线路功率因数。

线路损耗与线路功率因数变化关系图如图 2-3 所示。

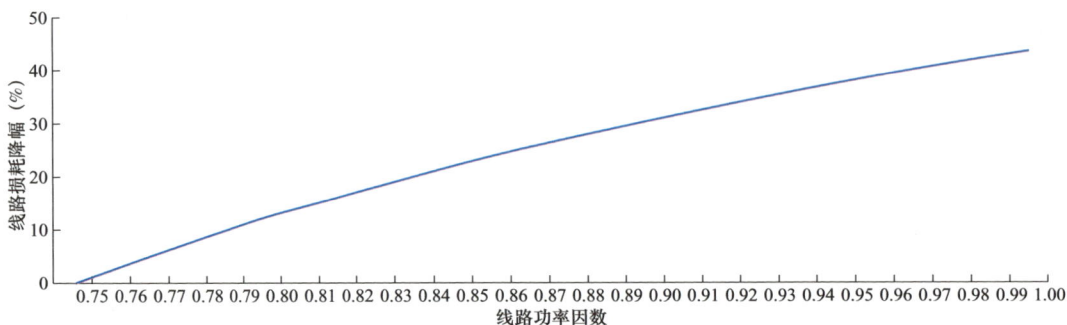

图 2-3　线路损耗与线路功率因数变化关系图（0.75 的初始功率因数）

（二）影响功率因数的主要原因

（1）异步电动机和电力变压器消耗无功功率。异步电动机消耗的无功功率由其空载时的无功功率和一定负载下的无功功率增加值两部分组成。因此，要尽量避免异步电动机空载运行或者"大马拉小车"的情况。

（2）供电电压超出规定范围。当供电电压高于额定值的 10% 时，由于磁路饱和影响，无功功率增长较快。当供电电压低于额定值时，无功功率也相应减少而使功率因数有所提高。但供电电压降低会影响电气设备的正常工作。所以，应采取适当措施使电力系统的供电电压尽量保持稳定。

（3）电网频率的波动也会对异步电动机的无功功率造成一定影响。

（三）提高台区功率因数的主要途径

（1）将无功功率补偿引入低压台区线损治理，是提高台区功率因数的有效方法。加强无功功率补偿装置的管理，合理配置低压无功功率补偿容量，逐步淘汰台区内落后、破损的无功功率补偿装置，保证无功功率补偿装置的有效利用。安装合适的电容器进行无功功率补偿，减少台区的无功功率分量，就地平衡无功功率，降低台区损耗。

并联电容器容量计算公式

$$Q_k = P（\tan\varphi_1 - \tan\varphi_2）\qquad(2-5)$$

式中　　　　Q_k——并联补偿电容器容量，kvar；

　　　　　　P——电网输送有功功率，kW；

$\tan\varphi_1$、$\tan\varphi_2$——分别为补偿前后功率因数角正切值。

加装电容器后，可减少有功损耗电量

$$A_k = [Q_k（2Q - Q_k）] / U^2 \cdot R \cdot t\qquad(2-6)$$

式中　　A_k——减少的有功电量，kWh；

　　　　Q_k——并联补偿电容器容量，kvar；

　　　　Q——补偿前的无功功率容量，kvar；

　　　　U——运行电压，kV；

　　　　R——电阻，Ω；

　　　　t——加装电容补偿装置后的运行时间，h。

（2）针对配电变压器重载、过载的台区，要加强三相负荷管理，合理分配负荷。当出现转移负荷困难时，考虑配电变压器增容或新增布点，从源头解决困难。合理选择配电变压器容量，改善配电变压器的运行方式，使其负载率提高到最佳值，从而改善自然功率因数。

（3）合理选择电动机的型号、规格和容量，使其接近满载运行。在选择电动机时，既要注意其机械性能，也要考虑其电气指标。如果电动机长期处于低负载运行，既增大功率损耗，又使功率因数和效率都显著恶化，因此从节约电能和提高功率因数的观点出发，必须选择正确且合理的电动机容量。

四、三相不平衡与台区降损

（一）三相不平衡与台区损耗的关系

三相不平衡可能是电流幅值不相等，或者是初相角不对称（即相角差不是 120°）。当三相电流幅值不相等而三相电流初相角相差 120° 时，以 A 相为参考相，假设 $\varphi_A=0$，则 $\varphi_B=120°$，$\varphi_C=-120°$，在 $t=0$ 时，中性线电流为

$$
\begin{aligned}
i_0 &= [I_A\cos(\omega t+\varphi_A)+I_B\cos(\omega t+\varphi_B)+I_C\cos(\omega t+\varphi_C)]/3 \\
&= [(I_A\cos\omega t\cos\varphi_A)+(I_B\cos\omega t\cos\varphi_B)+(I_C\cos\omega t\cos\varphi_C)- \\
&\quad (I_A\sin\omega t\sin\varphi_A+I_B\sin\omega t\sin\varphi_B+I_C\sin\omega t\sin\varphi_C)]/3 \\
&= [I_A\cos\omega t-\frac{1}{2}\cos\omega t(I_B+I_C)-\frac{\sqrt{3}}{2}\sin\omega t(I_B-I_C)]/3 \\
&= [I_A-\frac{1}{2}(I_B+I_C)]/3 \\
&= \frac{1}{2}(I_A-I_{av})
\end{aligned}
\tag{2-7}
$$

式中　I_A、I_B、I_C——分别为三相电流；

　　　I_{av}——三相平均电流；

　　　t——时间；

　　　ω——角速度。

此时中性线上的损耗可以表示为

$$
P_{loss0}=\left[\frac{1}{2}(I_A-I_{av})\right]^2 R=\frac{1}{4}(I_A-I_{av})^2 R
\tag{2-8}
$$

总损耗为

$$
P_{loss}=I_A^2 R+I_B^2 R+I_C^2 R+\frac{1}{4}(I_A-I_{av})^2 R
\tag{2-9}
$$

由式（2-9）可见，与三相平衡的情况相比，损耗差异主要体现在中性线损耗上，同时，中性线损耗又与三相不平衡的程度有关。当 A 相电流与平均电流偏差较大时，$(I_A-I_{av})^2$ 较大，损耗大；当 B、C 两相偏差较大时，损耗稍小。由于初相角不对称而引起三相不平衡时，也可采用类似方法进行分析。

（二）减小三相不平衡的主要措施

三相不平衡除了引起线路的附加损耗外，还会导致变压器输出功率不足、电动机工作效率降低等问题，严重影响电力系统的运行效率。解决台区三相不平衡问题，在运行中要加强监测，定期测量配电变压器出线、主干线、分支线的三相电流，发现不平衡要及时调整。同时，在调整中必须遵循从末端负荷向前调整、分支线向主干线调整的原则，逐步实现"四级"平衡，且调整时只调整相线，不调整中性线。

第三章

台区线损理论计算

第一节　台区理论线损计算方法介绍

台区理论线损计算常用方法包括等值电阻法、分相等值电阻法和台区损失率法；信息化采集条件成熟的台区，可采用分相潮流法。台区拓扑简化示意图如图 3-1 所示。

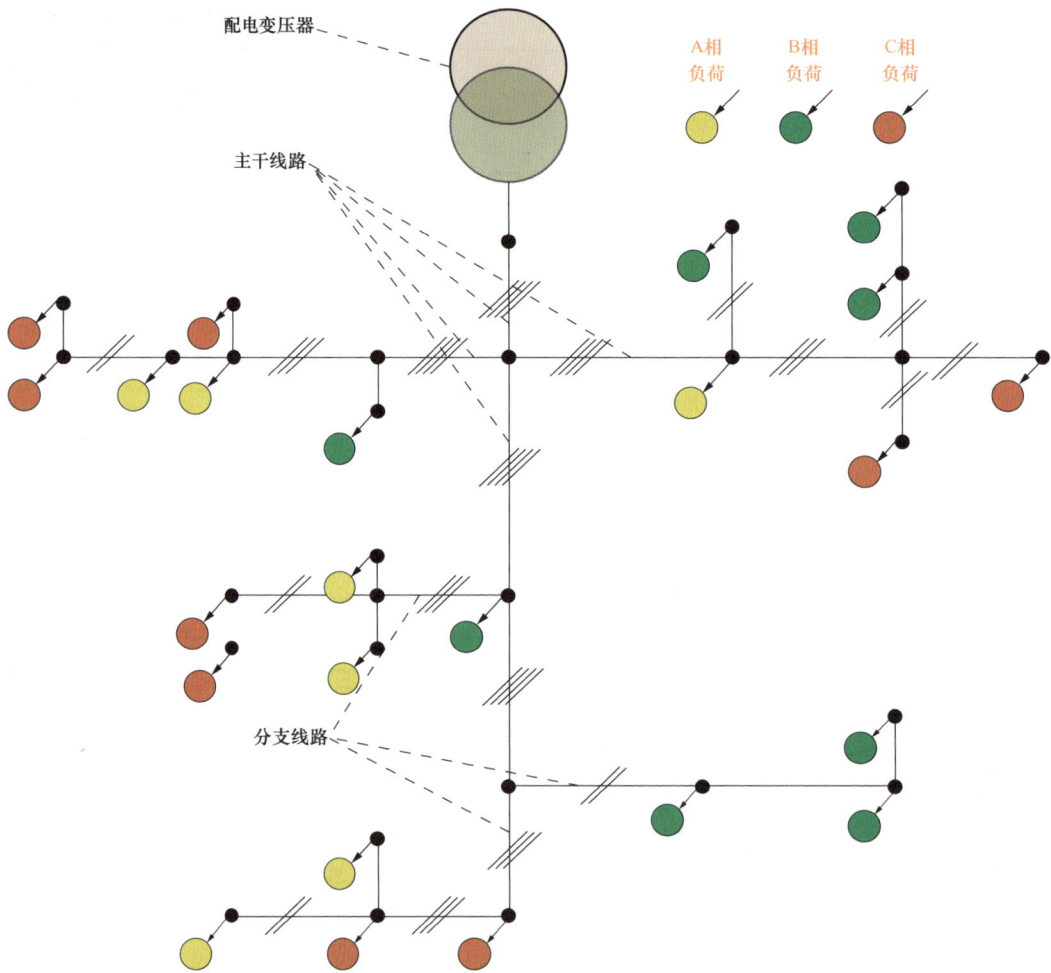

图 3-1　台区拓扑简单示意图

下面，分别介绍各种台区理论线损计算方法。

一、等值电阻法

等值电阻法是将台区下的电网拓扑等效为一个等值电阻，再利用首端电流计算台区线损的方法。利用等值电阻法计算台区电能损耗的基本假设包括：各节点负荷曲线的形状与配电变压器低压总表相同，各负荷节点的功率因数与配电变压器低压总表相等，忽略沿线电压降落对电能损耗的影响。

三相三线制和三相四线制的低压网线损理论计算公式为

$$\Delta A_{\mathrm{b}} = N\left(kI_{\mathrm{av}}\right)^2 R_{\mathrm{eqR}} \cdot T \times 10^{-3} + \left(\frac{T}{24D}\right)\sum\left(\Delta A_{\mathrm{dbi}} \cdot m_{\mathrm{i}}\right)\sum\Delta A_{\mathrm{C}} \qquad （3-1）$$

式中　ΔA_{b}——三相负荷平衡时低压网理论线损电量，kWh；

　　　　N——电力网结构系数，单相供电取 2，三相三线制时取 3，三相四线制时取 3.5；

　　　　k——负荷形状系数；

　　　　I_{av}——线路首端平均电流，A；

　　　　R_{eqR}——低电压线路等值电阻，Ω；

　　　　T——运行时间，h；

　　　　D——全月日历天数；

　　　ΔA_{dbi}——各类型电能表月损耗，kWh/ 只，其中，单相表月损耗可取 1kWh/ 只，三相三线表月损耗可取 2kWh/ 只，三相四线表月损耗可取 3kWh/ 只；

　　　　m_{i}——代表第 i 种类型电能表的数量，只；

　　　ΔA_{C}——无功功率补偿设备在运行时间 T 内的损耗，kWh。

针对等值电阻法，有如下问题值得说明。

（1）式（3-1）中，等值电阻的计算方法为

$$R_{\mathrm{eqR}} = \frac{\sum_{j=1}^{n} N_j A_{j\cdot\Sigma}^{2} R_j}{N\left(\sum_{i=1}^{m} A_i\right)} \qquad （3-2）$$

式中　N_j——各计算线段的电力网结构系数；

　　　$A_{j\cdot\Sigma}$——第 j 计算线段供电的用户电能表抄见电量之和，kWh；

　　　　R_j——第 j 计算线段的电阻，Ω；

　　　　N——配电变压器低压出口电力网结构系数；

　　　　m——用户电能表个数；

　　　　A_i——用户电能表的抄见电量，kWh。

（2）等值电阻法计算中，三相三线制时电力网结构系数取3，即是将低压电网中的三相三线线段电流简化为三相平衡；三相四线制时取3.5，即是将三相四线线段中的相线电流处理为三相平衡，中性线损耗处理为相线电流的一半，作为对三相不平衡运行的一点考虑。

（3）关于负荷形状系数。负荷形状系数是采用平均电流开展线损理论计算时，计算结果与实际计算结果的转换系数。

负荷形状系数定义为均方根电流与平均电流的比值，计算公式为

$$k = \frac{I_{\text{if}}}{I_{\text{av}}} = \frac{\sqrt{\frac{1}{n}\sum_{i=1}^{n}I_i^2}}{\frac{1}{n}\sum_{i=1}^{n}I_i} \tag{3-3}$$

式中　I_{if}——方均根电流，A；

I_{av}——平均负荷电流，A；

I_i——第 i 个时刻点电流，A；

n——1天内电流抄录的数目或次数，若是整点记录，则 $n=24$。

在实际应用中，一般需计算 k^2，常采用负荷曲线的平均负荷率 f 与最小负荷率 β 确定。其中，平均负荷率 f 为平均负荷（电流）I_{av} 与最大负荷（电流）I_{max} 的比率，即

$$f = \frac{I_{\text{av}}}{I_{\text{max}}} \tag{3-4}$$

最小负荷率 β 为最小负荷（电流）I_{min} 与最大负荷（电流）I_{max} 的比率，即

$$\beta = \frac{I_{\text{min}}}{I_{\text{max}}} \tag{3-5}$$

当平均负荷率 0.5 时，可按直线变化的持续负荷曲线计算 k^2 值，即

$$k^2 = \frac{\beta + \frac{1}{3}(1-\beta)^2}{\left(\frac{1+\beta}{2}\right)^2} \tag{3-6}$$

当平均负荷率 0.5 时，可按二阶梯持续负荷曲线计算 k^2 值，即

$$k^2 = \frac{f(1+\beta) - \beta}{f^2} \tag{3-7}$$

负荷形状系数描述了负荷起伏变化特征。一般而言，负荷形状系数 $k \geq 1$。对于可

获取实测数据的台区，可通过上述公式计算负荷形状系数；对于无法获取实测数据的情况，可参照 1.03~1.19 的经验值范围选取。

（4）关于平均负荷电流 I_{av} 的计算。当配电变压器二次侧装设有功电能表和无功电能表时，可依据下式（3-8）计算首端平均负荷电流，即

$$I_{av} = \frac{1}{u_{av}t} \sqrt{\frac{1}{3}\left(A_P^2 + A_Q^2\right)} \tag{3-8}$$

式中　u_{av}——配电变压器低压侧平均运行线电压，可取 0.38kV；

　　　A_P——配电变压器低压侧有功供电量，kWh；

　　　A_Q——配电变压器低压侧无功供电量，kvar；

　　　t ——计算线损时段的时长，即 A_P、A_Q 对应的时间，h。

当配电变压器二次侧记录的是有功电能和功率因数时，可依据式（3-9）计算首端平均负荷电流，即

$$I_{av} = \frac{A_P}{\sqrt{3}U_{av}t\cos\varphi} \tag{3-9}$$

（5）从等值电阻法的计算过程可以看出，在计算等值电阻时，算法已经基于各线段传输的电量和电阻，间接计算了台区内各线段的损耗（等值电阻的分子除以电压的平方即是线段损耗）。等值电阻法再继续采用首端的平均电流计算台区损耗，而不是对各条线段的损耗加和，主要是考虑了计算的实用性和数据获取的便捷性：一是利用已知可获取的计量电能开展计算，不需计算各用户电流，降低计算复杂度和数据量，能够满足线损理论计算的工程需求；二是计算得到的等值电阻，可在台区电网结构未发生变化时期，用于台区线损的简化计算。

二、分相等值电阻法

分相等值电阻法克服了等值电阻法将低压电网中的三相负荷处理为三相平衡或视中性线线损为 0.5 倍相线所引起的近似误差，可较为准确地计算出三相负荷不平衡产生的损耗。计算公式为

$$\Delta A_{umb} = N\left(kI_{av}\right)^2 R_{eqR} \cdot K_b \cdot T \times 10^{-3} + \left(\frac{T}{24D}\right)\sum\left(\Delta A_{dbi} \cdot m_i\right) + \sum \Delta A_C \tag{3-10}$$

式中　ΔA_{umb}——三相负荷不平衡时低电压线路的损失电量，kWh；

　　　K_b——三相负荷不平衡与三相负荷平衡时损耗的比值。

经验上，一般依据台区三相负荷情况，对 K_b 做如下处理：

（1）台区三相负荷符合一相重、一相轻、一相平均的特点时，

$$K_b = 1 + \frac{8}{3} \varepsilon_i^2 \qquad (3-11)$$

（2）台区三相负荷符合一相重、两相轻的特点时，

$$K_b = 1 + 2\varepsilon_i^2 \qquad (3-12)$$

（3）台区三相负荷符合两相重、一相轻的特点时，

$$K_b = 1 + 8\varepsilon_i^2 \qquad (3-13)$$

上述计算式中，有如下两点需要注意：

（1）ε_i 代表三相负荷电流不平衡度，计算公式为

$$\varepsilon_i = \frac{I_{max} - I_{avp}}{I_{avp}} \times 100\% \qquad (3-14)$$

式中 I_{max}、I_{avp}——分别代表台区首端三相中的最大负荷相电流和三相负荷电流的平均值，A。

此处，三相负荷电流取的是计算时段的最大负荷点三相电流的瞬时值，也可以采用计算时段内的三相电量计算得到的三相电流平均值。

（2）重负荷、轻负荷和平均负荷主要依据相电流和三相负荷的平均电流的比值 ρ 来判断，其计算公式为

$$\rho_i = \frac{I_i}{I_{avp}} \qquad (3-15)$$

若 $\rho_i \geq 1.2$，则该相负荷为重负荷；$0.8 \leq \rho_i < 1.2$，则该相负荷为平均负荷；$\rho_i < 0.8$，则该相负荷为轻负荷。

三、电量迭代法

电量迭代法也是一种实用台区线损理论计算方法。该方法引入了对节点电压降落的考虑，通过反复的迭代实现损失电量计算。电量迭代法有如下假设：各节点负荷曲线的形状与配压变压器低压总表相同，各负荷节点的功率因数与配压变压器低压总表相等。同时，电量迭代法将三相三线线段电流简化为三相平衡，将三相四线线段中的相线电流处理为三相平衡，中性线电流处理为相线电流的一半。

电量迭代法的计算流程如下：

第一步，输入各用户电量和首端供电量、功率因数、平均电压。

第二步，按照各用户功率因数和首端一样的假设，取首端平均电压为各用户电压迭代初始值，计算各用户平均电流。

第三步，从用户向台区总表，逐段计算各段线段三相电流。此时，假定三相平衡，三相电流之和为后端支线电流代数和；中性线电流为相线电流的一半。记录各段线段的三相电流和中性线电流。

第四步，从台区总表向用户，利用总表电压和总表出线电流，计算下一个节点电压，并依此逐段计算各节点电压和用户电压。

第五步，利用第四步计算得到用户电压，替换第二步中的电压初始值，重复第二步到第五步，直到迭代收敛。

第六步，利用迭代收敛后的电压和电流信息，计算台区损失电量。

四、分相电量迭代法

分相电量迭代法是电量迭代法的改进，它去除了电量迭代法对三相三线及三相四线线段三相平衡、中性线电流是相线电流一半的简化处理，相比电量迭代法更加贴近台区运行实际，更能反映三相不平衡状态。分相电量迭代法同样基于各节点负荷曲线的形状与配压变压器低压总表相同，各负荷节点的功率因数与配电变压器低压总表相等的假设。

但是，与电量迭代法相比，分相电量迭代法对基础数据要求更加严格，需要明确用户接入的相别。

分相电量迭代法的计算流程如下：

第一步，输入各用户电量和首端三相供电量、功率因数、三相平均电压。

第二步，按照各用户功率因数和首端一样的假设，取首端平均电压为各用户电压迭代初始值，计算各用户平均电流。

第三步，从用户向台区总表，逐段计算各段线段三相电流。此时，假定各段线路同一相别的电流相位相同，因而上级线段的相电流等于下级该相别电流的代数和；根据三相电流相位互差120°的假定，利用式（3-16）计算中性线电流：

$$I_{\mathrm{N}} = \sqrt{\left(I_{\mathrm{A}}^2 + I_{\mathrm{B}}^2 + I_{\mathrm{C}}^2\right) - \left(I_{\mathrm{A}}I_{\mathrm{B}} + I_{\mathrm{B}}I_{\mathrm{C}} + I_{\mathrm{C}}I_{\mathrm{A}}\right)} \qquad （3-16）$$

记录各段线段的三相电流和中性线电流。

第四步，从台区总表向用户，利用总表三相电压和总表三相电流，计算下一个节点三相电压，并依此逐段计算各节点三相电压和用户电压。

第五步，利用第四步计算得到用户电压，替换第二步中的电压初始值，重复第二步到第五步，直到迭代收敛。

第六步，利用迭代收敛后的电压和电流信息，计算台区损失电量。

五、台区损失率法

台区损失率法是一种实测方法，主要用于档案资料不齐全地区的低压理论线损计算。首先，根据供电区域和负荷密度，将低压台区划分为 A+、A、B、C、D、E 六类（实际操作时，可根据当地情况选取其中部分类别），并在每一类中，合理选取典型台区，代表该类台区的线损水平；其次，对典型台区开展线损实测，并用典型台区的实测损失电量计算该类台区单位容量的损失电量；最后，基于各类台区配电变压器总容量，测算该地区 0.4kV 低压网损失电量。

假定某地区按照负荷密度，将所有台区分到 A+、A、B、C、D、E 六个类别中，每类选定若干供电负荷正常、计量齐备、电能表运行正常、无窃电的台区作为典型台区，则每类典型台区单位容量的损失电量计算公式为

$$\Delta A_{\text{ave} \cdot i} = \frac{\sum_{j=1}^{m_i} \Delta A_{i \cdot j}}{\sum_{j=1}^{m_i} S_{i \cdot j}} \tag{3-17}$$

式中　$\Delta A_{\text{ave} \cdot i}$——第 i 类典型台区单位容量损失电量，kWh/kVA；

　　　　m_i——第 i 类典型台区个数；

　　　　$\Delta A_{i \cdot j}$——第 i 类第 j 个典型台区实测损失电量，kWh；

　　　　$S_{i \cdot j}$——第 i 类第 j 个典型台区配电变压器容量，kVA。

据此，计算该地区 0.4kV 低压网的电能损耗为

$$\Delta A = \sum_{i=\text{A}^+,\text{A},\text{B},\text{C},\text{D},\text{E}} \Delta A_{\text{ave} \cdot i} \cdot S_i \tag{3-18}$$

式中　S_i——第 i 类台区的配电变压器总容量，kVA。

参考《配电网规划设计技术导则》（DL/T 5729—2016）将台区划分为 A+、A、B、C、D、E 六类，见表 3-1。

表 3-1 台区划分表

供电区域		A⁺	A	B	C	D	E
行政级别	直辖市	市中心区或 $\delta \geq 30$	市区或 $30 > \delta \geq 15$	市区或 $15 > \delta \geq 6$	城镇或 $6 > \delta \geq 1$	乡村或 $1 > \delta$	—
	省会城市、计划单列市	$\delta \geq 30$	市中心区或 $30 > \delta \geq 15$	市区或 $15 > \delta \geq 6$	城镇或 $6 > \delta \geq 1$	乡村或 $1 > \delta$	—
	地级市（自治州、盟）	—	$\delta \geq 15$	市中心区或 $15 > \delta \geq 6$	市区、城镇或 $6 > \delta \geq 1$	乡村或 $1 > \delta$	农牧区
	县（县级市、旗）	—	—	$\delta \geq 6$	城镇或 $6 > \delta \geq 1$	乡村或 $1 > \delta$	农牧区

注 δ 为供电区域的负荷密度，MW/km²。

六、分相潮流法

分相潮流计算法是通过建立低压配电网三相拓扑网络，基于某时刻配电变压器低压总表、用户、分布式电源等低压网络各测量点的功率、电压测量信息，采用改进的牛顿-拉夫逊、高斯-赛德尔等潮流迭代算法，计算该时刻点的低压网络线损率。再通过一天内多个时间断面的潮流计算与综合，得到代表日低压网络的理论线损率。

分相潮流法通过对低压配电网拓扑进行详细建模，考虑三相之间的相互影响，计入了各计算时刻点电网负荷大小，未对电网进行三相平衡化、中性线损耗或电流为相线的一半、忽略电压降落影响等简化处理，因而计算结果更加准确。

七、各种方法的数据需求及特点

不同计算方法对基础档案和运行数据的要求不同，读者可根据可获取信息的条件，选取合适的计算方法。各种方法的数据需求见表 3-2。

表 3-2 理论线损计算方法数据需求

计算方法	基础档案	运行数据
等值电阻法	台区电网图、导线型号和长度	首端电量、功率因数、平均电压、负荷曲线形状系数；用户电量
分相等值电阻法	台区电网图、导线型号和长度、用户接入相别	首端电量、功率因数、平均电压、负荷曲线形状系数、三相负荷电流最大值；用户电量

计算方法	基础档案	运行数据
电量迭代法	台区电网图、导线型号和长度	首端电量、功率因数、平均电压、负荷曲线形状系数；用户电量
分相电量迭代法	台区电网图、导线型号和长度、用户接入相别	首端电量、功率因数、平均电压、负荷曲线形状系数；用户电量
台区损失率法	配电变压器容量	首端电量；用户电量
分相潮流法	台区电网图、导线型号和长度、用户接入相别	首端及用户的整点功率、电压

受计算方法和数据影响，各种方法在台区损耗计算准确性和计算复杂度方面呈现不同的特点，具体如图 3-2 所示。

(a)　　　　　　　　　　　　　　(b)

图 3-2　台区理论线损计算方法对比
（a）计算准确度；（b）计算复杂度

由于分相潮流法采用整点功率进行潮流迭代计算，数据需求量大，数据质量要求高，且能计入台区用户的用电特性差异，计算结果相对更加准确，一般需采用计算机程序辅助计算，复杂度高；分相电量迭代法和电量迭代法考虑了电压沿线降落对线损的影响，因而计算准确性较分相等值电阻法和等值电阻法更高，且通过迭代计算得出各节点电压，计算复杂度也相对更高；台区损失率法采用抽样统计的思路得到各类台区的线损理论值，不需开展计算机辅助的迭代或线段损耗计算，因而计算准确性相对较低，复杂度也低。

第二节　典型计算案例分析

根据上节的低压台区理论计算方法，以简化的 IEEE37 节点网络为研究对象，假定在电网中挂接 21 个单相负荷（见图 3-3），分别应用等值电阻法、电量迭代法、分相电量迭代法和分相潮流法进行理论线损计算。

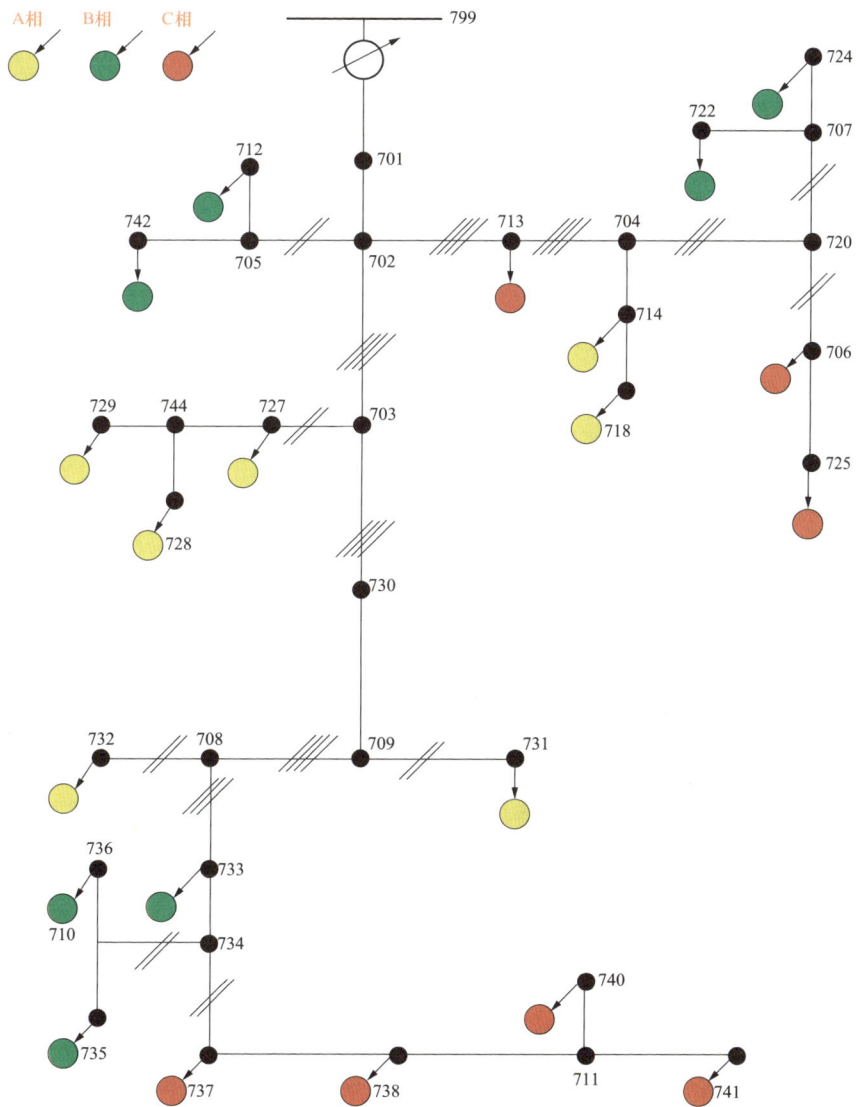

图 3-3　IEEE37 节点网络示意图

采用四川电网某台区实测的代表日用户24点功率、电压及日电量为计算输入数据，电网模型中三相四线制导线采用 LGJ-185 导线，两相三线和单相二线导线采用 LGJ-120 导线，各节点之间的线段长度均为 50m，首端负荷形状系数为 1.04。

各种方法的计算结果见表 3-3，并以分相潮流法计算结果为参照，计算等值电阻法、电量迭代法和分相电量迭代法的计算偏差，结果对比见表 3-3。

表 3-3 　　　　　　　　　各种理论线损计算结果对比　　　　　　　　　（％）

计算方法	计算线损率	相对分相潮流法计算结果偏差
等值电阻法	3.71	43.01
电量迭代法	6.65	2.15
分相电量迭代法	6.4	1.69
分相潮流法	6.51	—

由表 3-3 可见，因分相潮流法的计算结果可以反映负荷特性的差异，而等值电阻法、电量迭代法和分相电量迭代法采用电量进行计算，受算法原理的影响，其计算结果无法体现负荷特性之间的差异，计算得到的台区线损率随着近似程度的增加，与分相潮流法计算结果的偏差也同步增大。在台区低压用户负荷特性差异不大的情况下，各种方法的计算结果都能够满足工程应用需要。但若台区下低压用户间的负荷特性差异度、三相不平衡度很大，则等值电阻法的计算误差将急剧增大，不再满足工程应用需要。

第三节　　典型因素对台区理论线损的影响分析

一、三相不平衡运行对线损的影响分析

（一）三相不平衡度量的误区

当前，各电力企业在开展台区三相不平衡度量时，存在以下两个误区：

（1）只看配电变压器二次侧出口的三相电流平衡情况。当前，低压配电网仅在配电变压器二次侧出口及用户侧有计量装置。受此限制，运行人员常采用配电变压器二

次侧出口的计量情况来度量台区三相平衡情况。但这种度量方式存在缺陷。

以图 3-4 所示的三相负荷分布不均衡台区为例进行说明。

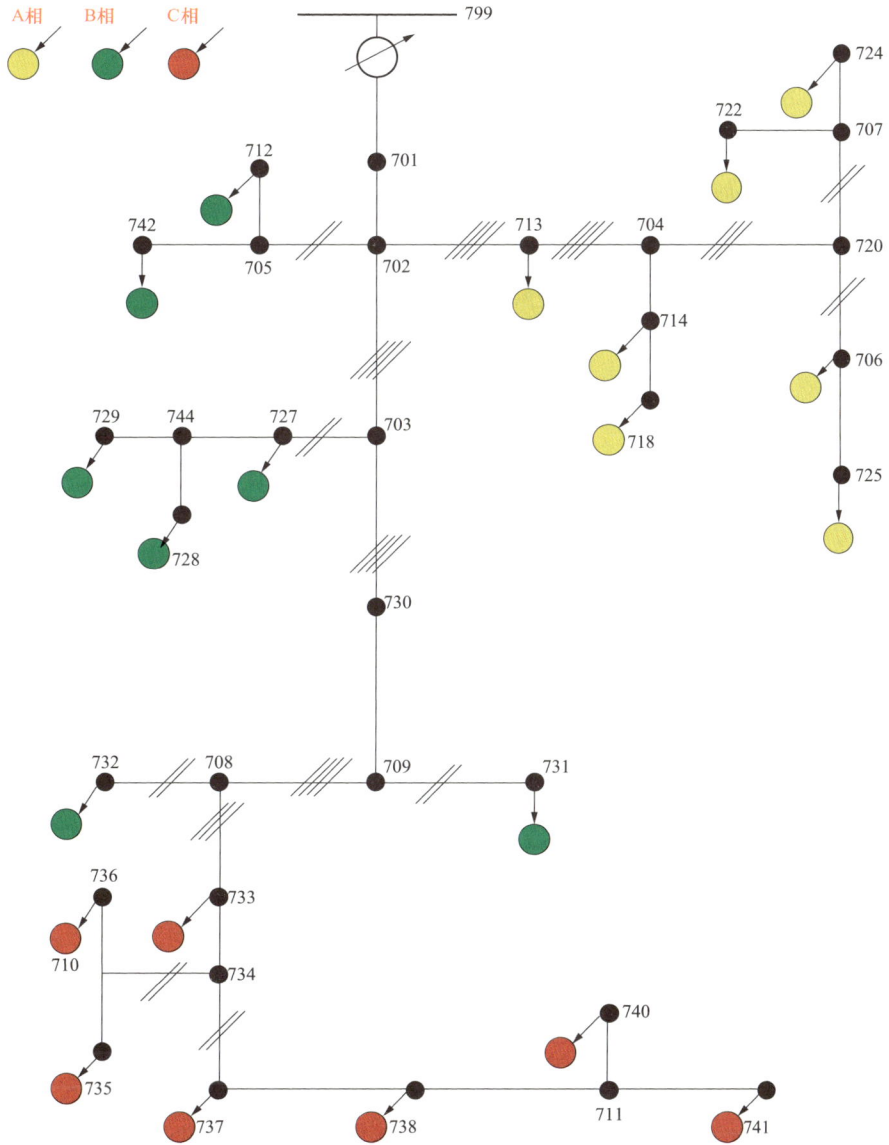

图 3-4　三相负荷分布不均衡台区示意图

如图 3-4 所示，配电变压器低压侧计量装设在节点 701 处，假定每个负荷特性相同，大小相等，则在 701 处采集得到的三相完全对称，三相不平衡度为 0。由于 702-713 线段后端的负荷均为 A 相，因此线段 702-713 的三相不平衡度为 200%；702-703 段后的负荷挂接在 B 相（5 个负荷）和 C 相（7 个负荷），因而线段 702-703 的三相不平衡度为75%。

可见，单独观测配电变压器二次侧并不能准确、真实地反映台区电网的三相平衡情况。

（2）只看三相电量的平衡情况。电量是一段时间内传输功率的累计值。仅采用电量数据衡量台区三相平衡状态，将无法知晓功率的平衡情况，可能出现电量平衡，但每个时刻功率均不平衡的状态。

例如，图3-5所示的三相负荷日用电量相等，但各相负荷特性不同，存在不同的峰荷时刻点。当采用三相电量衡量时，三相完全平衡；但从瞬时功率来看，当天绝大部分时刻的台区不平衡度超过15%，仅在第6个时刻点呈现功率平衡状态。

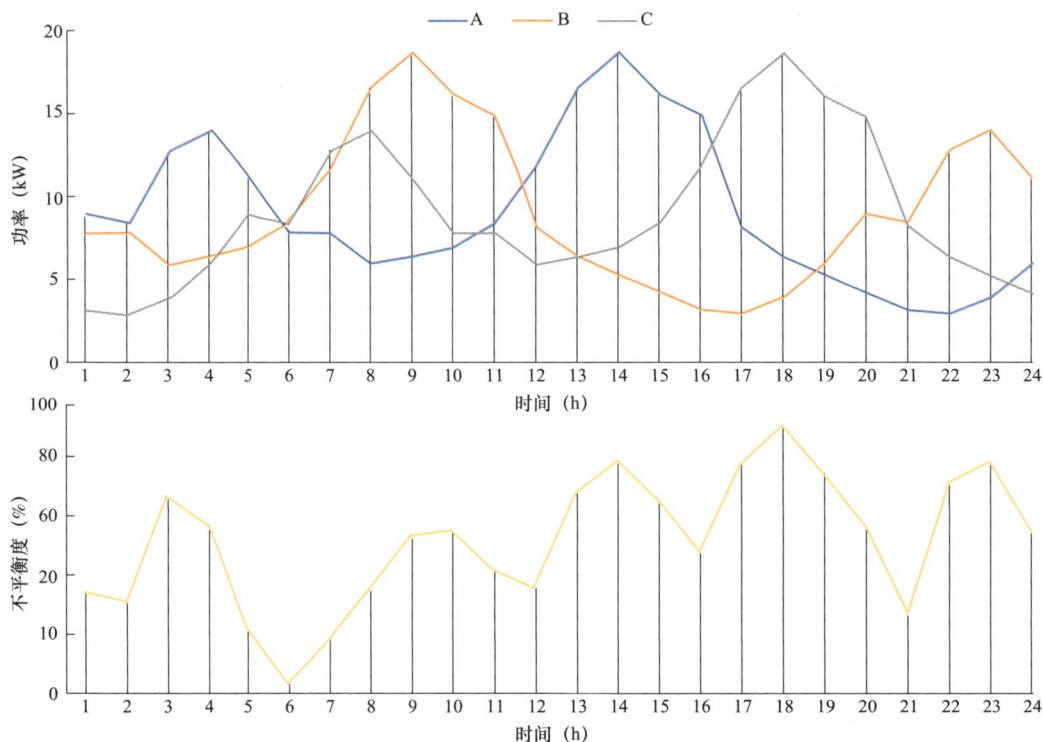

图 3-5　瞬时功率不平衡

（二）算例分析

下面以本章第二节提到的IEEE37节点电网为研究对象，通过以下两个算例说明采用总表衡量三相平衡情况、电量衡量三相平衡情况可能存在问题。

算例分析一：总表平衡情况相同，下级主干线平衡情况影响

在本算例中，假定各负荷特性相同，大小相等，均为单相接入。保持配电变压器二次侧的三相平衡情况不变，调整下级负荷接入相别，模拟下级主干线的平衡情况变化，分析此时低压网络损耗的变化。

场景一：下级主干线三相不平衡，负荷挂接相别如图3-4所示。

场景二：下级主干线三相尽量平衡，负荷挂接相别如图3-3所示。

各场景理论线损率计算结果见表3-4。

表3-4　　　　　　　　　　各场景理论线损率计算结果　　　　　　　　（%）

场景	总表不平衡度	702-713 线段不平衡度	702-703 线段不平衡度	台区线损率
场景一	4.13	200.00	67.91	7.75
场景二	2.96	27.80	4.17	3.38

从表3-4计算结果可知，两个模拟场景的总表不平衡度并未发生较大变化，均处于《架空配电线路及设备运行规程》（SD 292—1988）规定的三相负荷不平衡度不应大于15%的范围内。但场景一对应总表下级的主干线702-713、702-703的不平衡较场景二均较大，对应的线损率也较场景二高出4.37个百分点。

通过算例对比发现，在保持配电变压器二次侧三相基本平衡情况下，进一步调整下级主干线，降低下级主干线的三相不平衡度，有利于降低台区线损率。

算例分析二：电量平衡、功率不平衡的影响

在本算例中，不改变各用户接入的相别，在各用户日用电量保持不变的情况下，通过如下两个场景，模拟电量平衡但功率不平衡对台区线损的影响。

场景一：A、B、C相用户用电特性一致，峰值出现在同一时刻。

场景二：A、B、C相用户用电特性不一致，峰值出现在不同时刻。

各场景理论线损率计算结果见表3-5。

表3-5　　　　　　　　　　各场景理论线损率计算结果　　　　　　　　（%）

场景	总表电量不平衡度	台区线损率
场景一	2.96	3.38
场景二	1.38	3.93

绘制场景二对应的瞬时功率不平衡度，如图3-6所示。

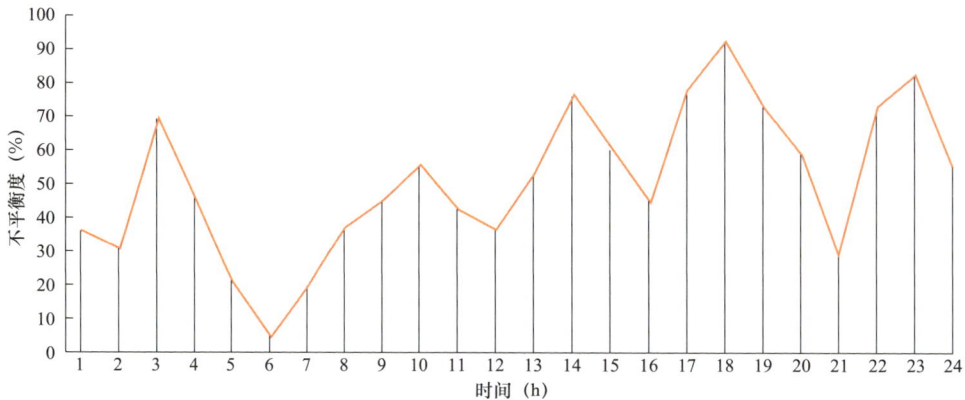

图 3-6　场景二对应的瞬时功率不平衡度

从表 3-5 和图 3-6 可知，在本算例中，因瞬时功率不平衡，将导致台区线损率较三相功率平衡状态下高 0.55 个百分点，这表明单独采用电量衡量台区平衡状态的方式并不能准确反映台区的经济运行状态。

因此，三相不平衡治理中不能仅关注总表电量的平衡，还更应关注电量对应时段内的功率平衡，尽量做到不同用电性质用户的三相平衡分布。

二、低压电源布点对线损的影响分析

（一）影响原理

在台区新建或改造时，常涉及配电变压器的选址问题。从台区经济运行的角度来说，配电变压器越靠近台区负荷中心，越能改善线路上的电流分布，相当于加大导线截面积及缩短线路长度，减小电气距离和线路的等效电阻，达到提升供电效率的目的。下面，通过具体算例说明低压电源布点对线损的影响。

（二）算例分析

选定配电变压器容量 200kVA 的低压电网，假定主干线路采用 LGJ-120 型号导线，长度 400m，中性线与相线相同。主干线每 25m 引出一条长为 20m、导线型号为 LGJ-50 的分支线路，每条分支线接 1 个 4 表位表箱，共计 16 个表箱、64 个单相用户。为简便计，假定用户用电特性、负荷大小相等，四表位表箱用户接入相序尽量满足三相平衡，即是从末端表箱开始，分别多一个用户接入 C 相、B 相和 A 相，依此类推，如图 3-7 所示。下面分别计算配电变压器负载率为 80% 时，配电变压器在主干线一端和配电变压器在主干线中间两种接入模式下的台区损失情况。

算例分析一：假定配电变压器在主干线一段台区

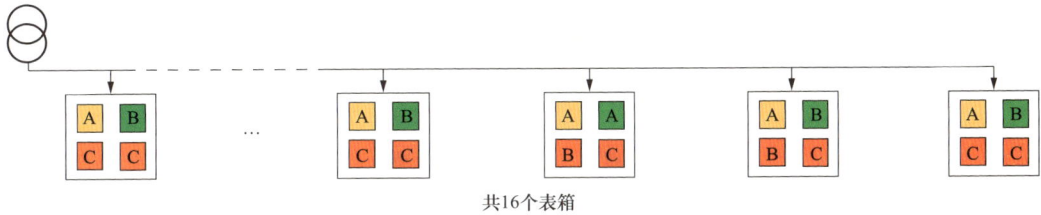

图 3-7　配电变压器在主干线一段台区示意图

表箱电流分析：对于图 3-8 所示表箱，4 个表位分别接入 1 个 A、B 相用户和两个 C 相用户，基于用户用电特性、负荷大小相等的假设，A、B、C 三相电流分别为 I、I、$2I$，同时，中性线上也将产生电流，其大小为 I，相位与 C 相相同。

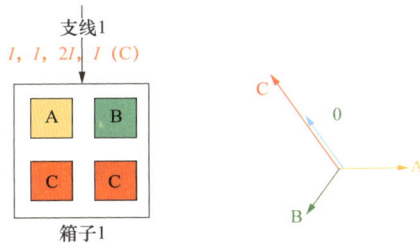

图 3-8　单个表箱电流分析示意图

依次类推，得到各条分支线、主干线上三相及中性线电流，如图 3-9 所示。

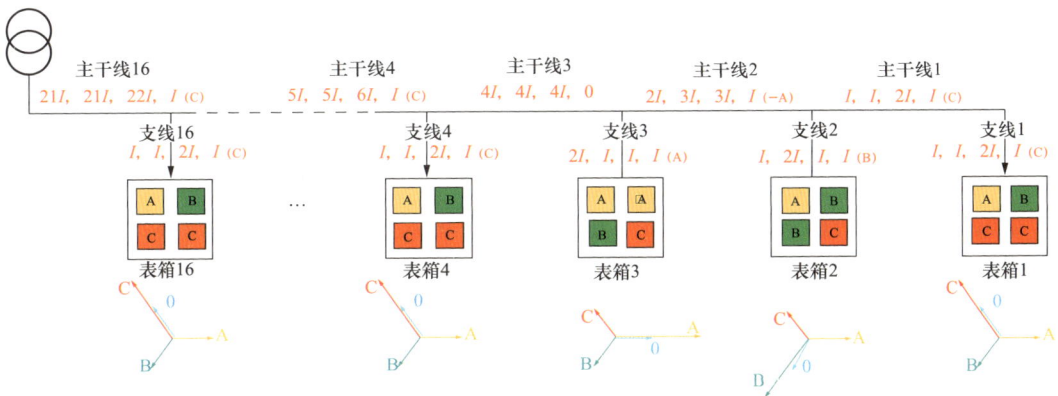

图 3-9　配电变压器在主干线一段台区电流分析示意图

此时，靠近配电变压器的主干线路（第 16 条）的三条相线及中性线电流分别为 $21I$、$21I$、$22I$、I，计算台区理论线损率为 4.28%。

算例分析二：假定配电变压器在主干线中间

参照算例分析一的计算思路，逐次计算各条分支线、主干线上三相及中性线电流，如图 3-10 所示。

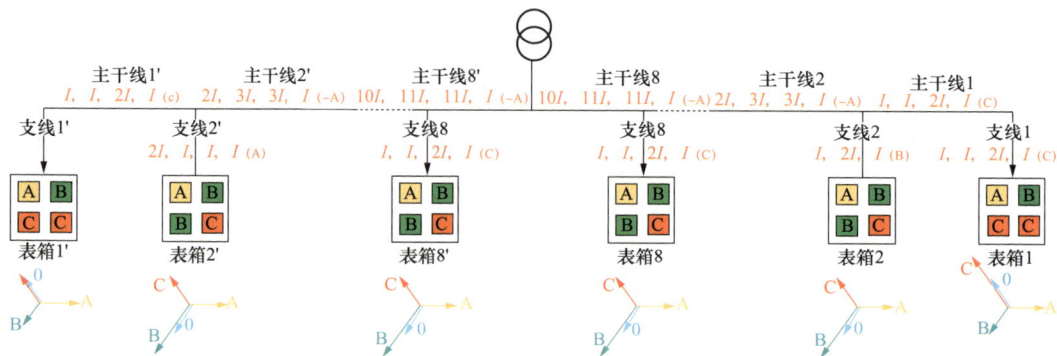

图 3-10　配电变压器在主干线中间台区电流分析示意图

此时，靠近配电变压器的主干线路（第 8 条）三相及中性线电流分别为 $10I$、$11I$、$11I$、I，计算台区理论线损率为 1.30%。

由以上两个算例可见，配电变压器配置在主干线中间，在相同负荷的情况下，可以显著减小主干线的电流，降低台区线损率。当配电变压器在主干线一端时，该台区理论线损率为 4.28%；当配电变压器在主干线中间时，该台区理论线损率为 1.30%。

三、单相光伏接入及负荷分配对低压电网线损的影响分析

（一）影响原理

单相分布式光伏接入低压电网后，原来的低压网络从单一电源网转换为多电源，电网潮流发生较大变化，对低压网线损产生影响。

当接入的分布式光伏与负荷没有实现较好匹配时，配电变压器低压侧可能呈现较严重的三相不平衡，中性线电流显著增大。如图 3-11 所示，该台区 A、B 相接入负荷，无光伏电源，C 相接入单相光伏电源，不带负荷。

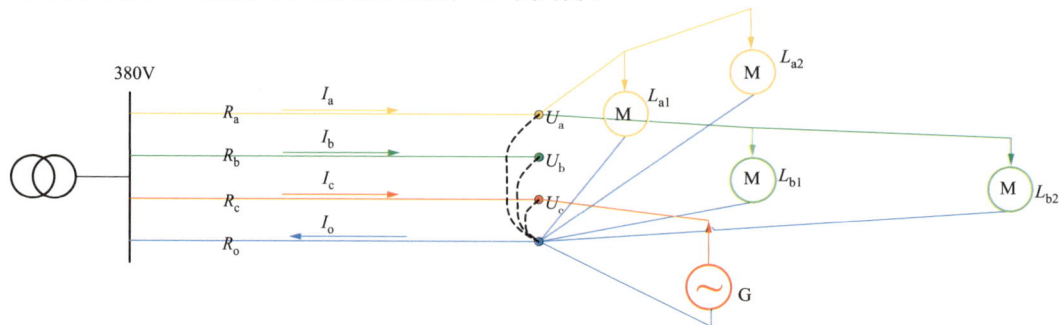

图 3-11　单相光伏接入台区示意图

假定 A、B、C 三相电压平衡，接入台区的负荷和分布式光伏的功率因数均为 1，绘制此时的电压、电流相量如图 3-12 所示。

图 3-12　台区电压、电流相量图

由图 3-12 可知，此时中性线电流较大。若 A、B 相负荷电流的大小与 C 相光伏发电电流大小相等，此时中性线电流大小将是 C 相电流的 2 倍，相位与 C 相相同。较大的中性线电流在中性线上将按照电流的平方倍产生电能损耗，因而台区损耗率将升高。

根据负荷就地平衡的原则可知，若能实现光伏发电量的就地平衡，则可降低损耗。在台区内，就地平衡对应的是光伏发电接入相的源 – 荷平衡。下面，通过算例分析光伏发电的接入相平衡对台区损耗的影响。

（二）算例分析

根据负荷平衡原则，调整部分负荷到光伏上网接入相，就地消纳光伏发电量，降低电量传输产生的损耗。负荷调整示意图如图 3-13 所示。

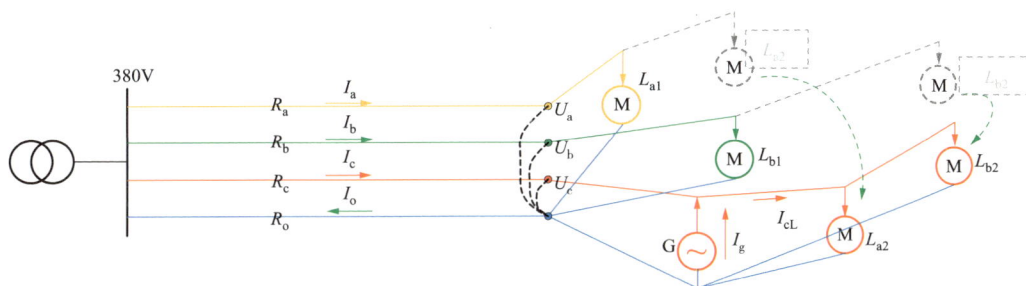

图 3-13　负荷调整示意图
L、L_{a1}、L_{a2}、L_{b1}、L_{b2}—负荷

将 A、B 相部分负荷调整至 C 相，实现 C 相上网光伏电量的就地消纳，一方面可以减小 C 相的下网电流，同时也有效降低了中性线上的不平衡电流。此时，A、B 相电流减小；C 相主干线电流也因负荷电流抵消部分光伏发电电流，较调整前减小；根据图 3-14 所示的相量图分析，中性线电流也将减小。因而，台区损耗大幅下降。

图 3-14　负荷调整前后三相电流变化

　　假定台区接入的总负荷功率为 $2P$，光伏发电上网功率为 P；为简化计算和分析，假定光伏和负荷集中接入三相四线制主干线上的某处，相线和中性线的电阻相等。

　　模拟如下三种情形，分别计算台区电网损耗：

　　场景一：A、B 相负荷功率分别为 P，C 相光伏功率 P。

　　场景二：A、B 相功率分别为 $P/2$，C 相负荷功率 P，C 相光伏功率 P。

　　场景三：A、B 相功率分别为 $P/3$，C 相负荷功率 $4P/3$，C 相光伏功率 P。

　　各场景理论线损率计算结果见表 3-6。

表 3-6　　　　　　　　　　　各场景理论线损率计算结果

编号	A 相负荷（电流 I_a）	B 相负荷（电流 I_b）	C 相负荷（电流 I_cL）	C 相光伏（电流 I_g）	C 相干线功率（电流 I_c）	中性线电流 I_o	总损耗
场景 1	P（I）	P（I）	0（0）	P（I）	P（I）	$2I$	$7I^2R$
场景 2	$P/2$（$I/2$）	$P/2$（$I/2$）	P（I）	P（I）	0（0）	$I/2$	$3I^2R/4$
场景 3	$P/3$（$I/3$）	$P/3$（$I/3$）	$4P/3$（$4I/3$）	P（I）	$P/3$（$I/3$）	0	$I^2R/3$

　　由以上分析，可得到如下结论：

　　（1）单相光伏接入的台区，若光伏接入相不带负荷，其他相别带负荷情况下，台区运行经济性极差，台区损耗非常高。

　　（2）合理分配部分负荷至光伏接入相，有利于降低台区损耗。

　　（3）当台区负荷分配至三相线路干线电流大小相等、中性线电流为零（三相电流相角互差 120°）时，电网损耗较小，仅为两相带负载时的 1/21。

第四章

台区线损异常原因分析

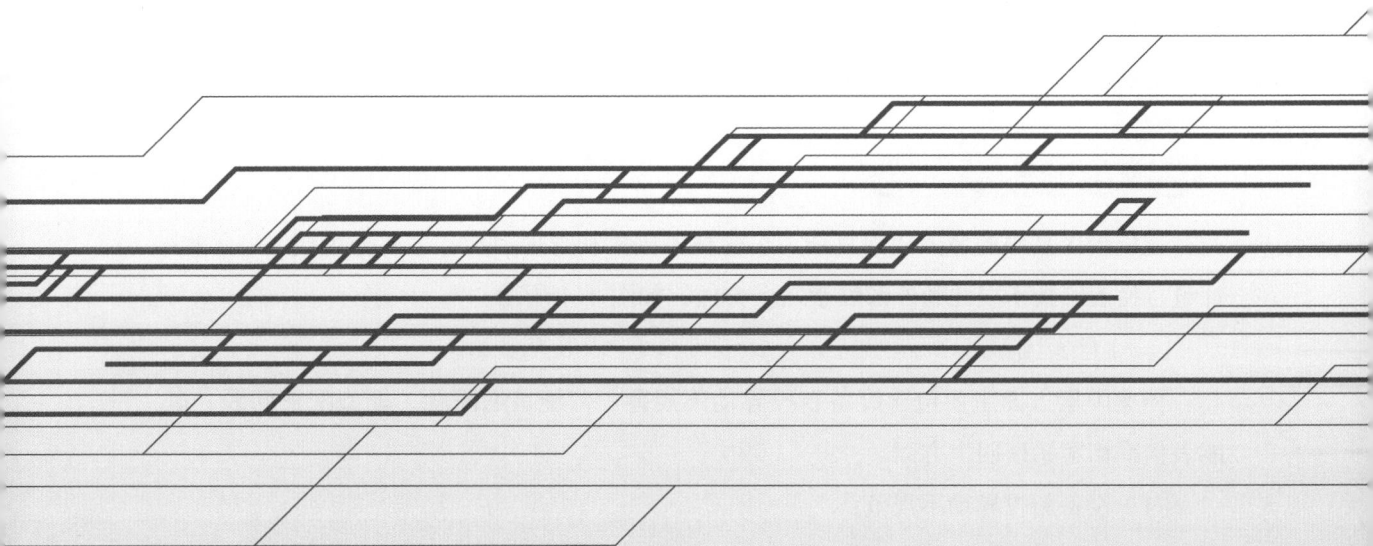

第一节　台区线损异常分类

台区线损异常主要分为高损异常、负损异常以及可算台区。其中，台区高损既可能有技术因素，也可能有管理因素，主要是由台区档案异常（含台户关系错误、倍率错误等）、计量问题、采集问题、模型配置错误（如错误勾稽台区总表计量点）以及硬件老旧等原因造成；负损异常主要是由管理因素造成，台区档案异常（含台户关系错误、倍率错误等）、计量问题、采集问题、模型配置错误（如未配置低压分布式电源输入）等均可能导致台区负损；不可算台区主要是由管理因素造成，未配置台区的供电关口，造成台区无输入电量，导致台区线损率无法计算。

第二节　高损台区线损异常分析

本节在梳理可能导致台区高损主要原因的基础上，梳理了相应的分析流程，并对流程中的各系统查看、检查方法进行了具体的说明，便于线损治理人员参考。

一、台区高损的主要原因

造成台区高损的原因较为复杂，包含技术因素和管理因素，主要分为档案、采集、计量、换表、技术损耗和外部因素六个方面，如图 4-1 所示。

（一）档案因素

档案因素方面主要包含设备新投异动不规范、营配贯通问题、模型配置问题、电能表倍率档案错误四个方面。

（1）设备新投异动不规范：

1）用户新投异动后未建档。导致用户无对应计量点，少计台区售电量，造成台区高损。

2）用户新投异动后虽建档，但是未及时调试采集。导致用户计量点无采集，造成台区高损。

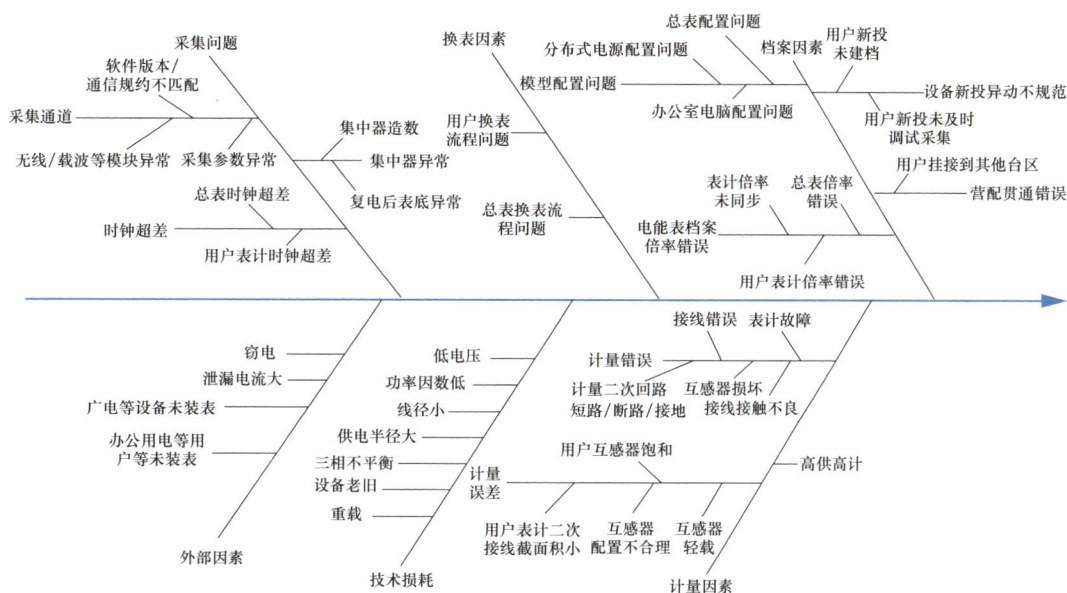

图 4-1　台区高损原因分析鱼骨图

（2）营配贯通问题：用户挂接到其他台区，导致模型中缺失用户，台区售电量偏小，造成台区高损。

（3）模型配置问题：

1）总表配置问题。将其他台区的总表配置到台区模型输入侧，或多配置了台区总表，造成台区高损。

2）分布式电源配置问题。将其他台区的分布式电源配置到该台区，或多配置了分布式电源，造成高损；分布式电源方向配置错误，可能引起高损。

3）办公用电配置问题。未配、漏配办公用电，导致办公用电偏少，造成高损。

（4）电能表倍率档案错误：

1）总表倍率错误。总表档案倍率比实际倍率大，导致输入电量计算变大，引起台区高损。

2）户表倍率错误。户表档案倍率比实际倍率小，导致售电量计算变小，引起台区高损。

3）总表倍率未同步。由于系统同步异常，导致虽然总表倍率档案正确，但是与同期系统倍率不一致，同期系统倍率偏大的情况下会引起台区高损。

（二）采集因素

采集因素方面主要包含表计时钟超差、通道异常及集中器问题三个方面。

（1）表计时钟超差：总／户表时钟超差。总表、户表的时钟超差会引起计量点表底冻结不同步，引起台区线损率高、负损。

（2）通道异常：软件版本／通信规约不匹配、无线／载波通道模块异常、采集参数下发异常。均会造成无法正确通信，部分或全部用户表计与集中器通信异常，无法将表底数据发送到集中器，导致同期系统台区售电量偏少，引起高损。

（3）集中器异常：

1）集中器造数。部分集中器在采集失败后会上传错误数据导致表底异常。

2）复电后表底异常。部分集中器在设备复电后会重新采集当前数据，并以此覆盖0点数据，导致表底与实际不符合，引起电量计算异常。

（三）计量因素

计量因素方面主要包含计量错误和计量误差两个方面。

（1）计量误差：

1）用户互感器饱和。用户互感器饱和后导致互感器运行于非线性区，售电量减少，造成台区高损。

2）户表二次截面积小。截面积选择过小，导线电阻大，导致表计计量电量减少，引起台区高损。

3）互感器配置不合理。总表或户表互感器倍率偏大或偏小，造成计量误差过大，可能造成高损或负损。

4）互感器轻载。总表或户表互感器轻载，导致计量误差过大，可能造成高损或负损。

（2）计量错误：

1）高供高计。高供高计台区由于包含了配电变压器损耗，容易导致台区高损。

2）接线错误。接线错误导致用户电量错计，引起台区高损。

3）接线接触不良。接线接触不良导致用户电量错计，引起台区高损。

4）表计故障。表计故障导致表底错误或无表底，从而使电量错误，引起台区高损或负损。

5）互感器损坏。互感器损坏导致计量错误，引起台区高损或负损。

6）计量二次回路短路／断路／接地。户表二次回路短路／断路／接地导致用户售电量少计，造成台区高损。

（四）换表因素

（1）换表时间不正确。在营销SG186系统中填写的换表时间不正确，导致新表旧表电量计算不正确，可能导致总表电量的多计或者户表电量的少计，从而引起台区高损。

（2）系统调试错误。在用电信息采集进行调试的时候导致表底入库错误，导致同期线损系统计算中总表电量的多计或者户表电量的少计，从而引起台区高损。

（3）换表流程不正确。在营销SG186系统中的换表流程不正确，导致新表旧表电量计算不正确，可能导致总表电量的多计或者户表电量的少计，从而引起台区高损。

（4）换表流程不及时。由于营销专业人员换表流程不及时，导致在同期线损系统中用户表计下表底比上表底小，电量计算错误，从而引起台区高损。

（5）换表后表计底度填写不正确。用户换表后表计底度填写不正确导致旧表电量计算少，或者新表电量计算少，从而引起换表后台区高损。

（五）技术损耗

影响技术损耗的因素较多，主要包括低电压、功率因数低、线径小、供电半径大、三相不平衡、设备老旧、台区重载等。

（六）外部因素

造成台区高损的外部因素有：窃电、泄漏电流大、广电等设备未装表、办公用电等用户未装表等。

二、台区高损治理流程

根据造成台区高损的原因，分别从档案、换表、采集、计量、技术损耗、外部因素六个方面编制了各业务系统、现场分析治理流程图，可根据流程图对高损台区进行分析治理。

高损台区档案因素分析流程如图4-2所示。

高损台区采集因素分析流程如图4-3所示。

高损台区计量因素分析流程如图4-4所示。

高损台区换表因素分析流程如图4-5所示。

高损台区技术损耗分析流程如图4-6所示。

高损台区外部因素分析流程如图4-7所示。

同期系统检查	其他系统检查	现场检查整改

高误台区监测

是否配置多余总表 —否—→ / —是—→ 营销SG186系统中核实总表档案 → 现场核实台区总表

删除多余总表

是否正确配置办公用电 —是—→ / —否—→ 营销SG186系统中核实办公用电档案 → 现场核实办公用电情况

配置办公用电

是否正确配置分布式电源 —否—→ 营销SG186系统中检查分布式电源档案 → 现场核实分布式电源情况

正确配置分布式电源

用户采集表失效 —是—→ 检查核实采集档案 → 现场检查采集装置

用户挂接到其他台区/新投用户未建档 —是—→ 根据现场情况更改完善营销SG186系统、GIS和用采档案 ← 现场核实用户情况

总表/用户表计倍率与实际不一致 —是—→ 现场核实表计倍率

更改营销SG186系统中表计倍率

结束

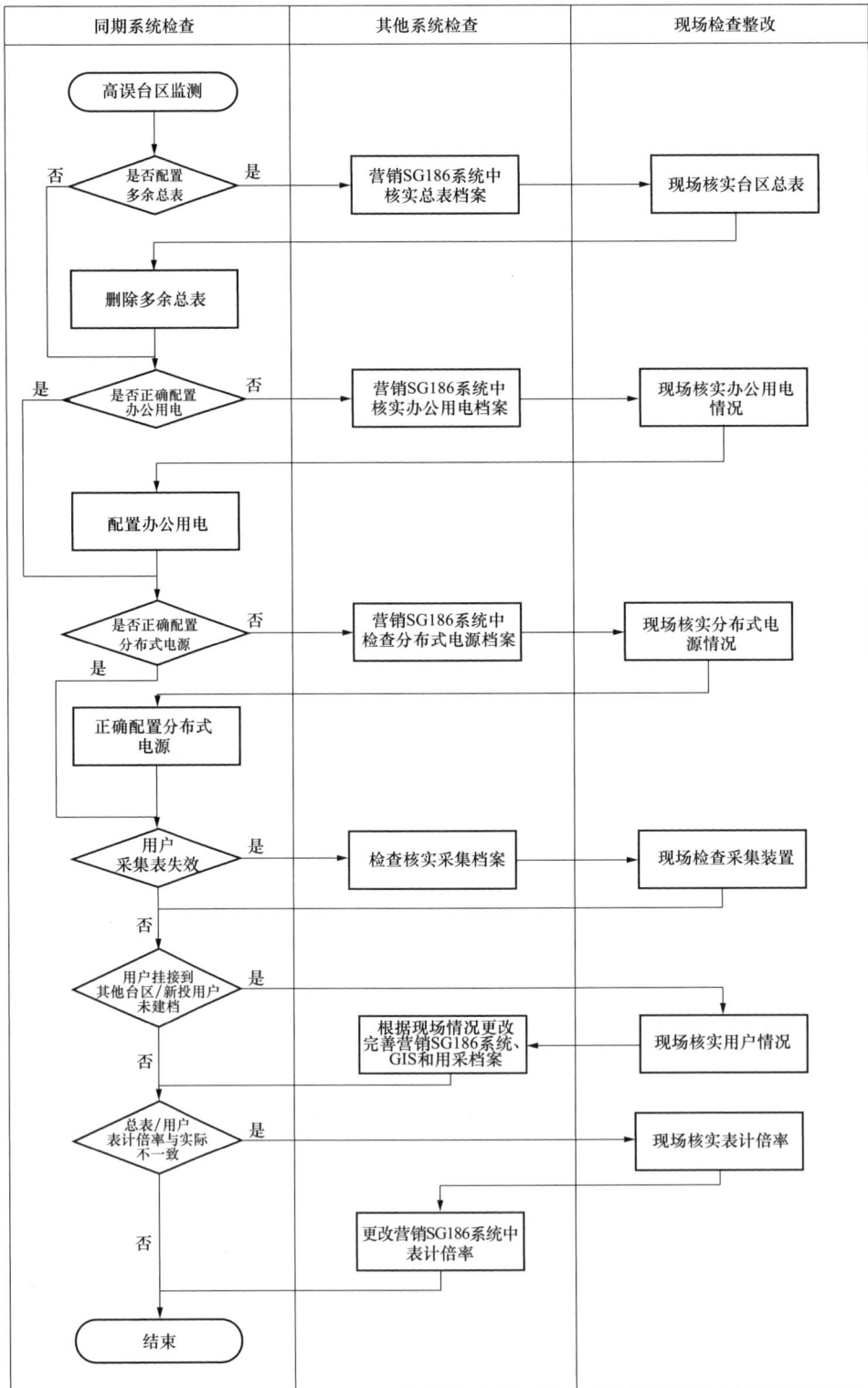

图 4-2 高损台区档案因素分析流程

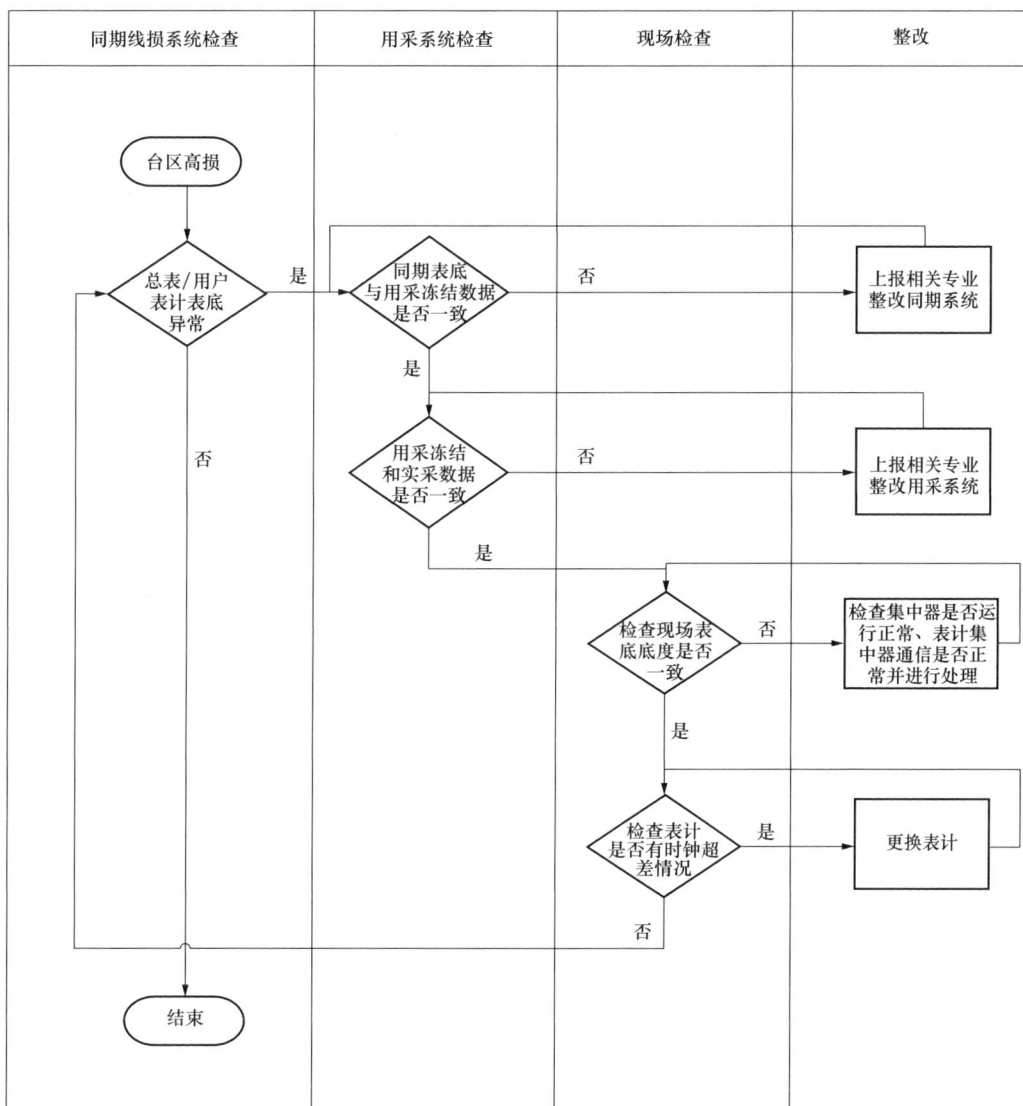

同期线损系统检查	用采系统检查	现场检查	整改

台区高损

总表/用户表计表底异常 —是→ 同期表底与用采冻结数据是否一致 —否→ 上报相关专业整改同期系统

否↓

是↓

用采冻结和实采数据是否一致 —否→ 上报相关专业整改用采系统

是↓

检查现场表底底度是否一致 —否→ 检查集中器是否运行正常、表计集中器通信是否正常并进行处理

是↓

检查表计是否有时钟超差情况 —是→ 更换表计

否↓

结束

图 4-3 高损台区采集因素分析流程

同期线损系统检查	现场检查	整改

台区高损监测

是否存在高供高计 —是→ 现场整改为高供低计 → 更新台区总表档案

否↓

总表计量电量是否增加 —是→ 检查表计二次接线是否错误 —是→ 重新正确接线

否↓ 检查表计是否损坏 —是→ 更换表计

否↓

用户表计计量电量是否减少 —是→ 检查二次接线截面积是否过小 —是→ 更换适合的导线

否↓ 检查互感器配置是否合理 —否→ 更换适合的互感器

是↓ 检查是否存在计量误差/表计是否损坏 —是→ 更换表计

否↓ 检查二次接线是否错误 —是→ 重新正确换线

否↓ 检查总表互感器是否损坏 —是→ 更换互感器

否↓ 检查总表二次接线是否有短路/断路/接地等情况 —是→ 重新正确接线

否↓

结束

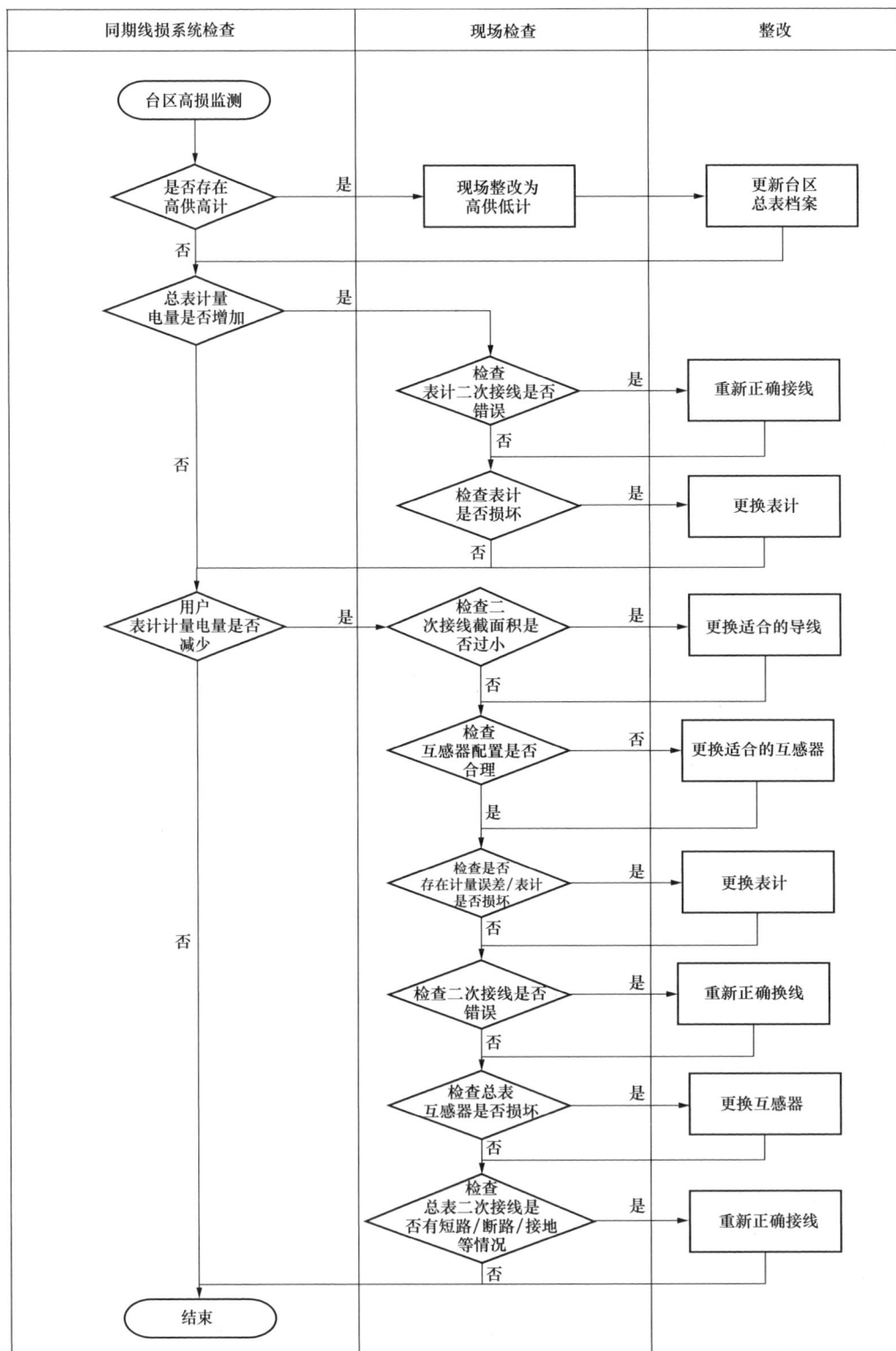

图 4-4 高损台区计量因素分析流程

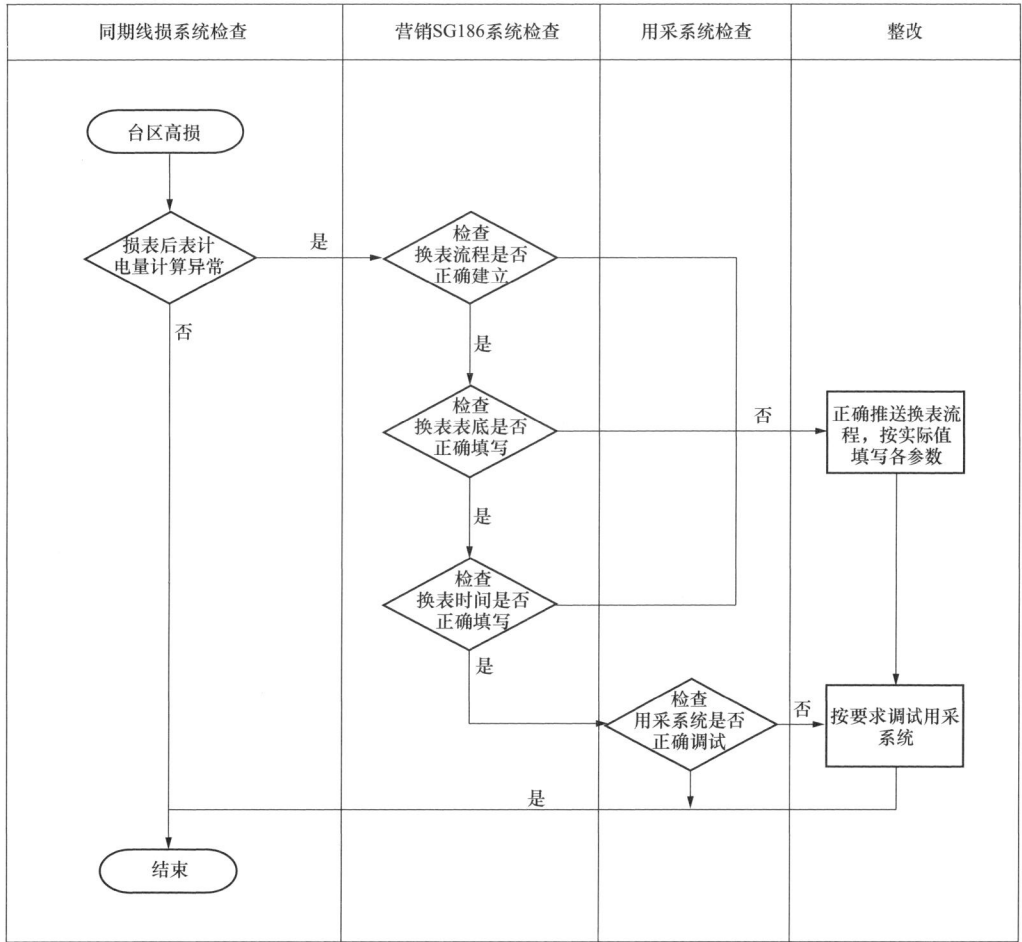

同期线损系统检查	营销SG186系统检查	用采系统检查	整改

图 4-5　高损台区换表因素分析流程

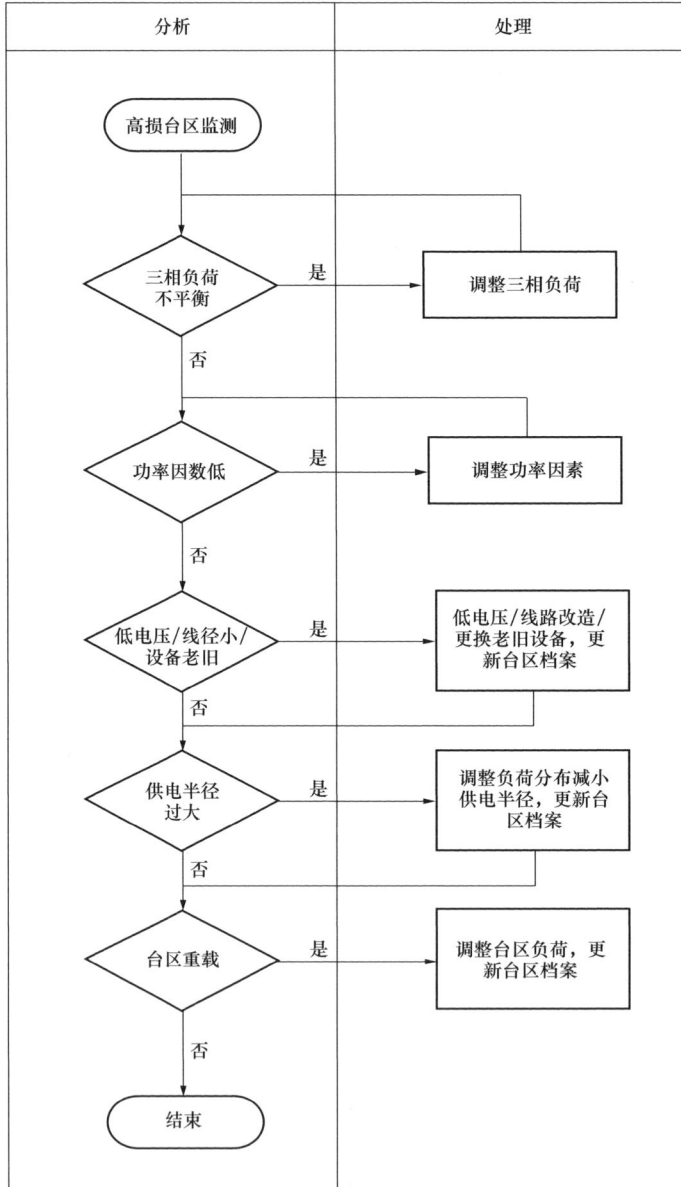

图 4-6　高损台区技术损耗分析流程

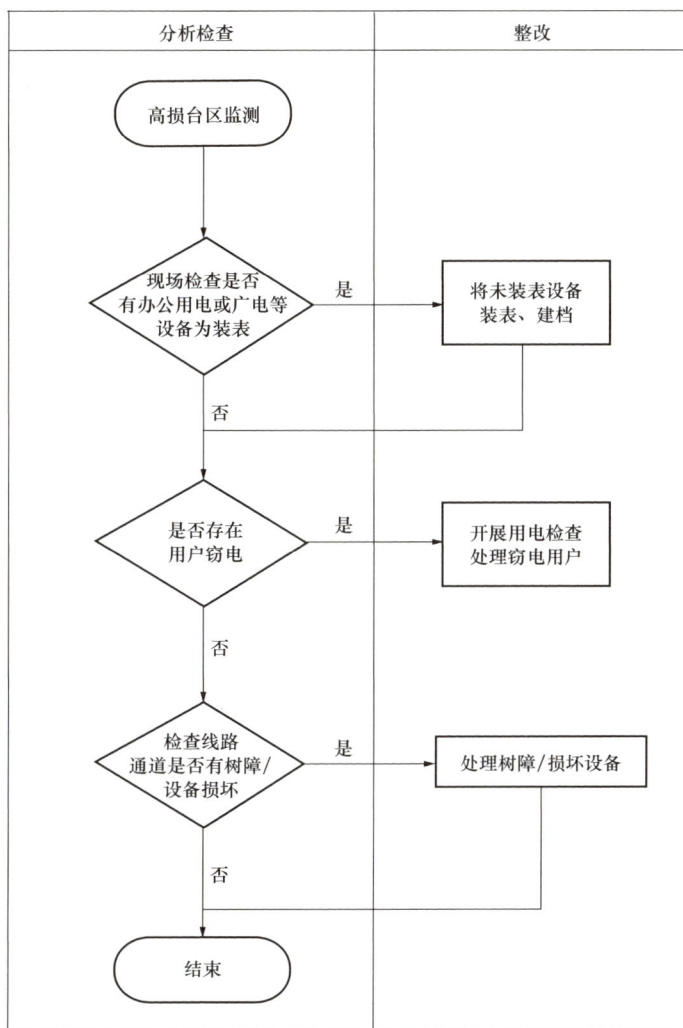

图 4-7　高损台区外部因素分析流程

三、流程说明

（一）档案异常分析流程

（1）台区总表配置检查。按第四章第五节"十三、同期线损台区多个总表配置"说明进行台区总表配置查看。若没有多余的台区总表，进入（2）若有多个总表，依次按照第四章第五节"十三、同期线损台区多个总表配置"中的（2）看（3）进行操作。

（2）办公用电配置检查。在现场确认办公用电信息后，检查营销 SG186 系统中办公用电档案，按第四章第五节"十四、办公用电查询与配置"进行办公用电配置；若同期系统中办公用电配置情况与营销 SG186 系统及 GIS 系统一致，进入（3）。

（3）检查分布式电源配置情况。按第四章第五节"五、同期线损系统台区输入电量配置查看"查询分布式电源配置是否符合实际。若未配置错误则进入（4）进行重新配置；若正确配置则进入（5）。

（4）分布式电源的配置。按第四章第五节"五、同期线损系统台区输入电量配置查看"对分布式电源的配置情况进行检查，若同期系统中有分布式电源档案，则按第四章第五节"十二、同期线损系统台区总表配置"对分布式电源进行配置；若无档案，则按第四章第五节"五、营销SG186系统分布式电源档案查询"对分布式电源档案进行检查和修改，之后重新对分布式电源进行配置。

（5）检查用采系统中该计量点表底情况（现场正常采集情况下）。按第四章第五节"二、用采系统计量点表底记录查询"查询该台区在用电信息采集系统是否有表底。若用采系统表底完整，则上报同期项目组同步数据；若表底缺失，则联系营销专业进行用采系统异常处理。

（6）用户贯通情况检查。按第四章第五节"八、同期系统台区下用户明细查询"对台区下的用户进行核对，若与实际不一致，则按数据营配贯通要求（参考第四章第五节"九、台区下用户接入规范性检查"）进行数据治理。若与实际一致，则按第四章第五节"七、营销SG186系统台区分布式电源的档案规范"进行操作。

（7）检查台区下总表/户表计量点倍率。按第四章第五节"十、计量点倍率检查"对计量点倍率进行查询和核实。若同期系统与实际不一致，则按第四章第五节"七、营销SG186系统台区分布式电源的档案规范"进行操作；若倍率一致则结束本流程。

（8）若同期系统与营销SG186系统倍率不一致，则联系项目组进行数据同步；若同期系统与营销SG186系统倍率一致，则对营销SG186系统中倍率进行修改，同步后回到第四章第五节"六、营销SG186系统分布式电源档案查询"。

（二）采集异常分析流程

（1）检查计量点表底。总表或户表计量点产生表底异常（无表底或采集数据不正常），按第四章第五节"二、用采系统计量点表底记录查看"对用采系统表底进行核实。若用采系统中冻结数据与同期系统不一致，则上报项目组进行问题查询处理；若数据一致，则按第四章第五节"二、用采系统计量点表底记录查看"进行操作。

（2）检查用采系统数据情况。检查用采系统中冻结数据与实采数据是否一致，若不一致，则上报用采项目组对系统进行处理。若数据一致则按第四章第五节"三、营销SG186系统台区及总表档案查询"进行操作。

（3）检查现场表计表底是否与用采系统数据一致。若不一致，则按第四章第五节"四、同期系统台区总表档案查看"进行操作。若数据一致，则按第四章第五节"五、同期线损系统台区输入电量配置查看"进行操作。

（4）检查现场表计是否正常。现场表计表底正常，检查集中器运行情况；现场表计表底异常，则进行表计更换和现场表计接线检查。

检查现场集中器运行情况（若正常运行，采集、信号通道正常，数据参数正常）。若运行正常，检查设备移动信号是否正常；若运行异常，按现场情况进行集中器更换、重新下发参数、集中器升级。

检查设备移动信号。若设备移动信号正常，按第四章第五节"五、同期线损系统台区输入电量配置查看"操作；若设备移动信号异常，按现场情况更换天线或移动天线位置。

（5）检查表计时钟。若表计存在时钟超差的情况，则对表计进行更换；若表计无时钟超差情况，则结束本流程。

（三）计量异常治理流程

（1）检查台区是否为高供高计。若是则联系营销专业将现场整改为高攻低计，并在营销 SG186 系统中更新台区档案，同步到同期系统；若不是高供高计，则计入第四章第五节"二、用采系统计量点表底记录查看"操作。

（2）检查台区总表电量是否有增加的趋势。若没有，进入第四章第五节"四、同期系统台区总表档案查看"操作。若有，检查总表二次接线是否错误。若接线错误，则更改接线。若接线正常，则按第四章第五节"三、营销 SG186 系统台区及总表档案查询"进行操作。

（3）检查台区总表是否损坏，若未损坏，进入第四章第五节"四、同期系统台区总表档案查看"操作；若表计损坏，更换台区总表并完善换表流程。

（4）检查用户表计是否有减少的趋势。若没有，则结束本流程；若有，按第四章第五节"五、同期线损系统台区输入电量配置查看"进行操作。

（5）检查用户表计二次接线截面积。若截面积过小，则更换二次接线。若截面积符合要求，则按第四章第五节"六、营销 SG186 系统分布式电源档案查询"进行操作。

（6）检查用户表计互感器配置。若用户表计互感器与台区变压器容量配置不合理，则按容量、负荷情况对应更换适合的互感器，并完善相关流程和记录。若配置合理，则按第四章第五节"七、营销 SG186 系统台区分布式电源的档案规范"进行操作。

（7）检查用户表计表计是否存在负误差或表计损坏。若表计存在负误差或表计损坏，则更换表计。若表计正确运行，则按四章第五节"八、同期系统台区下用户明细查询"进行操作。

（8）检查用户表计二次接线是否错误。若接线错误，则更改接线。若接线正常，则按按四章第五节"九、台区下用户接入规范性检查"进行操作。

（9）检查用户表计互感器是否损坏。若互感器损坏，则更换互感器，若互感器运行正常，则按四章第五节"十、计量点倍率检查"进行操作。

（10）检查用户表计二次接线是否有断路、短路、接地等情况。若有上述情况，则处理对应的缺陷。若接线正确，结束本流程。

（四）换表异常分析流程

（1）检查换表流程是否正确建立。按四章第五节"十一、系统计量点换表流程的查询"对营销 SG186 系统中计量点换表流程进行查看，包括换表流程的建立、表底的录入、换表时间的填写。若有换表流程正确，则按四章第五节"二、用采系统计量点表底记录查询"进行操作，若无换表流程，则要求营销专业正确执行换表流程。

（2）检查用采系统是否正确调试。按四章第五节"十一、系统计量点换表流程的查询"对用采系统中换表后的调试进行查看，若正确调试，则结束本流程；若未正确调试，则要求营销专业正确执行调试流程。

（五）技术损耗分析流程

三相不平衡度、功率因数、台区电压、供电半径等技术标准参考本书第一章。

（1）分析三相负荷不平衡度，若不平衡度较低，按四章第五节"二、用采系统计量点表底记录查询"操作，若不平衡度较高，调整三相负荷。

（2）分析功率因数是否过低，若是，调整功率因数；若功率因数满足相关规程要求，按四章第五节"三、营销 SG186 系统台区及总表档案查询"操作。

（3）分析台区是否存在低电压，调高变压器挡位，若调高后仍存在低电压，按四章第五节"四、同期系统台区总表档案查看"操作。

（4）分析台区是否存在低电压、线径小、设备老旧、供电半径大、台区重载等情况。若存在电压、线径小、设备老旧，可采用更换大线径导线、更换老旧设备等项目处理；若半径过大，对台区进行改造，通过负荷切割等方式减小供电半径；若台区重载，通过负荷切割等方式调整台区负荷，或进行增容改造，更新台区档案。

（六）外部因素分析流程

（1）现场检查是否存在广电、通信等设备，以及办公用电未装表用电的情况。若无，按四章第五节"二、用采系统计量点表底记录查询"操作；若有，对以上用户装表建档，更新台区档案。

（2）初步分析是否存在窃电行为，若无，按四章第五节"三、营销 SG186 系统台区及总表档案查询"操作；若有，开展用电检查，对窃电行为进行打击查处。

（3）检查线路通道是否有树障等造成线路放电，或是否存在破损瓷瓶等设备造成泄漏电量增大，若有，则及时清理通道，或更换破损设备。若没有，则结束本流程。

第三节　负损台区线损异常分析

本节主要介绍了负损台区的分析思路、流程及相关信息系统的使用方法。首先对导致台区负损的主要原因进行了归纳，并梳理了台区负损治理的流程，同时结合当前使用的相关信息系统，对流程中各系统查看、检查方法做了具体说明，便于线损治理人员参考。

一、台区负损的主要原因

管理问题是造成台区负损的主要原因，包含档案、采集、计量、换表及其他因素五个方面，如图 4-8 所示。

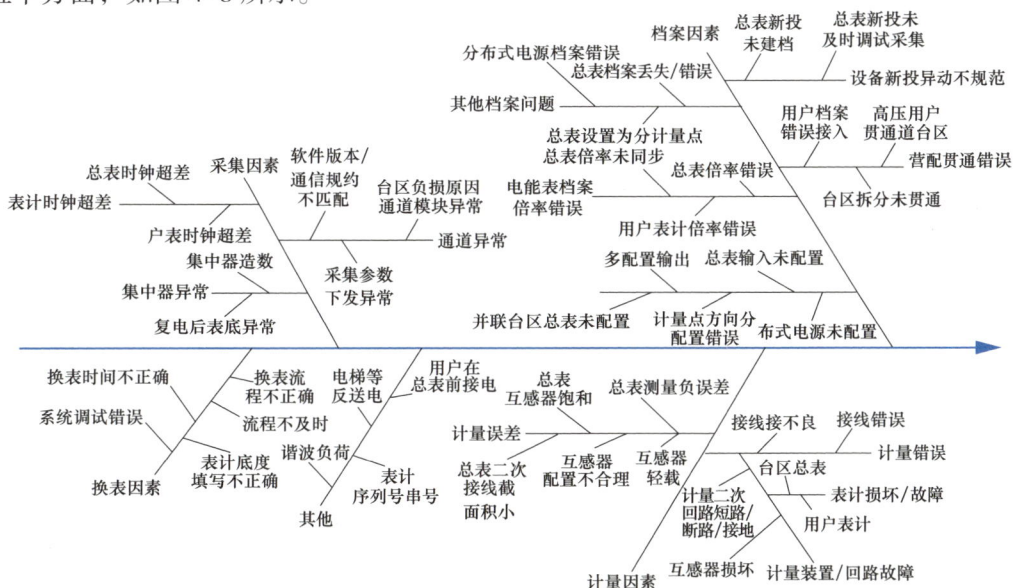

图 4-8　台区负损原因分析鱼骨图

（一）档案因素

档案因素方面主要包含设备新投异动不规范、营配贯通错误、配置错误、电能表倍率档案错误及其他档案问题五个方面。

（1）设备新投异动不规范：

1）总表新投异动后未建档。导致总表无对应计量点，无计算电量，台区线损率为-100%。

2）总表新投异动后虽建档，但是未及时调试采集。导致总表计量点无采集，台区线损率为-100%。

（2）营配贯通错误：

1）其他台区用户错误接入。导致台区模型中售电量计算增多，台区负损。

2）高压用户贯通到台区下。导致售电量中多计入高压用户电量，台区负损。

3）台区拆分后未贯通。并联台区拆分后，贯通流程滞后，导致台区下用户未及时调整，导致售电量计算增多，台区负损。

（3）配置错误：

1）多配置输出。台区模型配置中错误配置其他计量点为输出，导致输出电量增加，台区负损。

2）总表输入未配置。台区模型配置中未完整配置总表计量点，导致输入电量少计，台区负损。

3）并联台区总表未配置。并联台区模型配置中少配置了部分总表计量点，导致输入电量少计，台区负损。

4）计量点方向配置错误。台区模型配置中总表计量点或户表计量点方向配置错误，导致总表电量计量少计或售电量多计量，引起台区负损。

5）分布式电源未配置。台区模型配置中未配置分布式电源，导致输入电量减少，引起台区负损。

（4）电能表倍率档案错误：

1）总表倍率错误。总表档案倍率比实际倍率小，导致输入电量计算变小，引起台区负损。

2）户表倍率错误。户表档案倍率比实际倍率大，导致售电量计算变大，引起台区负损。

3）总表倍率未同步。由于系统同步异常，导致虽然总表倍率档案正确，但是同期系统电量计算错误，在电量计算变小的情况下会引起台区负损。

（5）其他档案问题：

1）分布式电源档案错误。分布式电源在营销 SG186 系统档案错误，导致分布式电源在台区模型中无法配置，引起输入电量计算减少，台区负损。

2）总表档案错误。台区总表在营销 SG186 系统档案错误，导致总表在台区模型中无法配置，引起输入电量计算减少，台区负损。

3）总表设置为分计量点。台区总表在营销 SG186 系统档案中设置为分计量点，虽然在台区模型中正确配置，但是系统不计算分计量点电量，导致输入减少，台区负损。

（二）采集因素

采集因素方面主要包含表计时钟超差、通道异常及集中器问题三个方面。

（1）表计时钟超差：总 / 户表时钟超差。总表、户表的时钟超差会引起计量点表底冻结不同步或采集失败，引起台区线损率高、负损。

（2）通道异常：软件版本 / 通信规约不匹配、无线 / 载波通道模块异常、采集参数下发异常，均会造成无法正确通信，总表无法与集中器通信，无法将表底数据发送到集中器，或上传一个"虚假"的表底，导致同期系统计算电量失真，引起负损。

（3）集中器异常：

1）集中器造数。部分集中器在采集失败后会上传错误数据导致表底异常。

2）复电后表底异常。部分集中器在设备复电后会重新采集当前数据，并以此覆盖零点数据，导致表底与实际不符合，引起电量计算异常。

（三）计量因素

计量因素方面主要包含计量错误：计量误差、计量装置 / 回路故障三个方面。

（1）计量误差：

1）总表互感器饱和。总表互感器饱和后导致互感器运行于非线性区，计量电量减少，导致台区负损。

2）总表测量负误差。台区轻载时，表计测量的负误差电量较大，超过台区损耗电量，引起台区负损。

3）总表二次截面积小。截面积选择过小，导线电阻大，导致表计计量电量减少，引起台区负损。

4）互感器配置不合理。

5）互感器轻载。

（2）计量错误：

1）接线错误。接线错误导致总表电量错计，引起台区负损。

2）接线接触不良。接线接触不良导致总表电量错计，引起台区负损。

（3）计量装置/回路故障：

1）总/户表损坏。表计损坏导致表底错误或无表底，从而导致电量计算错误，引起台区负损。

2）互感器损坏。互感器损坏导致计量点电量计算错误，可能使用户电量变大或者总表电量变小，引起台区负损。

3）计量二次回路异常（短路、断路、接地）。计量二次回路的异常导致总表计量的减少，从而引起台区的负损。

（四）换表因素

（1）换表时间不正确。在营销 SG186 系统中填写的换表时间不正确，导致新表旧表电量计算不正确，可能导致总表电量的少计或者户表电量的多计，从而引起台区负损。

（2）系统调试错误。在用电信息采集进行调试的时候导致表底入库错误，导致同期线损系统计算中总表电量的少计或者户表电量的多计，从而引起台区负损。

（3）换表流程不正确。在营销 SG186 系统中的换表流程不正确，导致新表旧表电量计算不正确，可能导致总表电量的少计或者户表电量的多计，从而引起台区负损。

（4）换表流程不及时。由于营销专业人员换表流程不及时，导致在同期线损系统中总表下表底比上表底小，电量计算错误，从而引起台区负损。

（5）换表后表计底度填写不正确。换表后表计底度填写不正确导致旧表电量计算少，或者新表电量计算少，从而引起换表后台区负损。

（五）其他因素

（1）返送负荷电量未记录。台区中存在类似电梯等会导致返送电量的负荷，且该电量大于台区的损耗电量。在该电量未正确计量的情况下导致台区线损呈负损。

（2）用户在总表前接线。该情况直接导致总表计量电量偏小，从而引起台区负损。

（3）表计序列号串号。由于表计序列号串号，导致表底接入错误，引起总表电量的少计入或者用户电量的多计入，从而导致台区负损。

（4）谐波负荷影响。由于部分用户谐波影响较大，此情况下若总表未使用谐波表计而对应户表采用了谐波表计，则会造成户表计量电量之和大于总表电量，导致台区负损。

二、台区负损分析治理流程

根据造成台区负损的原因，从同期线损管理系统、营销 SG186 系统、用采系统、现场检查等维度梳理了治理流程图。实际治理中依照流程图对各类异常依次排查即可，具体流程如图 4-9~ 图 4-13 所示。

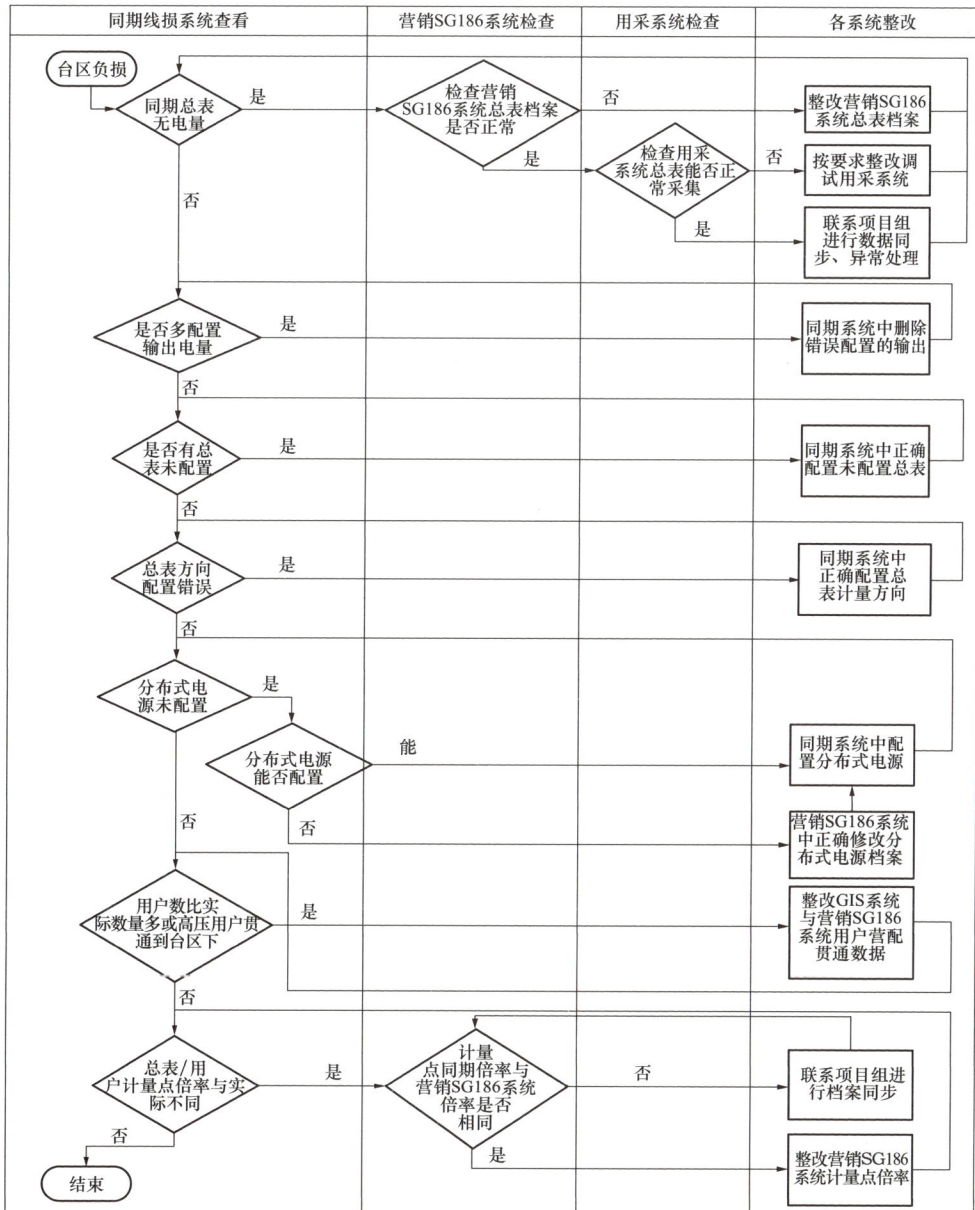

图 4-9　台区档案因素异常治理流程图

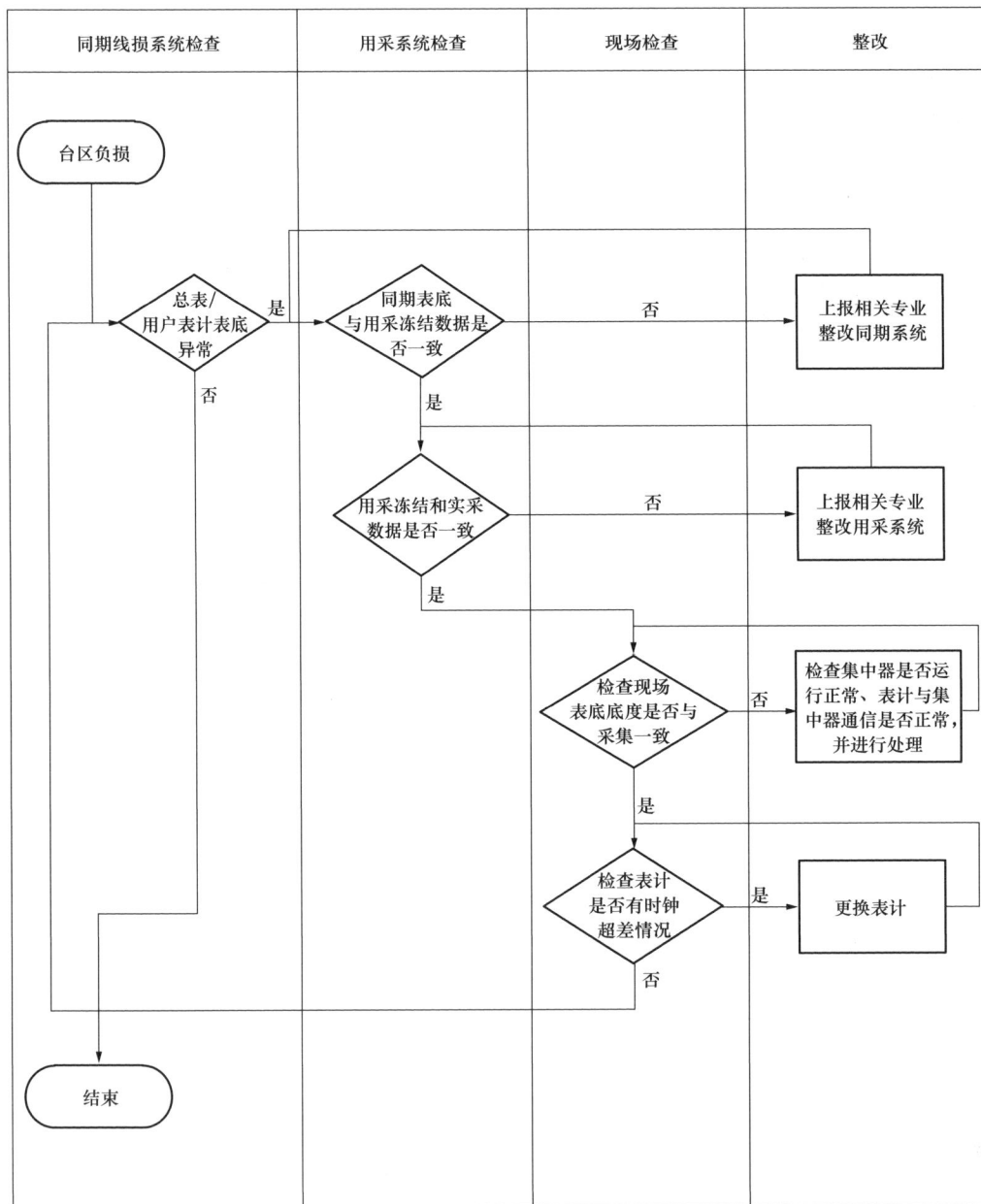

同期线损系统检查	用采系统检查	现场检查	整改

台区负损

总表/用户表计表底异常

是 → 同期表底与用采冻结数据是否一致

否 → 上报相关专业整改同期系统

是 → 用采冻结和实采数据是否一致

否 → 上报相关专业整改用采系统

是 → 检查现场表底底度是否与采集一致

否 → 检查集中器是否运行正常、表计与集中器通信是否正常，并进行处理

是 → 检查表计是否有时钟超差情况

是 → 更换表计

否

结束

图 4-10　台区采集因素异常治理流程图

074

同期线损系统检查	现场检查	整改

台区负损

总表
计量电量是否
减少 —是→ 检查总表
二次接线截面积
是否过小 —是→ 更换适合的导线

否

检查
总表互感器配置是
否合理 —否→ 更换适合的互感器

是

检查总表是
否存在计量负误差、表
计是否损坏 —是→ 更换表计

否

检查
总表二次接线是
否错误 —是→ 重新正确接线

否

检查总表互感
器是否损坏 —是→ 更换互感器

否

检查
总表二次接线是否
有短路/断路/接地等
情况 —是→ 重新正确接线

否

户表
计量电量是否
增加 —是→

否

检查表
计二次接线是
否错误 —是→ 重新正确接线

否

检查表计是否损坏 —是→ 更换表计

否

结束

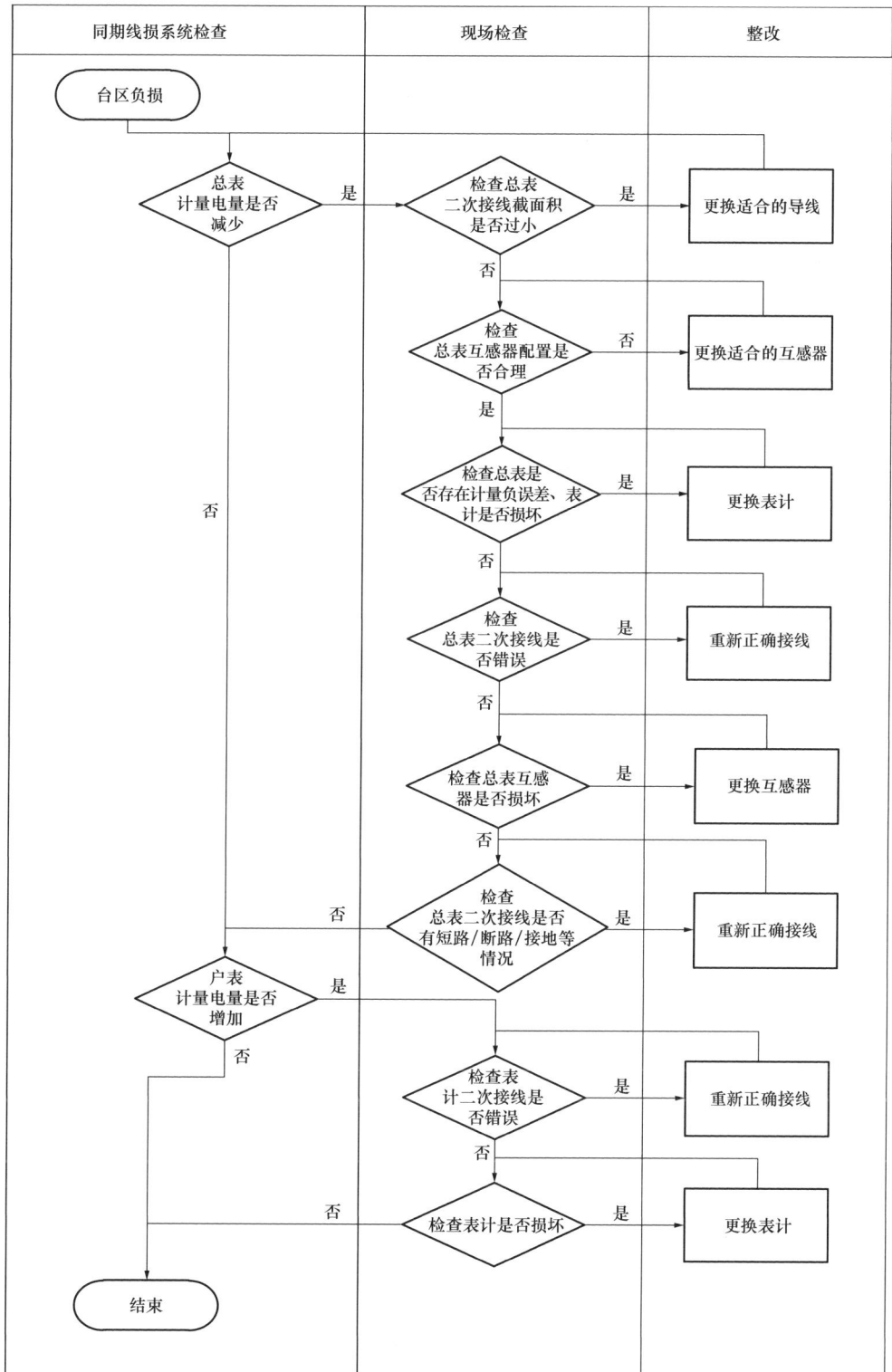

图 4-11 台区计量因素异常治理流程图

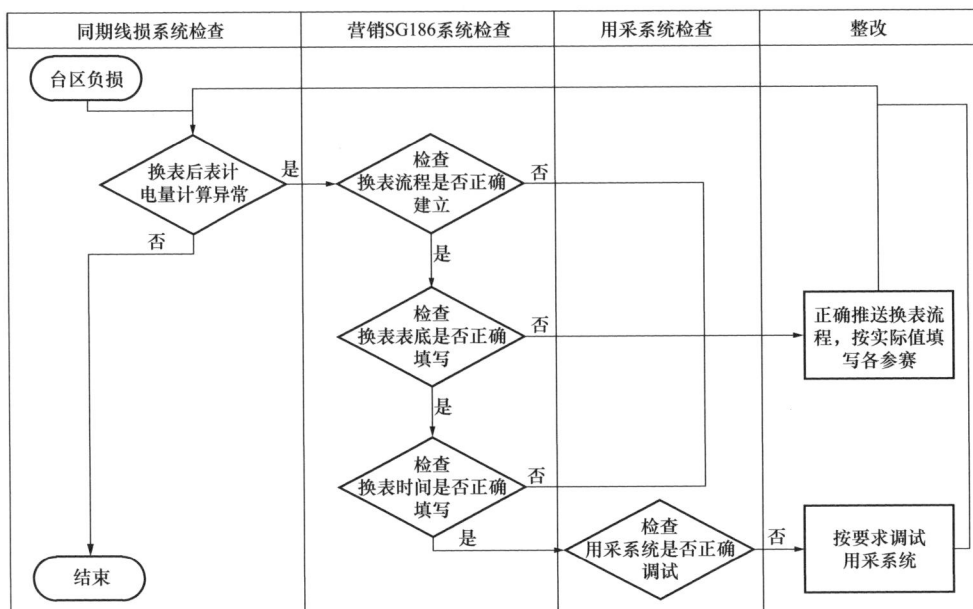

图 4-12 台区换表因素异常治理流程图

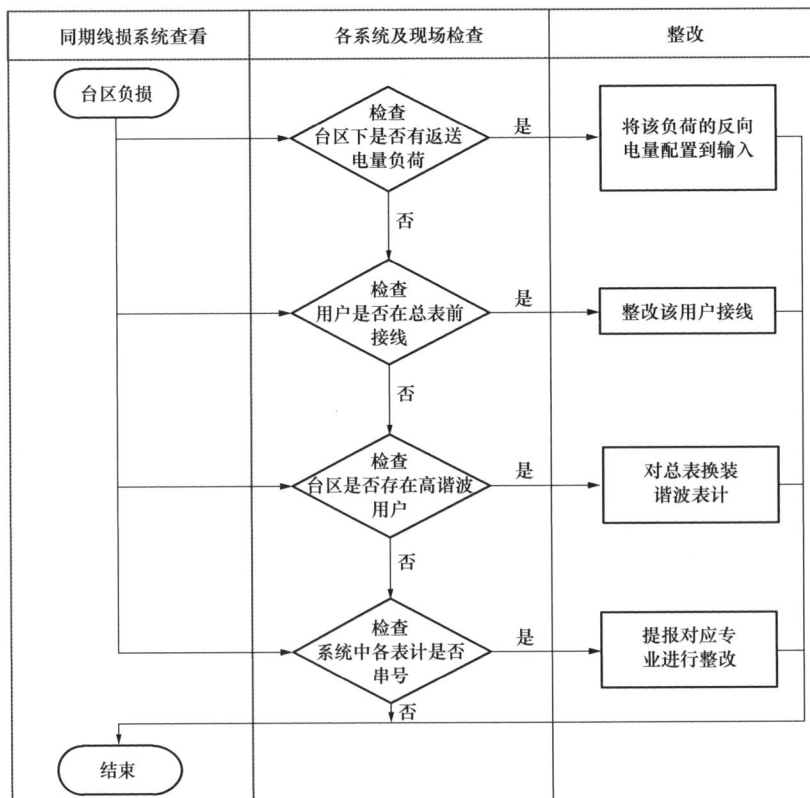

图 4-13 台区其他因素异常治理流程图

（一）档案异常治理的流程

（1）按第四章第五节"一、同期线损台区总表查看"的说明进行台区总表表底查看。若总表表底缺失，无电量，按（2）操作；若表底完整，按（4）进行操作。

（2）检查营销SG186系统该总表的相关档案。按第四章第五节"三、营销SG186系统台区总表档案规范"进行该表计档案及计量点参数的检查。若档案不正确，按说明进行修改，回到（1）；若档案正确，则按（3）进行操作。

（3）检查用采系统中该计量点表底情况（现场正常采集情况下）。按第四章第五节"二、用采系统计量点表底记录查询"的说明查询该台区在用电信息采集系统是否有表底。若用采系统表底完整，则上报同期项目组同步数据；若表底缺失，则上报用采项目组进行系统异常处理。

（4）检查是否多配置输出。按第四章第五节"五、同期线损系统台区输入电量配置查看"查询输出配置是否符合实际。若多配置输出，则按第四章第五节"十二、同期线损系统台区总表配置"进行输出配置的修正。若配置正确，则按（5）进行操作。

（5）检查输入配置情况。按第四章第五节"五、同期线损系统台区输入电量配置查看"查询输入配置是否符合实际。若存在输入计量点少配置、输入计量点方向配置错误的情况，则按第四章第五节"十二、同期线损系统台区总表配置"进行输出配置的修正。若配置正确，则按（6）进行操作。

（6）检查分布式电源配置情况。按第四章第五节"五、同期线损系统台区输入电量配置查看"查询分布式电源配置是否符合实际。若未配置则按（7）进行操作，若正确配置则按（8）进行操作。

（7）分布式电源的配置。按第四章第五节"五、同期线损系统台区输入电量配置查看"对分布式电源的配置情况进行检查，若同期系统中有分布式电源档案，则按第四章第五节"十二、同期线损系统台区总表配置"对分布式电源进行配置；若无档案，则按第四章第五节"六、营销SG186系统分布式电源档案查询"对分布式电源档案进行检查和修改，之后重新对分布式电源进行配置。

（8）用户贯通情况检查。按第四章第五节"八、同期系统台区下用户明细查询"对台区下的用户进行核对，若与实际不一致，则按数据营配贯通要求（参考第四章第五节"九、台区下用户接入规范"）进行数据治理。若与实际一致，则按（9）进行操作。

（9）检查台区下总表/户表计量点倍率。按第四章第五节"十、计量点倍率检查"对计量点倍率进行查询和核实。若同期系统与实际不一致，则按（10）进行操作；若倍率一致则结束本流程。

（10）若同期系统与营销SG186系统倍率不一致，则联系项目组进行数据同步；若同期系统与营销SG186系统倍率一致，则对营销SG186系统中倍率进行修改，同步后回到（8）。

（二）采集异常治理流程

（1）检查计量点表底。总表或户表计量点产生表底异常（无表底或采集数据不正常），按第四章第五节"二、用采系统计量点表底记录查看"对用采系统表底进行核实。若用采系统中冻结数据与同期系统不一致，则上报项目组进行问题查询处理；若数据一致，则按（2）进行操作。

（2）检查用采系统数据情况。检查用采系统中冻结数据与实采数据是否一致，若不一致，则上报用采项目组对系统进行处理。若数据一致则按（3）进行操作。

（3）检查现场表计表底是否与用采系统数据一致。若不一致，则按（4）进行操作。若数据一致，则按（5）进行操作。

（4）检查现场表计是否正常。现场表计表底正常，检查集中器运行情况；现场表计表底异常，则进行表计更换和现场表计接线检查。

检查现场集中器运行情况（若正常运行，采集、信号通道正常，数据参数正常）。若运行正常，检查设备移动信号是否正常；若运行异常，按现场情况进行集中器更换、重新下发参数、集中器升级。

检查设备移动信号。若设备移动信号正常，按（5）操作；若设备移动信号异常，按现场情况更换天线或移动天线位置。

（5）检查表计时钟。若表计存在时钟超差的情况，则对表计进行更换；若表计无时钟超差情况，则结束该流程。

（三）计量异常治理流程

（1）检查总表二次接线截面积。若截面积过小，则更换二次接线。若截面积符合要求，则按（2）进行操作。

（2）检查总表互感器配置。若总表互感器与台区变压器容量配置不合理，则按容量、负荷情况对应更换适合的互感器。若配置合理，则按（3）进行操作。

（3）检查总表表计是否存在负误差或表计损坏。若表计存在负误差或表计损坏，则更换表计。若表计正确运行，则按（4）进行操作。

（4）检查总表二次接线是否错误。若接线错误，则更改接线。若接线正常，则按（5）进行操作。

（5）检查总表互感器是否损坏。若互感器损坏，则更换互感器，若互感器运行正常，则按（6）进行操作。

（6）检查总表二次接线是否有断路、短路、接地等情况。若有上述情况，则处理对应的缺陷。若接线正确，则按（7）进行操作。

（7）检查户表二次接线是否错误。若接线错误，则更改接线。若接线正常，则按（8）进行操作。

（8）检查户表表计是否存在误差或表计损坏。若表计存在误差或表计损坏，则更换表计。若表计正确运行，则结束本流程。

（四）换表异常治理流程

（1）检查换表流程是否正确建立。按第四章第五节"十一、系统计量点换表流程的查询"对营销 SG186 系统中计量点换表流程进行查看，包括换表流程的建立、表底的录入、换表时间的填写。若有换表流程正确，则按（2）进行操作，若无换表流程，则要求营销专业正确执行换表流程。

（2）检查用采系统是否正确调试。按第四章第五节"十一、系统计量点换表流程的查询"对用采系统中换表后的调试进行查看，若正确调试，则结束该流程；若未正确调试，则要求营销专业正确执行调试流程。

（五）其他方面异常治理流程

（1）检查台区下是否有负荷有反送电情况。若台区下用户有类似电梯等反送电的情况，则将该反向电量进行配置到输入。若无该类负荷，则按（2）进行操作。

（2）检查有无用户接线到总表前。部分用户由于临时用电等原因造成接线错误，在总表前接线。若存在该类情况，则整改用户接线；若无该类情况，则按（3）进行操作。

（3）检查台区中有无高谐波用户。部分用户谐波较高，采用了谐波表计，但是总表未采用谐波表计。若存在该类情况，则将总表更换为谐波表计；若无该类情况，则按（4）进行操作。

（4）检查台区中各表计是否有串号的情况。若台区中各表计串号导致表底异常，则提报营销专业对异常进行处理；若无该类异常，则结束该流程。

第四节　不可算台区线损异常分析

不可算台区指台区供电量或售电量为 0 的台区，本节主要介绍了不可算台区的分析思路、流程及相关信息系统的使用方法，同时结合当前使用的相关信息系统，对流程中各系统查看、检查方法做了具体说明，便于线损治理人员参考。

一、台区不可算的主要原因

造成台区不可算的因素包含技术因素和管理因素，主要分为档案、采集、计量、换表等四个方面，台区不可算原因分析鱼骨图如图 4-14 所示。

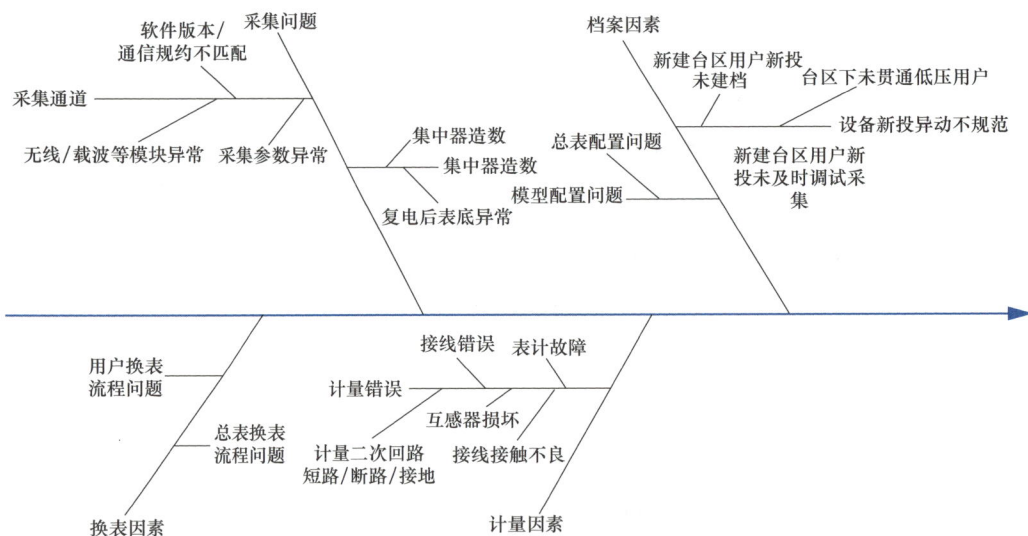

图 4-14　台区不可算原因分析鱼骨图

（一）档案因素

档案因素主要包含设备新投异动不规范、营配贯通问题、模型配置问题三个方面。

（1）设备新投异动不规范：

1）总表新投异动后未建档。导致总表无对应计量点，无法计算台区供电量。

2）总表新投异动后虽建档，但是未及时调试采集，导致总表计量点无采集，无法计算台区供电量。

3）新建台区用户新投异动后未建档，导致用户无对应计量点，无法计算台区售电量。

4）新建台区用户新投异动后虽建档，但是未及时调试采集。导致用户计量点无采集，无法计算台区售电量。

（2）营配贯通问题：台区下未贯通低压用户，导致台区线损模型中无用户，无法计算台区售电量。

（3）模型配置问题：台区模型配置中未配置总表计量点，或者台区总表丢失，无法计算台区供电量；或者总表计量点方向配置错误，导致总表电量为0。

（二）采集因素

采集因素方面主要包含表计通道异常、集中器问题及采集失败三个方面。

（1）表计通道异常：软件版本/通信规约不匹配、无线/载波通道模块异常、采集参数下发异常。均会造成无法正确通信，当台区总表或所有用户表计与集中器通信异常，无法将表底数据发送到集中器，导致同期系统台区供电量或售电量为0。

（2）集中器异常：集中器造数。部分集中器在采集失败后会上传上1日冻结表底数据，或跳变成极小表底，导致同期系统台区供电量或售电量为0。

（3）采集失败：采集失败。因采集终端、集中器、表计等不带电或天气状况不良好、通信信号差等，台区总表或全部用户表底采集失败，导致同期系统台区供电量或售电量为0。

（三）计量因素

计量因素方面导致台区线损不可算的主要原因为计量错误，即：

（1）接线错误。接线错误导致台区总表或用户表计不走字。

（2）接线接触不良。接线接触不良导致台区总表或用户表计不走字。

（3）表计故障。表计故障导致无表底。

（4）互感器损坏。互感器损坏导致表计不走字。

（5）计量二次回路短路/断路/接地。台区总表二次回路短路/断路/接地导致表计不走字。

（四）换表因素

（1）换表流程不及时。由于营销SG186系统中换表流程不及时，导致在同期线损系统中总表下表底比上表底小，计算电量为0。

（2）换表记录表底不正确。换表后表计底度填写不正确导致总表旧表、新表下表底比上表底小，计算电量为0。

二、台区不可算治理流程

根据造成台区不可算的原因，分别从档案、采集、计量、换表等四个方面编制了各业务系统、现场分析治理流程图，可根据图 4-15~ 图 4-18 所示的流程图对不可算台区进行分析治理。

不可算台区档案因素分析流程如图 4-15 所示。

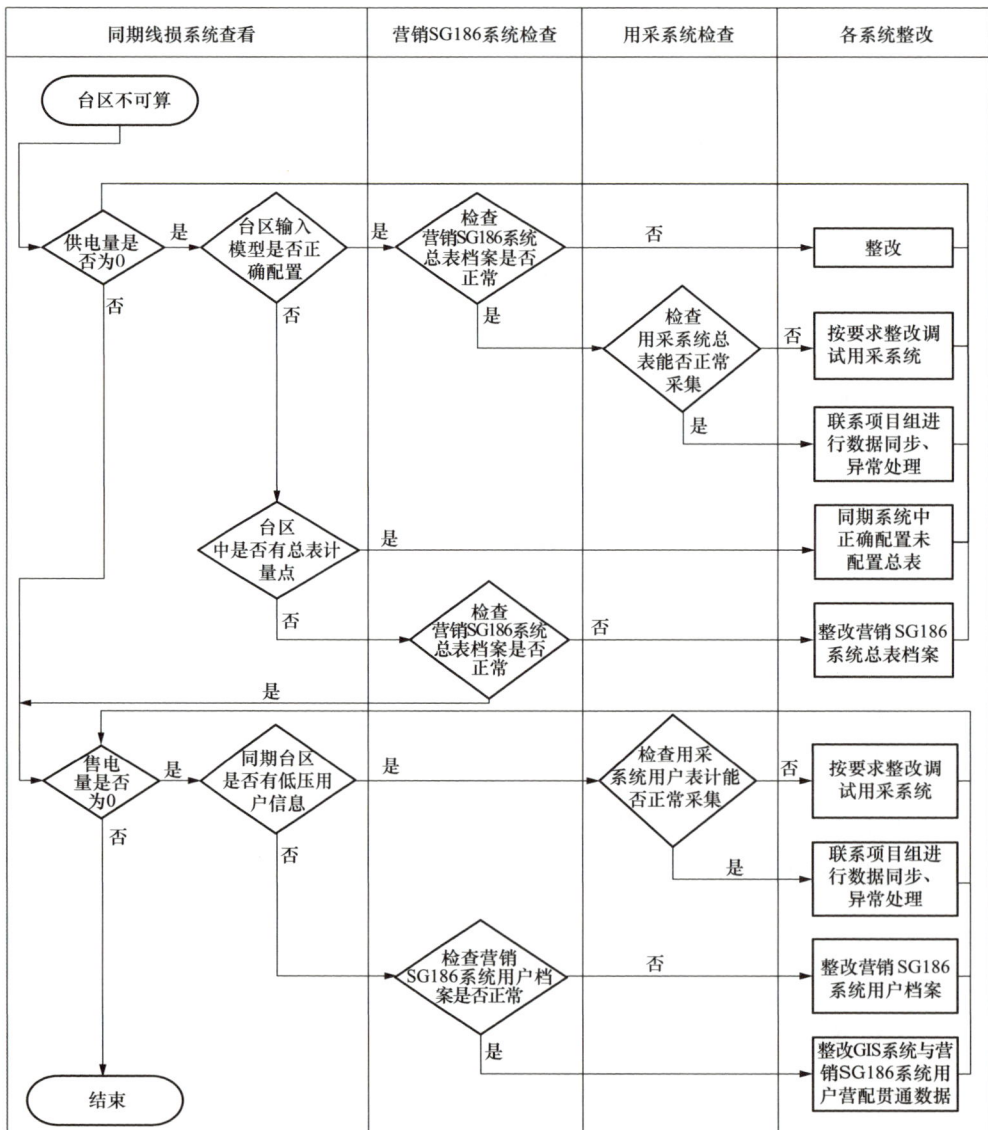

图 4-15 不可算台区档案因素分析流程

不可算台区采集因素分析流程如图 4-16 所示。

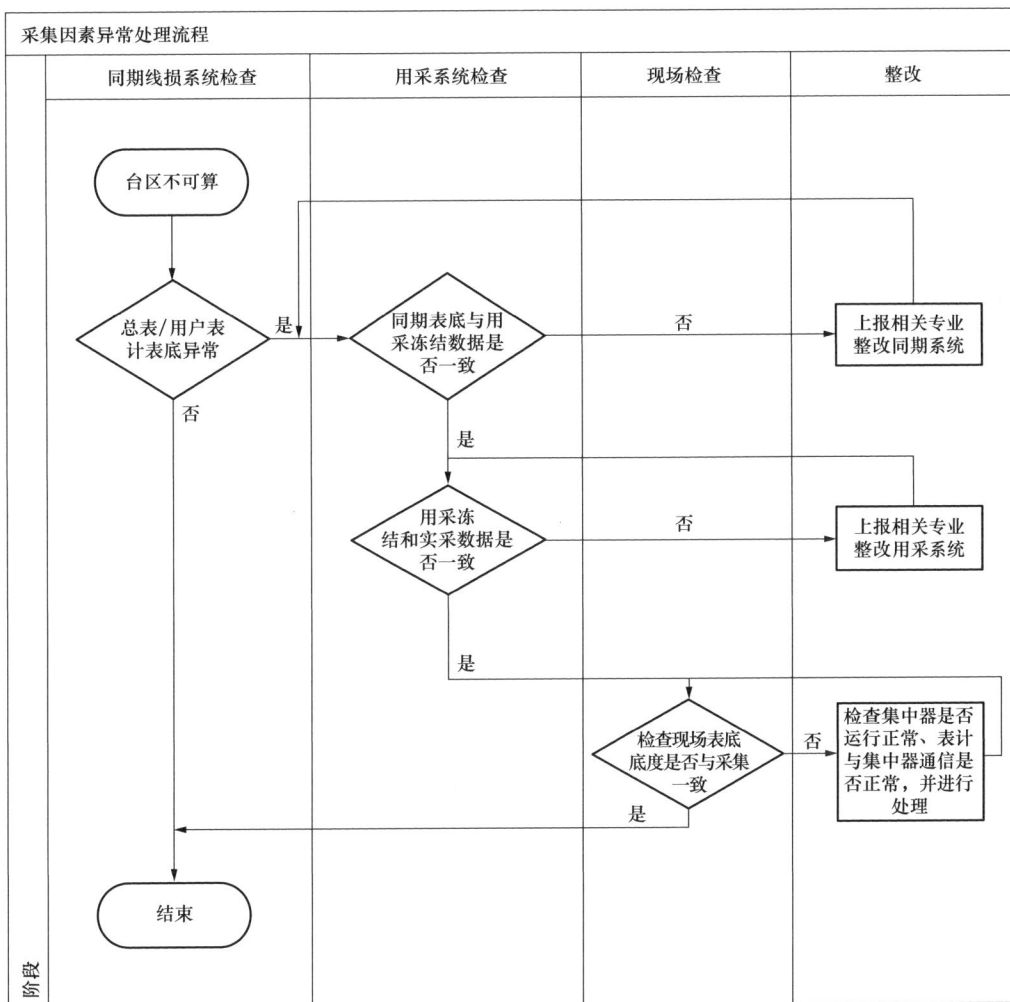

图 4-16　不可算台区采集因素分析流程

不可算台区计量因素分析流程如图 4-17 所示。

计量因素异常处理流程

同期线损系统检查	现场检查	整改

```
        ┌──────────┐
        │ 台区不可算 │
        └────┬─────┘
             │
        ◇────────────◇
        │  总表电量为0 │──────是──────┐
        ◇────┬───────◇              │
             │否                    ◇──────────◇
             │                      │   检查    │
             │                      │ 总表是否   │──是──► ┌────────┐
             │                      │存在计量负误差、│      │ 更换表计 │
             │                      │ 表计是否   │       └────────┘
             │                      │   损坏    │
             │                      ◇────┬─────◇
             │                           │是
             │                      ◇──────────◇
             │                      │   检查    │──是──► ┌──────────┐
             │                      │总表二次接线是否│      │重新正确接线│
             │                      │   错误    │       └──────────┘
             │                      ◇────┬─────◇
             │                           │否
             │                      ◇──────────◇
             │                      │   检查    │──是──► ┌──────────┐
             │                      │总表互感器是否│      │ 更换互感器 │
             │                      │   损坏    │       └──────────┘
             │                      ◇────┬─────◇
             │                           │否
             │                      ◇──────────◇
             │                      │检查总表二次 │──是──► ┌──────────┐
             │                      │接线是否有短路/断│     │重新正确接线│
             │                      │路/接地等情况 │       └──────────┘
             │                      ◇──────────◇
        ◇────────────◇
        │  户表电量为0 │──────是──────┐
        ◇────┬───────◇              │
             │否                    ◇──────────◇
             │                      │   检查    │──是──► ┌──────────┐
             │                      │表计二次接线是否│      │重新正确接线│
             │                      │   错误    │       └──────────┘
             │                      ◇────┬─────◇
             │                           │否
             │                      ◇──────────◇
             │                      │检查表计是否损坏│──是──► ┌────────┐
             │                      ◇────┬─────◇          │ 更换表计 │
             │                           │否               └────────┘
        ┌────▼─────┐
        │   结束    │
        └──────────┘
```

阶段

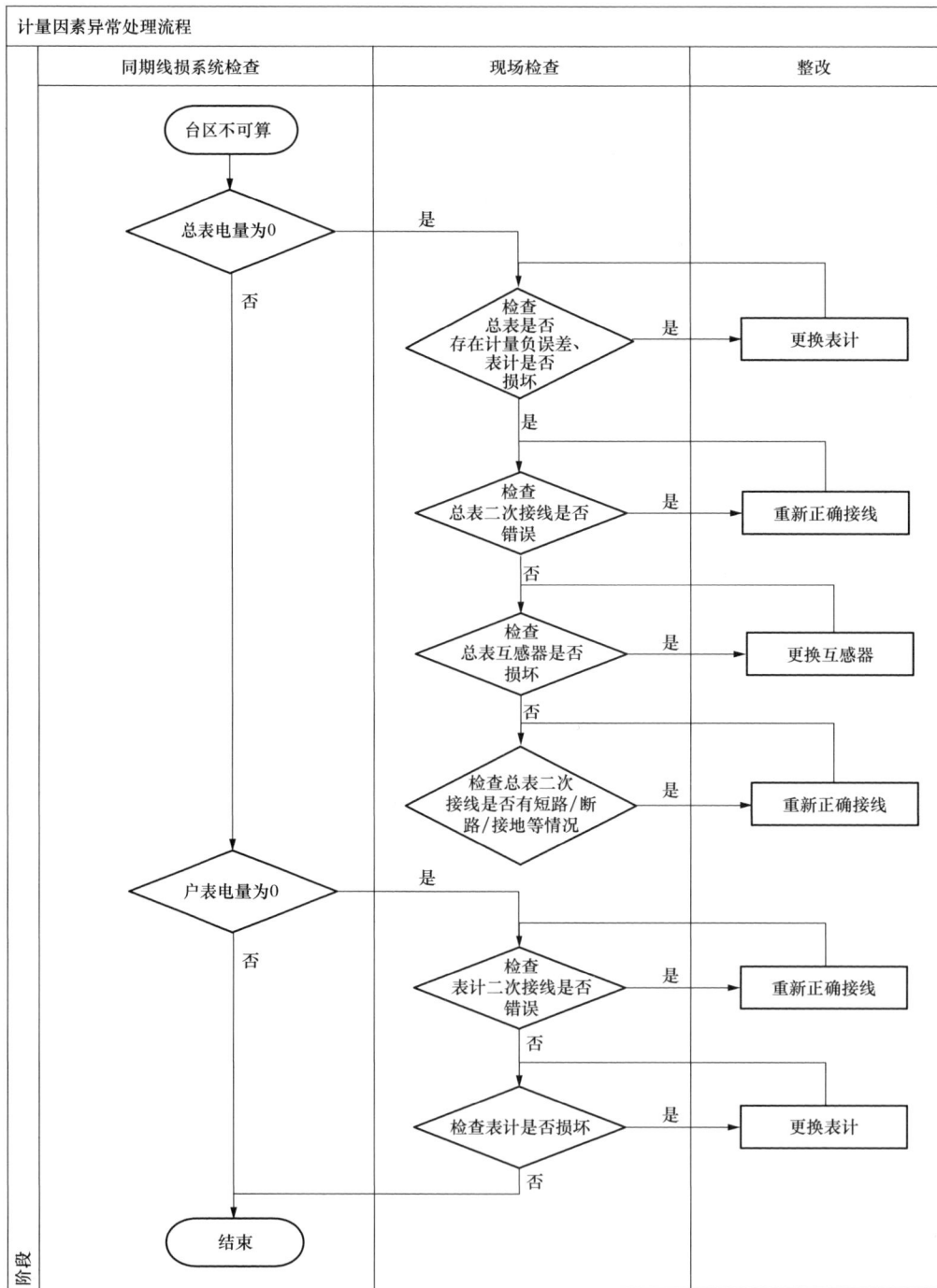

图4-17 不可算台区计量因素分析流程

不可算台区换表因素分析流程如图 4-18 所示。

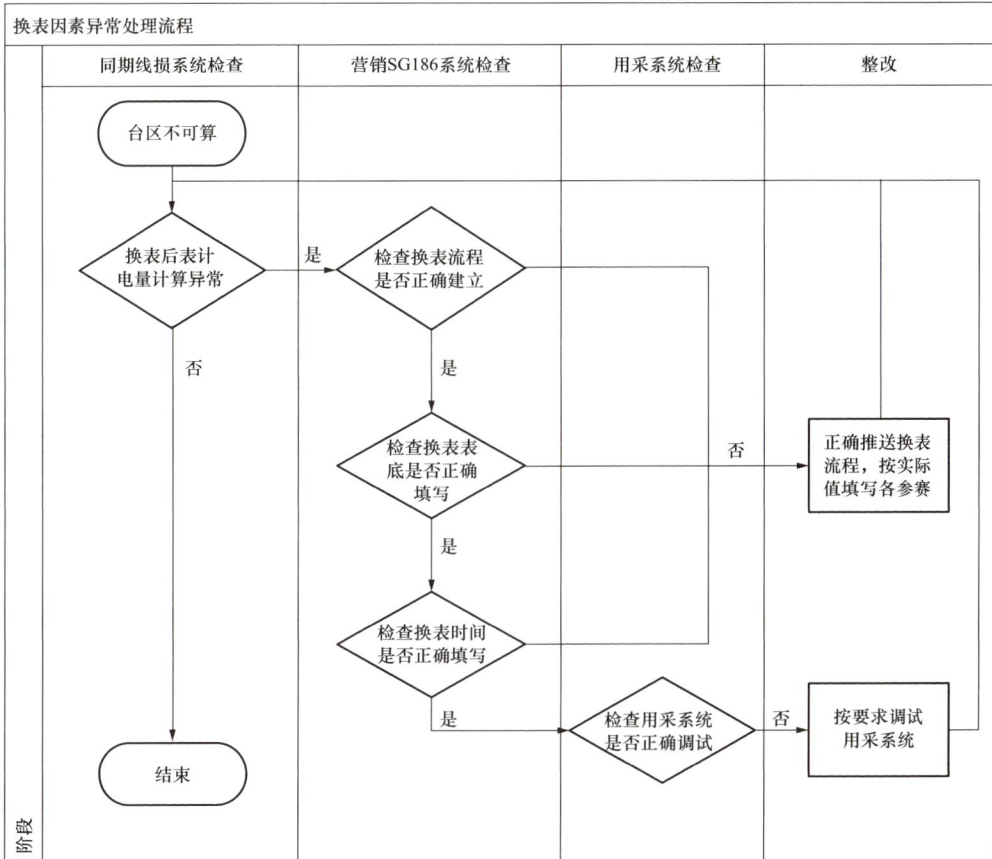

图 4-18 不可算台区换表因素分析流程

三、流程说明

（一）档案异常治理流程

（1）检查供电量情况。先看台区供电量是否为 0kWh，若为 0kWh，则检查输入配置情况。按第四章第五节"五、同期线损系统台区输入电量配置查看"查询输入配置是否符合实际。若配置不正确，则先检查台区中是否有总表计量点，若有则按第四章第五节"十二、同期线损系统总表配置"进行输出配置的修正，若无则按（2）进行操作；若配置正确，则按（2）进行操作。

（2）检查营销 SG186 系统该总表的相关档案。按第四章第五节"三、营销 SG186 系统台区及总表档案查询"进行该表计档案及计量点参数的检查。若档案不正确，按说明进行修改，回到（1）；若档案正确，则按（3）进行操作。

（3）检查用采系统中该计量点表底情况（现场正常采集情况下）。按第四章第五节"二、用采系统计量点表底记录查询"的说明查询该台区在用电信息采集系统是否有表底。若用采系统表底完整，则上报同期项目组同步数据；若表底缺失，则上报用采项目组进行系统异常处理。

（4）检查售电量情况。若售电量为0kWh，则检查台区是否有低压用户信息，即检查用户贯通情况。按第四章第五节"八、同期系统台区下用户明细查询"对台区下的用户进行核对，若与实际不一致，则按数据营配贯通要求（参考第四章第五节"九、台区下用户接入规范进行查询"）进行数据治理；若与实际一致，则按（3）进行操作。

（二）采集异常治理流程

（1）检查计量点表底。总表或户表计量点产生表底异常（无表底或采集数据不正常），按第四章第五节"二、用采系统计量点表底记录查询"对用采系统表底进行核实。若用采系统中冻结数据与同期系统不一致，则上报项目组进行问题查询处理；若数据一致，则按（2）进行操作。

（2）检查用采系统数据情况。检查用采系统中冻结数据与实采数据是否一致，若不一致，则上报用采项目组对系统进行处理；若数据一致，则按（3）进行操作。

（3）检查现场表计表底是否与用采系统数据一致。若不一致，则按（4）进行操作。

（4）检查现场表计是否正常。现场表计表底正常，检查集中器运行情况；现场表计表底异常，则进行表计更换和现场表计接线检查。检查现场集中器运行情况（如正常运行，采集、信号通道正常，数据参数正常）。若运行正常，检查设备移动信号是否正常；若运行异常，按现场情况进行集中器更换、重新下发参数、集中器升级。检查设备移动信号。若设备移动信号异常，按现场情况更换天线或移动天线位置。

（三）计量异常治理流程

（1）检查总表电量是否为0kWh，若为0kWh，则检查总表二次接线是否错误。若接线错误，则更改接线；若接线正常，则按（2）进行操作。

（2）检查总表互感器是否损坏。若互感器损坏，则更换互感器；若互感器运行正常，则按（2）进行操作。

（3）检查总表二次接线是否有断路、短路、接地等情况。若有上述情况，则处理对应的缺陷。

（4）总表电量不为0kWh，则检查户表电量是否为0kWh。若户表电量为0kWh，则检查户表二次接线是否错误。若接线错误，则更改接线；若接线正常，则按（5）进行操作。

（5）检查户表表计是否存在误差或表计损坏。若表计存在误差或表计损坏，则更换表计；若表计正确运行，则结束本流程。

（四）换表异常治理流程

（1）检查换表流程是否正确建立。按第四章第五节"十一、系统计量点换表流程的查询"对营销 SG186 系统中计量点换表流程进行查看，包括换表流程的建立、表底的录入、换表时间的填写。若有换表流程正确，则按（2）进行操作，若无换表流程，则要求营销专业正确执行换表流程。

（2）检查用采系统是否正确调试。按第四章第五节"十一、系统计量点换表流程的查询"对用采系统中换表后的调试进行查看，若正确调试，则结束该流程；若未正确调试，则要求营销专业正确执行调试流程。

第五节　相关信息查询

一、同期线损台区总表查看

进入同期线损系统【同期线损管理】–【同期日线损】–【分台区同期日线损】，选择单位后输入相应筛选条件，点击"查询"。

出现计算结果的台区后，点击"台区名称"，进入"台区智能看板"。台区同期日线损查询界面如图 4-19 所示。

图 4-19　台区同期日线损查询界面

台区智能看板如图 4-20 所示，图中表示表底缺失。

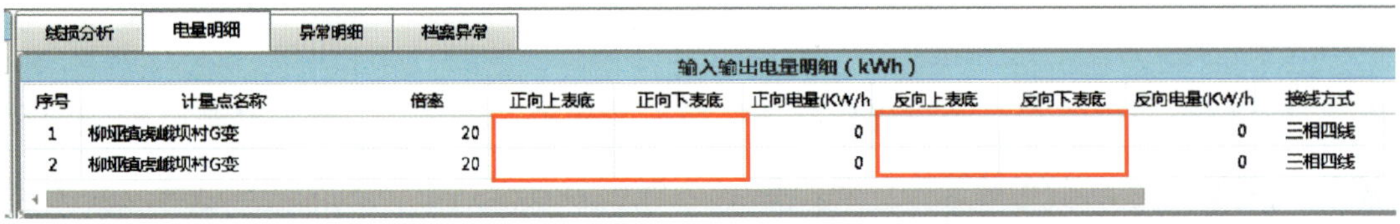

图 4-20　台区智能看板

二、用采系统计量点表底记录查询

（一）中间库数据的查看

进入"用采系统"【统计查询】-【综合查询】-【用户数据查询】。输入相应的计量点信息进行查询，用采系统用户数据查询导航如图 4-21 所示。

图 4-21　用采系统用户数据查询导航

选择"电量示值"、电能列表选择对应表计序号，选择时间段后可以看到对应计量点表底，如图 4-22 所示。

图 4-22　用采系统用户数据查询界面

（二）实采（冻结）数据的查看

进入"用采系统"，【基础应用】-【数据召测】-【随机采集】，如图 4-23 所示。

图 4-23　用采系统随机采集导航

在下图红框处输入筛选条件或者点击高级查询输入其他筛选条件进行查询，如图 4-24 所示。

图 4-24　用采系统随机采集查询示意

之后，选中表计，可以对"当前数据"和"冻结数据"进行选择，选中正向、反向有功后，点击"采集"可以看到当前采集或冻结数据，如图 4-25 所示。

图 4-25　用采系统随机采集查询示意

三、营销 SG186 系统台区及总表档案查询

（一）总表档案的查看

进入营销 SG186 系统【业务菜单】-【基础档案】-【电网资源】-【台区编辑】（见

图4-26），筛选出对应台区后，到"台区下用户"标签。

图4-26　营销SG186系统台区下用户查看

其中，"用户编号""用户名称"不能为空，"用户分类""用电类别"为"考核"。

（二）总表计量点档案的查看

进入营销SG186系统【业务菜单】-【客户档案】-【档案查询】（见图4-27），筛选出对应台区后，双击总表档案。

图4-27　营销SG186系统用户档案查看

进入计量点档案，其中，"计量点编号""计量点名称"不能为空，"计量点性质"为考核，"主用途类型"为"台区供电考核"，"计量点分类"为关口，"计量点状态"为运行，"台区名称"与"线路名称"与总表档案处一致。营销SG186系统关口档案查看如图4-28所示。

图4-28 营销SG186系统关口档案查看

四、同期系统台区总表档案查看

进入同期线损系统【档案管理】–【台区档案管理】，选择单位后输入相应筛选条件，点击"查询"。

查询到对应台区后，点击台区名称，如图4-29所示。

图4-29 营销SG186系统关口档案查看

进入台区详细信息看板，左侧为台区总表信息，包括计量点名称和计量点编号，如图4-30所示。核对同期系统中计量点编号名称与营销SG186系统是否一致。

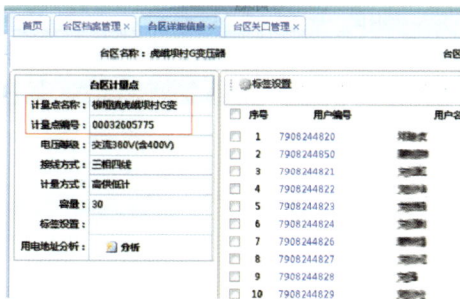

图4-30 同期系统台区档案查看

五、同期线损系统台区输入电量配置查看

进入同期线损系统【同期线损管理】-【同期日线损】-【分台区同期日线损】，选择单位后输入相应筛选条件，点击“查询”。出现对应台区后，点击“输入电量”（见图 4–31）。

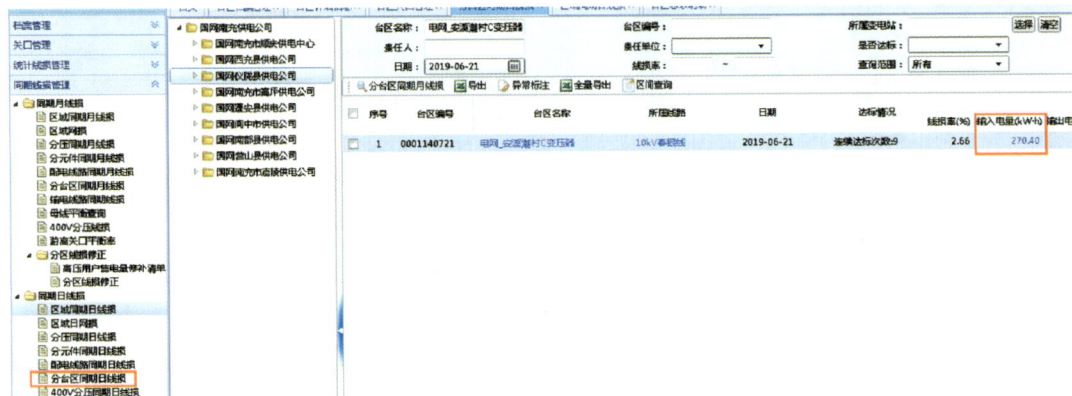

图 4–31　同期系统台区日线损查看

进入“台区总表明细”，若存在分布式电源，则在总表明细中有对应分布式电源计量点，如图 4–32 所示。

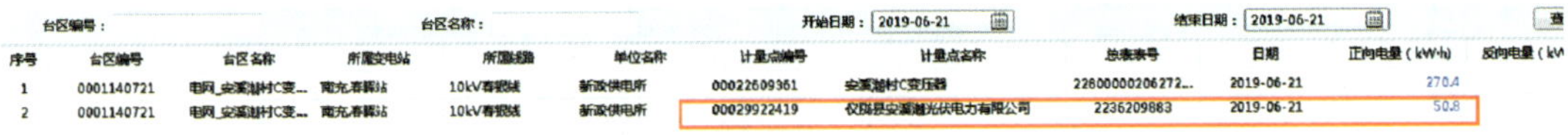

图 4–32　同期系统台区日线损输入电量明细

六、营销 SG186 系统分布式电源档案查询

进入营销 SG186 系统【客户档案】-【发电档案维护】，输入筛选信息后点击“查询”，可以看到对应发电用户档案，如图 4–33 所示。

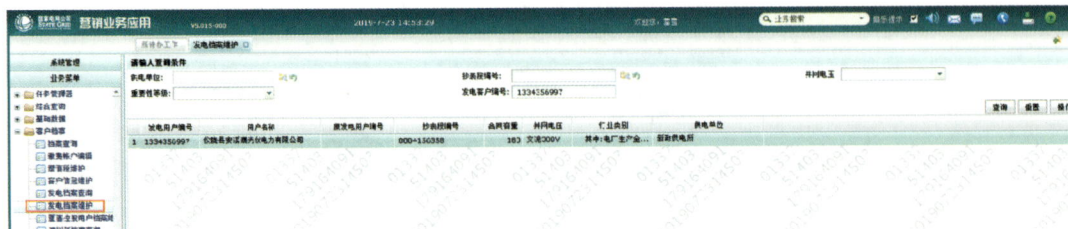

图 4–33　营销 SG186 系统发电档案查询

双击用户信息后可以看到档案详细信息，如图 4-34 所示。

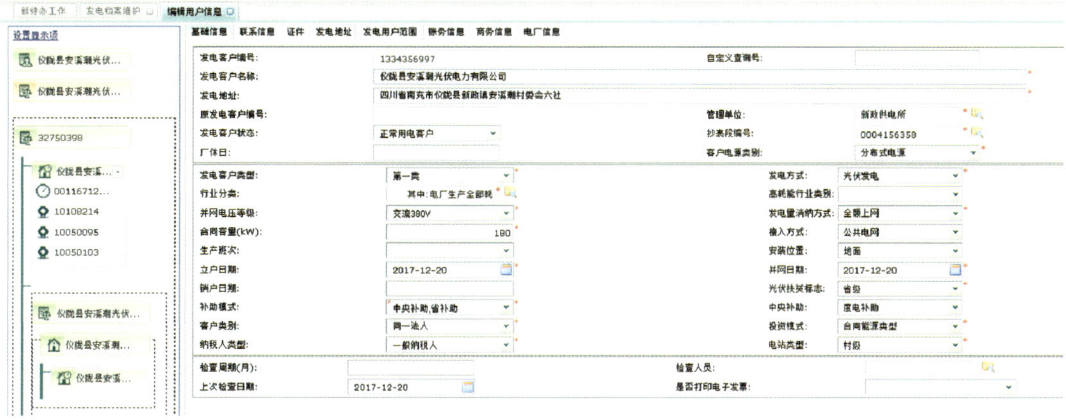

图 4-34　营销 SG186 系统发电档案信息

七、营销 SG186 系统台区分布式电源的档案规范

在分布式电源档案中，选中对应用户档案后可以看到详细信息，如图 4-35 所示。

图 4-35　营销 SG186 系统发电档案用户信息规范

其中，发电客户状态应为"正常用户客户"，发电方式应为"光伏发电""风电"。对应计量关口主用途类型应为"上网关口"，且计量关口下应当有表计，如图 4-36 所示。

093

图 4-36 营销 SG186 系统发电计量点信息规范

八、同期系统台区下用户明细查询

进入同期线损系统【同期线损管理】-【分台区同期日线损】，填写对应的筛选条件后，点击"查询"。之后出现台区日线损计算结果，点击售电量中的数字，如图 4-37 所示。

图 4-37 同期系统台区日线损查看

点击后进入售电量明细界面，为台区用户明细，如图 4-38 所示。

图 4-38　同期系统台区用户电量明细

九、台区下用户接入规范进行检查

（一）同期系统中用户档案的查看

进入同期线损系统【档案管理】-【低压用户管理】，填写对应的筛选条件后，点击"查询"。之后若出现正确的用户档案，则证明同期系统中有该用户档案，若无档案出现或者档案不正确，则说明用户档案未正确接入，如图 4-39 所示。

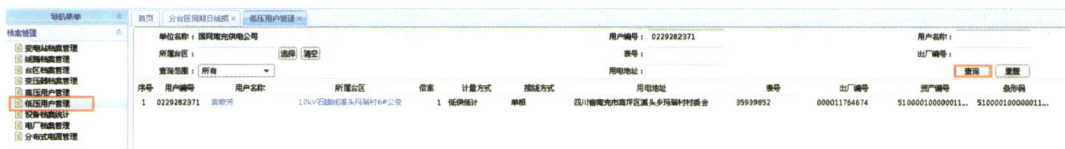

图 4-39　同期系统低压用户档案查询

（二）营销 SG186、GIS1.6 系统中用户档案的查看

进入营销 SG186 系统，在【计量资产管理】-【库房管理】-【计量箱管理】-【计量箱箱表关系维护】中输入台区名称及档案异常用户编号查出用户的表箱条形码，如图 4-40 所示。

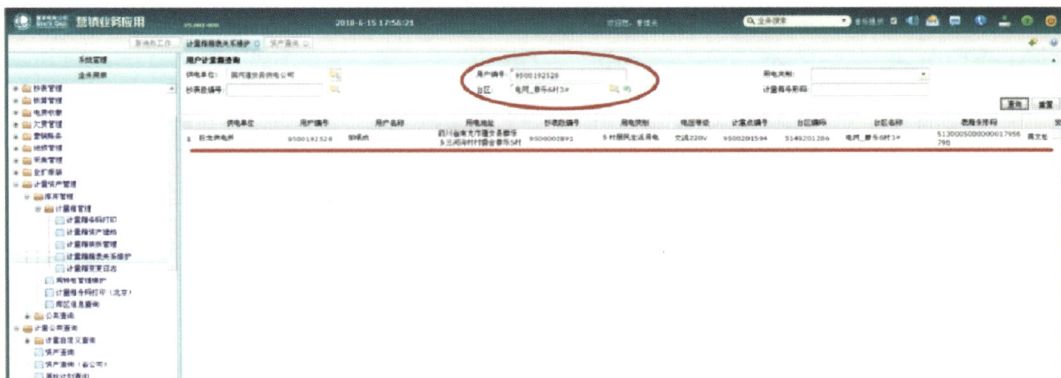

图 4-40　营销 SG186 系统箱表关系查询

进入 GIS1.6 系统，【打开地理图】-【快速定位】中输入表箱条形码查询该用户所属表箱，如图 4-41 所示。

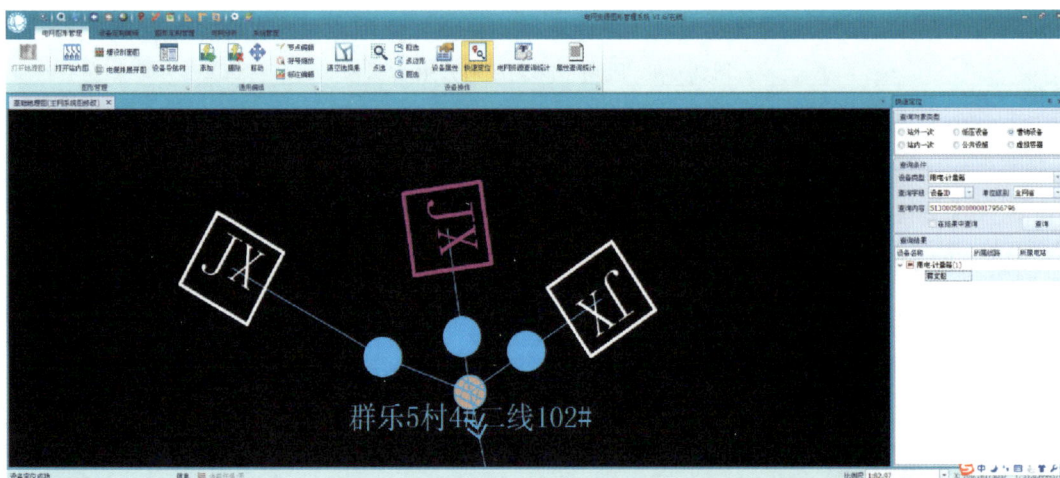

图 4-41　GIS1.6 系统箱表关系查询

要求 GIS1.6 系统中所属表箱与营销 SG186 系统中的所属表箱应一致。

十、计量点倍率检查

（一）同期线损系统计量点倍率查看

进入同期系统【同期线损管理】-【分台区同期日线损】（见图 4-42），选择筛选条件并填入数据后点击"查询"，之后点击台区名称，进入台区智能看板。

图 4-42　同期系统台区日线损查看

　　台区智能看板中，选择"电量明细"标签，可以看到总表的倍率及用户表计的倍率，如图 4-43 所示。

图 4-43　同期系统台区计量点倍率查看

（二）营销 SG186 系统计量点倍率查看

　　进入营销 SG186 系统【客户档案】-【档案查询】，输入相应的筛选条件后点击"查询"。双击查询出来的档案信息，如图 4-44 所示。

图 4-44　营销 SG186 系统用户档案查看

进入到"查看用户"界面,选择计量点,可以看到计量点综合倍率,如图4-45所示。

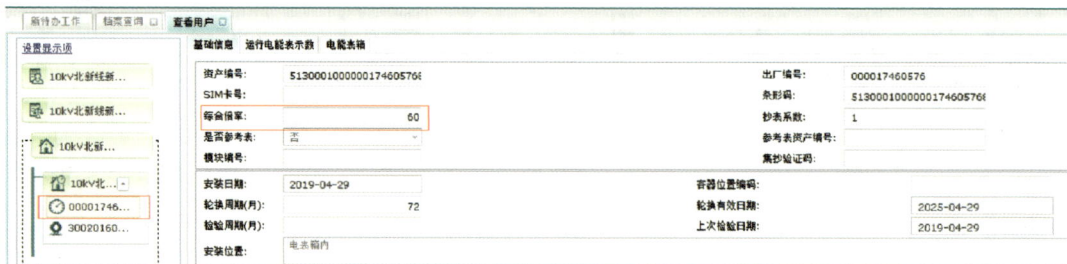

图 4-45　营销 SG186 系统用户计量点倍率查看

十一、系统计量点换表流程的查询

(一)营销 SG186 系统换表流程的查询

进入营销 SG186 系统,进入对应计量点档案(与"营销 SG186 系统计量点倍率查看"相同),选择对应计量点,选择"设备装拆信息"标签。可以查询到对应表计的新增和变更记录,如图4-46所示。

图 4-46　营销 SG186 系统计量点换表流程查看

选中表计后,点击"查询电能表示数",可以看到表计的历史表底数值,如图4-47所示。

图 4-47　营销 SG186 系统换表后计量点表底查看

（二）同期系统换表流程的查询

进入同期线损系统【电量计算与统计】-【供电计量点换表记录查询】（用户的选择【用户及台区换表记录查询】），填写对应的筛选条件后点"查询"，如图4-48所示。

图 4-48 同期系统计量点换表查看

可以看到旧表计的表底、新表计的表底、换表的时间，如图4-49所示。

图 4-49 同期系统计量点换表后表底查看

十二、同期线损系统总表配置

进入同期线损系统【关口管理】-【台区关口管理】，选择对应供电所，填写对应的筛选条件后，点击"查询"，如图4-50所示。

图 4-50 同期系统台区模型配置

对应台区打钩后，选择"台区模型配置"，如图4-51所示。

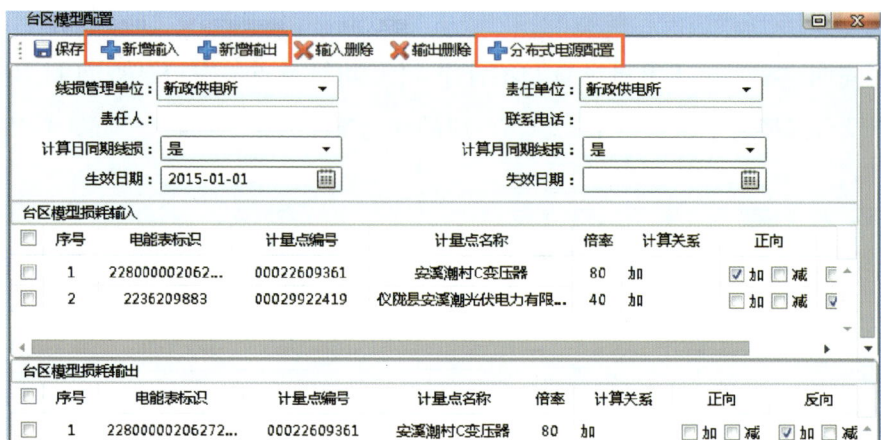

图 4-51 同期系统台区模型配置

（一）输入/输出配置

对于台区的输入或者输出计量配置通过点击"新增输入"或者"新增输出"进行配置。以新增输入为例，若营销 SG186 系统档案中存在计量点并正确同步，则新增输入对话框中存在对应计量点，打钩选择需要的计量点，并点击"选择"即可，如图 4-52 所示。

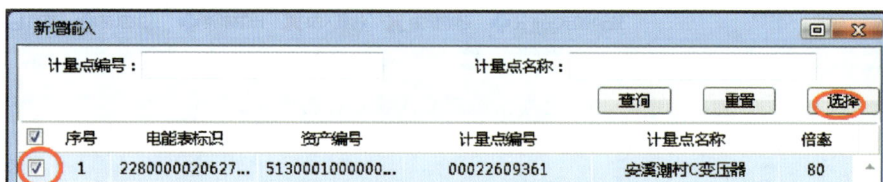

图 4-52 同期系统台区模型输入配置

之后，对计算日同期线损、月同期线损、生效日期等进行维护，然后点击"保存"，同期系统台区模型配置如图 4-53 所示。

图 4-53 同期系统台区模型配置

（二）分布式电源的配置

对于台区的分布式电源配置通过点击"分布式电源配置"进行配置。若营销 SG186 系统档案中存在计量点并正确同步，则分布式电源配置对话框中存在对应计量点，打钩选择需要的计量点，并点击"选择"即可，如图 4-54 所示。

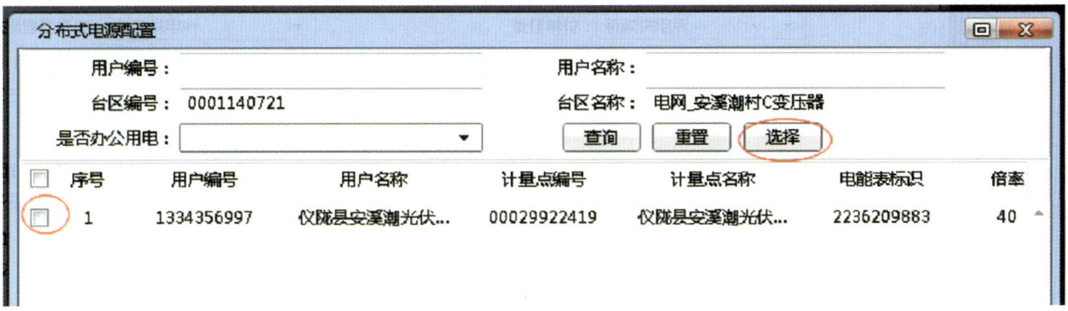

图 4-54　同期系统分布式电源模型配置

之后和输入配置一样维护计量点方向等参数。

十三、同期线损台区多个总表配置

（一）同期线损台区总表查看

进入同期线损系统【同期线损管理】-【同期日线损】-【分台区同期日线损】，选择单位后输入相应筛选条件，点击"查询"。

出现计算结果的台区后，点击"台区名称"，进入"台区智能看板"，如图 4-55 所示。

图 4-55　同期系统台区总表数量查看

"台区智能看板"如图 4-56 所示。

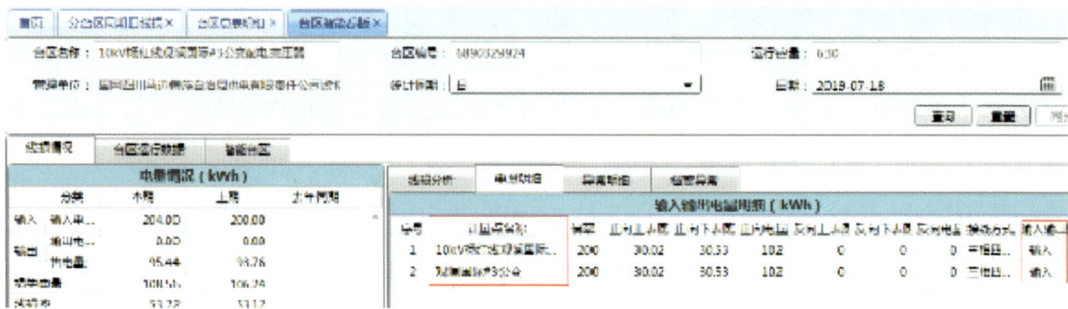

图 4-56　台区智能看板

（二）营销 SG186 系统中台区总表档案查看

进入营销 SG186 系统【业务菜单】–【客户档案】–【档案查询】，筛选出对应台区后，查看总表档案，如图 4-57、图 4-58 所示。

图 4-57　营销 SG186 系统台区档案查询

图 4-58　营销 SG186 系统台区总表档案查询

（三）同期系统中更改台区总表配置

进入同期线损系统。【关口管理】–【台区关口管理】，输入台区名称或编号，点击"查询"，查询到该台区后，点击"台区模型配置"，如图 4-59 所示。

图 4-59　同期系统台区模型查看

勾选多余的计量点，点击"输入删除"，如图 4-60 所示。

图 4-60　同期系统删除多余总表

十四、办公用电查询与配置

（一）办公用电查询

进入营销 SG186 系统【业务菜单】-【客户档案】-【档案查询】，筛选出对应台区后，查看考核表档案，正确的办公用电客户档案中用户分类需为"考核"或"低压居民"或"低压非居民"，用户下计量点的计量点性质需为"考核"，主用途类型需为"办公用电"，并且该计量点为主计量点，如图 4-61、图 4-62 所示。

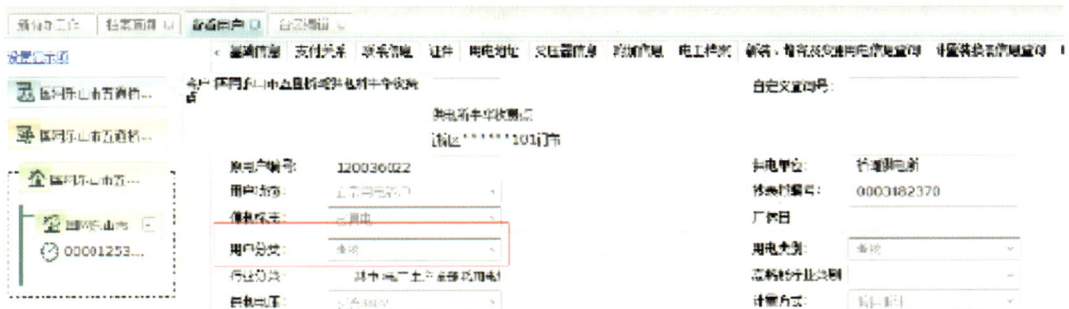

图 4-61　营销 SG186 系统办公用电用户分类查询

图 4-62 营销 SG186 系统办公用电计量点性质查询

（二）办公用电配置

在同期线损系统【关口管理】-【台区关口管理】中，找到需要配置的台区，点开【台区模型配置】界面，点击【分布式电源配置】打开配置界面，将办公用电配置到台区输出，如图 4-63 所示。

图 4-63 同期线损系统台区模型配置

点击【分布式电源配置】打开配置界面，将办公用电配置到台区输出，如图 4-64 所示。

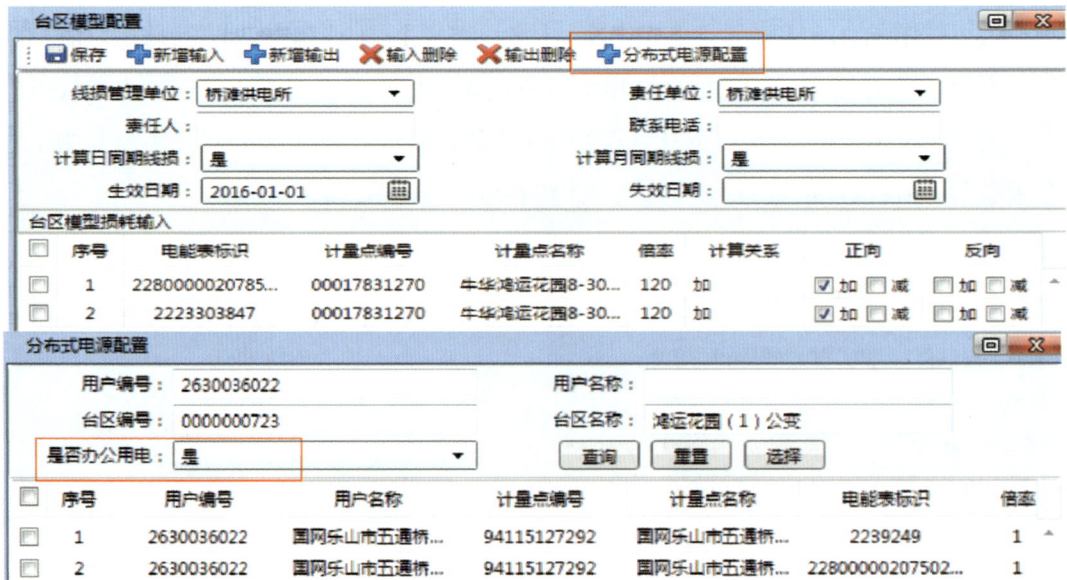

图 4-64 同期线损系统配置台区办公用电

第五章

高损台区典型案例分析

第一节 档案因素

档案问题是影响台区线损较为普遍的因素，同时治理难度也相对较低。档案因素不仅可能导致台区高损，还可能引起优质服务问题，在高损台区治理过程中，一般应优先分析处理。高损台区档案问题属于管理问题，主要包含设备新投异动不规范、营配贯通错误、配置错误、电能表倍率错误等四个方面。

一、异常类型：配置多个总表

（1）典型台区：10kV 中上路龙泉 1 组配电变压器。

基本情况： 该台区近期同期日线损率情况如图 5-1 所示。

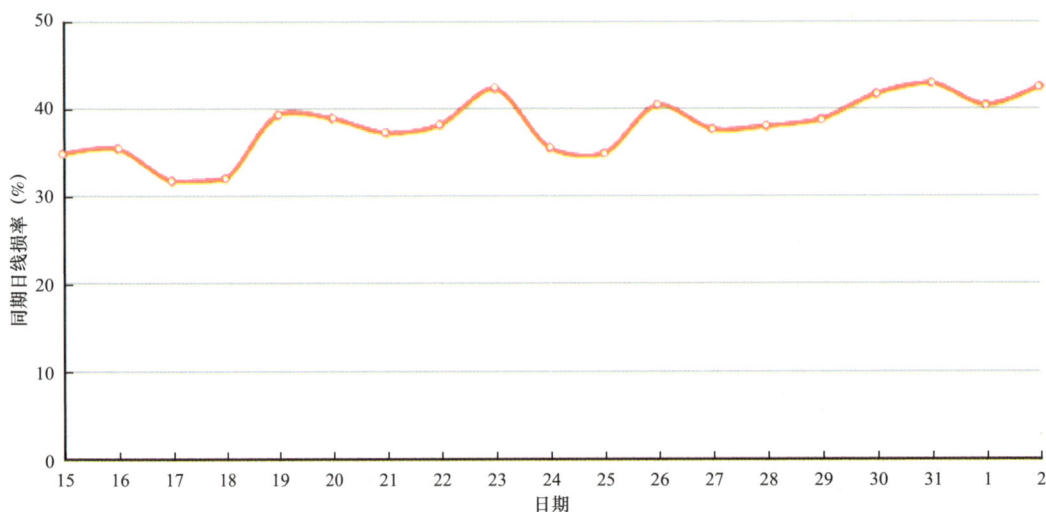

图 5-1 台区日线损情况

异常分析：

初步分析： 从该台区大半个月来的同期日线损率的变化情况看，台区线损率呈现不规则的波动，且台区线损率明显偏高，因此初步判断可能存在营配贯通问题。

深入分析： 通过"同期线损管理"下的"分台区同期日线损"模块"线损情况"，获得该台区 4 月某一天（该天可随机选择，只需保证该天电量采集成功率 100%）供、售电量及线损率情况，发现输入电量较大，再通过"电量明细"，发现该台区有两块输入表计。对于此种情况，即使初步分析可能是营配贯通问题，也应先看看台区关口模型配置是否正确。因为台区关口模型配置错误也会造成同期线损率的异动。观察两个计量点名称，"10kV 中上路龙泉 1 组配电变压器"计量点名称与台区名称相同，电量也与售电量相差不大，因此可判断该计量点为台区总表；对于"10kV 中碧路三益小区配电变压器"计量点，通过"台区关口一览表"查询该计量点对应的台区，该计量点同时对应"电网 _10kV 中碧路三益小区配电变压器"和"10kV 中上路龙泉1 组配电变压器"两个台区，"电网 _10kV 中碧路三益小区配电变压器"台区当日台区线损率7.81%，由此可基本判断台区高损原因为台区关口错误配置。台区总表查看和配置如图5-2 和图 5-3 所示。

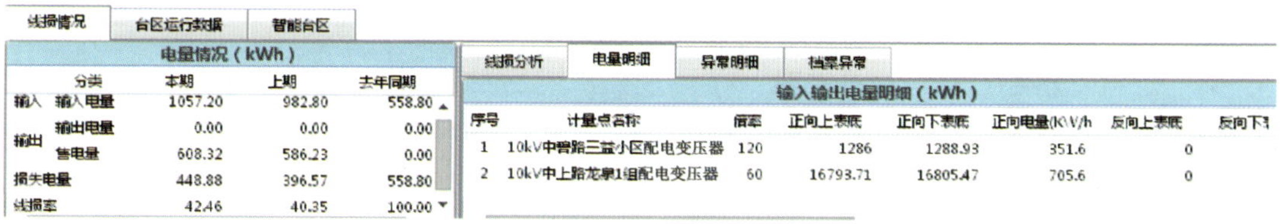

图 5-2　台区总表情况

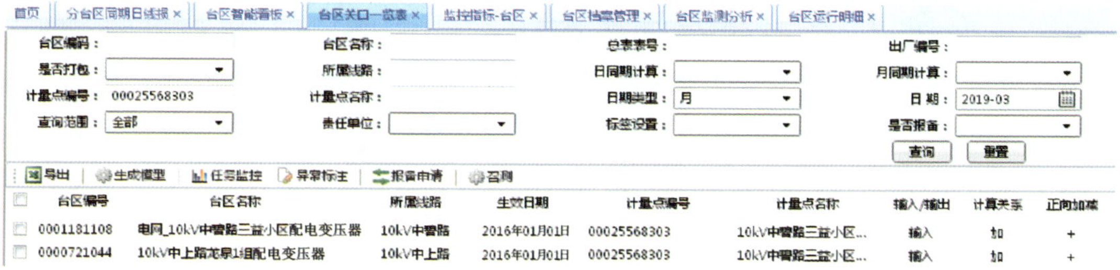

图 5-3　台区关口配置

经核实，"10kV 中碧路三益小区配电变压器"计量点为错误配置，造成输入电量增加，导致日线损率异常。

分析心得：根据国家电网有限公司对台区相关管理要求，一般为"一台一变"，极少情况下可能有"一台多变"。因此，对于台区关口存在多个计量点的情况，要着重检查相关计量点配置的准确性和真实性，避免张冠李戴。

（2）典型台区：电网 _10kV 俭美路美城悦荣府 12 号户表公用变压器。

基本情况：该台区近期同期日线损率及供售电量情况如图 5-4 和图 5-5 所示。线损率一直维持在 40%~50%。

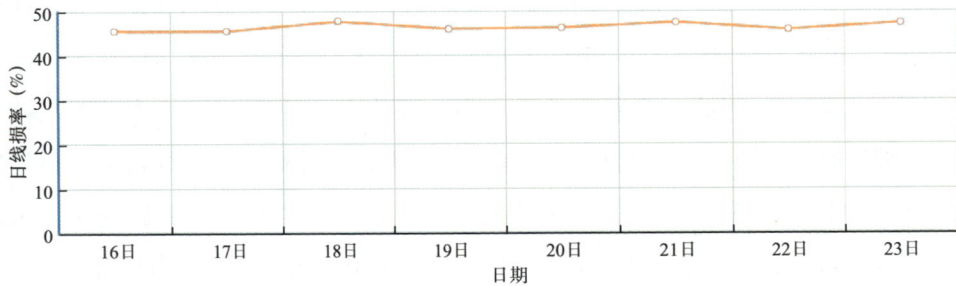

图 5-4　日线损情况

图 5-5　台区日线损情况

异常分析：该台区下有两块总表，且电量不一样，怀疑总表配置有误，总表配置情况如图 5-6 所示。

图 5-6　台区总表配置情况

初步分析：根据台区智能看板 – 台区运行数据 – 功率曲线（见图 5-7），将 24 点功率值导出求和，得到近似的台区输入电量为 1041 kWh，与第一块总表 1029 kWh 比较接近。怀疑电量为 906 kWh 的总表配置错误。

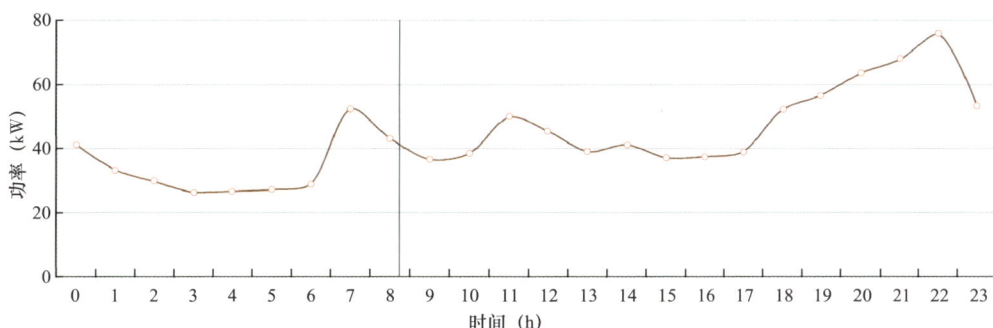

图 5-7　台区功率曲线

深入分析：根据供电所现场核实，现场确认仅有一块总表。因此，首先在关口管理 – 台区关口管理中找到该台区，勾选后点击台区模型配置，删除相应计量点，如图 5-8 所示。整改后，月线损恢复正常，如图 5-9 所示。

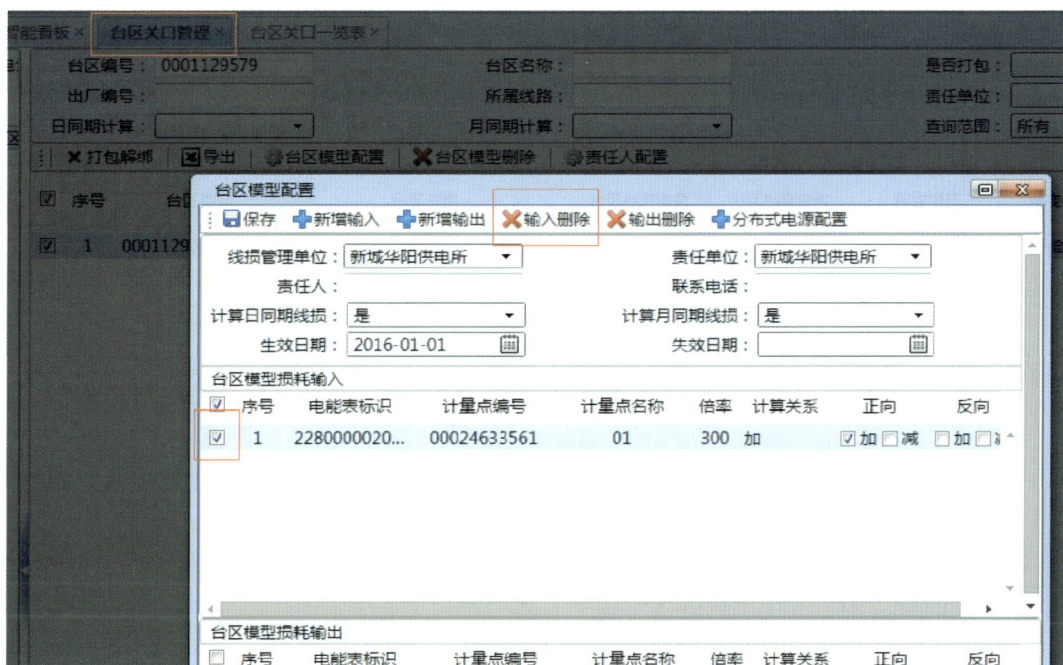

图 5-8　计量点删除界面

图 5-9　更正台区总表配置

分析心得：该例通过计算总表功率曲线，初步确定多余的总表。通过现场核实，确定多余总表。并在同期系统中删除多余总表。同期系统有多块总表，主要是因为营销 SG186 系统中，该台区下有多个台区供电考核计量点。同期系统自动生成台区模型时，将多块总表一并纳入台区输入，进而导致高损。

二、异常类型：办公用电方向配置错误

典型台区：晨宇花园。

基本情况：该台区近期同期日线损率如图 5-10 所示。

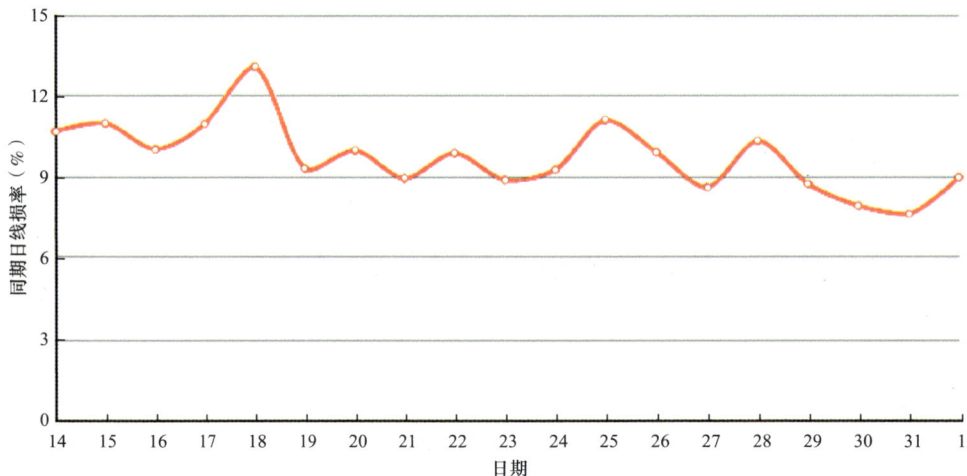

图 5-10　台区日线损情况

异常分析：

初步分析：从该台区大半个月来的同期日线损率的变化情况看，台区线损率呈现不规则的波动，因此初步判断可能存在着营配贯通问题。

深入分析：通过"同期线损管理"下的"分台区同期日线损"模块"线损情况"，获得该台区 4 月某一天（该天可随机选择，只需保证该天电量采集成功率 100%）供、售电量及线损率情况，观察输入电量较大，再通过"电量明细"，发现该台区有三块输入表计，如图 5-11 所示。对于此种情况，即使初步分析可能是营配贯通问题，也应先看看台区关口模型配置是否正确。因为台区关口模型配置错误也会造成同期线损率的不规则波动。该台区的三个关口中，"上网计量点"关口从计量点名称判断应为分布式电源输入，通过售电量明细可验证上述判断；"345149841839××"关口在售电量明

细中无法找到对应的用户，判断该计量点或者为实际主变压器，或者是办公用电。根据国家电网有限公司相关工作要求，一般情况下应为"一台一变"，"两台一变"的情况比较少见。同时，从电量关系来看，该计量点若为办公用电，则线损电量将减少 280.2 kWh，相应线损率为 2.4%。

线损分析	电量明细	异常明细	档案异常				
输入输出电量明细（kWh）							
序号	计量点名称	倍率	正向上表底	正向下表底	正向电量（kWh）	反向上表底	反向下表底	反向
1	晨宇花园	240	8744.16	8754.78	2548.8	0	0	
2	上网计量点	1	64129.74	64223.9	94.16	21104.76	21104.76	
3	34514984183939	30	2354.87	2359.54	140.1	0	0	

图 5-11　台区总表配置情况

经营销 SG186 系统查询，并经供电所人员核实，"345149841839××"用户为办公用电。根据同期线损管理系统相应配置规则，办公用电应配置为"输出、正向加"，而该计量点在同期线损管理系统中配置为"输入、正向加"，造成电量计算关系错误，导致日线损率异常。

分析心得：随着分布式发电的逐步普及，台区输入也不只局限于总表。对于有分布式电源并网，或存在办公用电的台区，要特别注意台区关口的配置，在台户关系完全正确的情况下，一个计量点方向的配置错误，也将导致台区线损率的不规则波动。

三、异常类型：办公用电未计量

典型台区：朝霞路公变。

基本情况：该台区 5 月 1~19 日同期日线损率情况如图 5-12 所示。

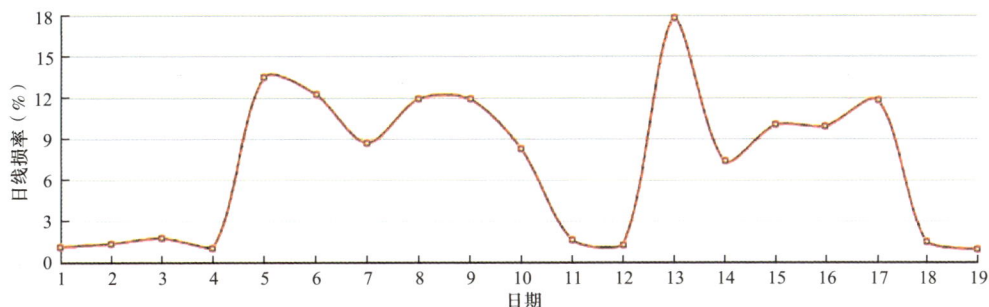

图 5-12　台区日线损率情况

异常分析：

初步分析： 从该台区大半个月来的同期日线损率的变化情况看，台区线损率出现有一定规则的变化，在工作日线损率高，双休日线损率低，因此初步判定可能存在办公用电漏计或少计的情况。

深入分析： 通过"同期线损管理"下的"分台区同期日线损"模块"台区智能看板"，可以看出该台区办公用电表计走字正常，详细情况如图5-13和图5-14所示。

			输入输出电量明细（kWh）						
序号	计量点名称	倍率	正向上表底	正向下表底	正向电量(KWh)	反向上表底	反向下表底	反向电量(KW/h)	接线方式	输入输出
1	朝震路公变考核表	200	3767.97	3769.28	262	0	0	0	三相四线	输入
2		40	6233.77	6234.87	44		0		三相四线	输出

图 5-13　办公用电模型配置

图 5-14　办公用电表底

通过以上数据分析，怀疑该办公用电表计倍率有误或有负荷未经过该表计计量。经工作人员现场核实后，办公用电表计倍率正确，但有一组出线未经过该表计计量。经现场整改后，该台区线损合格，如图5-15所示。

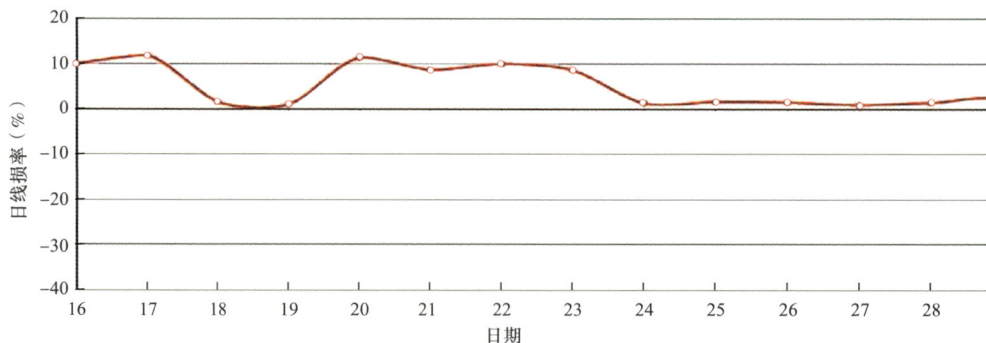

图 5-15　整改前后日线损对比

分析心得： 随着同期线损系统的进一步应用，针对线损异常开展完整的分析，发现存在办公用电的台区，特别需要核实办公用电表计的计量情况，如若办公用电漏计量或少计量，也将导致台区线损率波动。

四、异常类型：台区总表综合倍率错误

典型台区： 电网 _10kV 谷城一线谷商支线财政局箱变新变压器。

基本情况： 该台区近期同期月线损率及供售电量情况见表 5-1。

表 5-1 2018 年 1 月 ～ 2019 年 2 月月线损完成情况

时间	输入电量 （kWh）	输出电量 （kWh）	售电量 （kWh）	损失电量 （kWh）	线损率 （％）
2018 年 1 月	83491.20	0.00	59755.93	23735.27	28.43
2018 年 2 月	55434.00	0.00	46196.26	9237.74	16.66
2018 年 3 月	54914.40	0.00	46419.00	8495.40	15.47
2018 年 4 月	46053.60	0.00	39828.99	6224.61	13.52
2018 年 5 月	49597.20	0.00	53957.60	−4360.40	−8.79
2018 年 6 月	47917.20	0.00	52764.83	−4847.63	−10.12
2018 年 7 月	50415.60	0.00	55725.84	−5310.24	−10.53
2018 年 8 月	51957.60	0.00	46728.45	5229.15	10.06
2018 年 9 月	49039.20	0.00	43702.71	5336.49	10.88
2018 年 10 月	58682.40	0.00	51452.22	7230.18	12.32
2018 年 11 月	63166.80	0.00	55037.16	8129.64	12.87
2018 年 12 月	84320.40	0.00	72643.13	11677.27	13.85
2019 年 1 月	135856.0	0.00	82309.51	53546.49	39.41
2019 年 2 月	71208.00	0.00	50234.72	20973.28	29.45

异常分析：

初步分析： 从该台区一年来同期月线损率的变化情况来看，该台区曾经存在着营配贯通问题，台户关系可能挂接错误，同时，2018 年 8~12 月期间，同期月线损率相对正常，可以初步判断，台区管理单位对于该台区的台户关系进行过针对性的治理，因

此，分析的重点应该放在可能导致台区高损的技术因素，如：树障、线路绝缘劣化对地放电等，以及管理问题，如台区总表倍率错误、窃电、低压用户电表坏导致售电量少计等方面。

深入分析：通过观察同期供售电量变化情况，发现 2019 年 1、2 月供电量较 2018 年同期增幅大，2018 年年末以来的售电量的变化趋势与当地气温的变化大致相同，因此可初步判断该台区售电量相对真实，高损极有可能由供电量问题导致。

通过"同期线损管理"下的"分台区同期日线损"模块"线损情况"见图 5-16，获得该台区 3 月某一天（该天可随机选择，只需保证该天总表电量采集成功）供电量为 2664 kWh，计算得出平均负荷为 111 kW。再通过"分台区同期日线损"模块"台区运行数据"，获得该天现场实测功率曲线（使用营销 SG186 系统中互感器档案的"在用电流变比"计算得出，如图 5-17 所示）。对比根据档案综合倍率计算的平均功率与"在用电流变比"计算的实测功率，发现实测平均功率在 90 kW 左右，较根据档案综合倍率计算出的平均功率小 19%，因此可判断该台区档案倍率有误。

线损情况	台区运行数据		智能台区

电量情况（kWh）			
分类	本期	上期	去年同期
输入　输入电量	2664.00	2748.00	1857.60
输出　输出电量	0.00	0.00	0.00
售电量	1897.78	1968.64	1534.44
损失电量	766.22	779.36	323.15
线损率（%）	28.76	28.36	17.39

图 5-16　总表供电量

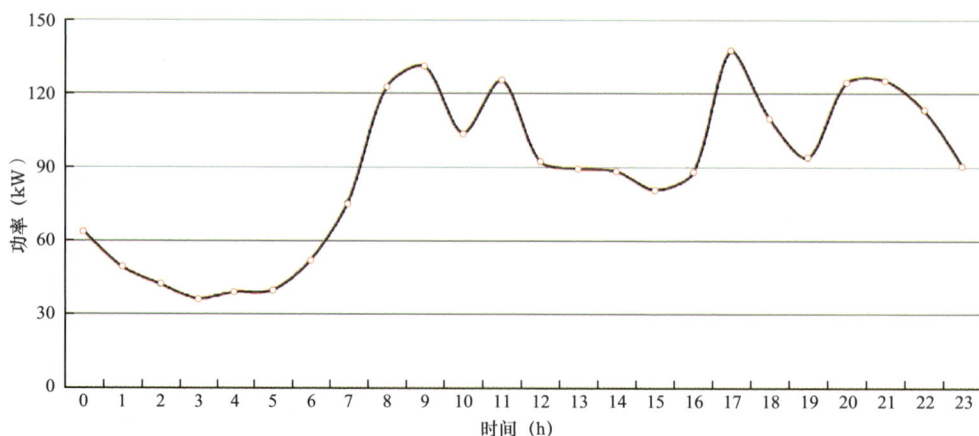

图 5-17　总表功率曲线

经现场核实，2019 年 1 月 16 日，为避免该台区春节期间超载运行，影响用户春节用电，该台区于当日完成增容，变压器容量扩充至 630kVA，考核总表 TA 由原 1000/5 更换为 800/5（箱式变压器自带 TA），计量倍率由 200 变为 160（总表电量虚高 20% 左右，与前述分析结果相符），由于基层业务人员未及时更换系统内考核总表变比，导致 1 月和 2 月台区线损计算为超高线损。4 月，修改营销档案倍率后，该台区线损率稳定在 8% 左右。

分析心得：理论上看，营销 SG186 系统中增量档案的表计综合倍率 = 电压变比 × 电流变比 × 表计自身比率，但对于存量档案，若不执行变更流程，则直接取原有档案中的表计综合倍率、互感器变比，并且不进行数据间的逻辑比对，由此可能造成部分台区关口表计综合倍率与互感器"在用电流变比"不一致。因用采系统电量使用"在用电流变比"计算，对于内部考核关口来说，其准确度相较表计综合倍率高，所以可以通过两者间的比对进行倍率正确性判断，提升异常分析效率。

五、异常类型：台区下低压用户有转供关系

典型台区：电网 _10kV 凤广 II 回金都宾馆公用变压器

基本情况：该台区 5 月 23 日～6 月 10 日同期日线损率及供售电量情况与用采日线损率情况如图 5-18 所示。

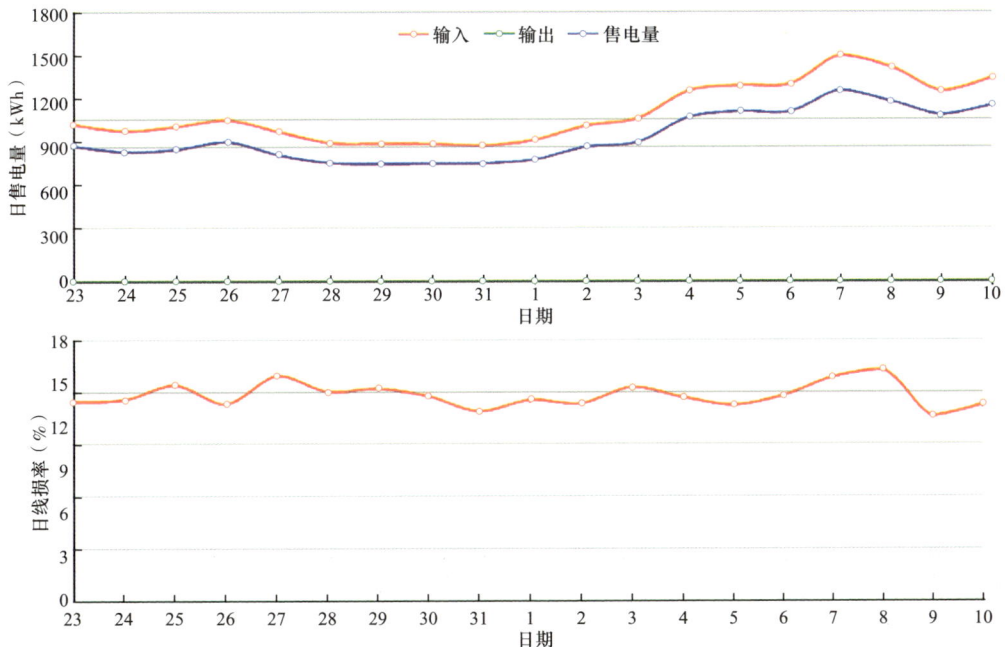

图 5-18　台区供售电量及日线损率情况

异常分析：

初步分析：该台区在同期系统中线损率在 13%~16% 间波动，但是在用采系统中该台区线损率在 4%~6% 波动，核对该台区在两个系统中供、售电量后发现异常，如：该台区 6 月 10 日同期售电量为 1176.15 kWh，用采售电量为 1290.07 kWh，用采比同期多 113.92 kWh。初步怀疑台区低压营配贯通错误或者转供关系错误。

深入分析：同期系统中用户与用采系统用户数量、名称、用户售电量核对后，均未发现错误，排除低压营配贯通问题。但同期系统中该台区售电量总计与穿透售电量之和不一致，对比营销 SG186 系统档案后发现，该台区有 123 个用户有转供关系（其中一户如图 5-19 所示），但是总表用户"26102100××"在营销 SG186 系统中已销户，需要解除这种转供关系。

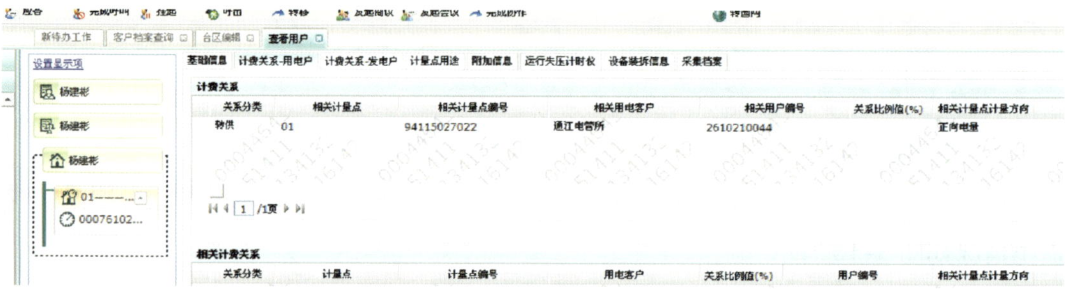

图 5-19　营销 SG186 系统转供用户档案

6 月 20 日转供关系解除后，该台区在同期线损系统中线损数据与用采系统数据一致，线损率为 6.86%，线损合格。

分析心得：随着同期线损系统的进一步应用，对营销 SG186 系统档案的规范性要求越来越严格，部分不影响收费的档案问题，也需要按实修改。

六、异常类型：台区用户档案挂接错误

（1）**典型台区**：电网_10kV 康庙线烂田村狮子社公用变压器。

基本情况：该台区近期同期月线损率及供售电量情况见表 5-2。

表 5-2　　　　　　　　　　　2019 年 2 月线损完成情况

时间	输入电量（kWh）	输出电量（kWh）	售电量（kWh）	损失电量（kWh）	线损率（%）
2019 年 2 月	6763.20	0.00	3629.85	3133.35	46.33

异常分析：

初步分析： 该台区为 2019 年 1 月 21 日新上台区，用户全部由烂田村新华社 01 号公用变压器改接，且该台区同期线损管理系统中线损率与采集系统线损率不一致（见图 5-20），采集线损合格，但同期线损不合格，同时同期档案数与采集档案数不一致，初步分析台区台户关系可能挂接错误。

首页	我的桌面	用户数据查询	台区线损监控			
节点名称：	国网简阳市供电公司	开始日期：	2019年2月1日	结束日期：	2019年3月1日	
损耗率(%)>：		损耗率(%)<=：		台区名称：		
台区编码：	6890362806	组合台区：	⦿全部 ○组合 ○非组合	城市/农村标志：	全部	
关口户号：		终端地址：		采集点名称：		
营配贯通标志：	全部	覆盖率(%)>：		覆盖率(%)<=：		

日线损率统计	日累计线损率	月累计线损率	季度累计线损率	年累计线损率			
台区名称	台区编码	供电量(kWh)	售电量(kWh)	损耗电量(kWh)	损耗率(%)	损耗指标	合格标志
10KV康唐线烂田村狮子	6890362806	6964.8000	6697.5200	267.2800	3.84	0~10	合格

图 5-20 烂田村狮子社公用变压器采集系统 2 月线损率

深入分析： 现场核实，该台区营销 SG186 系统档案与现场一致。通过"同期线损管理"下的"分台区同期日线损"模块"售电量"，获得该台区 3 月 2 日用户明细，通过采集系统"高级应用"下的"线损分析"模块"台区线损分析"，获得该台区 3 月 2 日用户明细，通过比对分析，发现用户号"571×××181""571×××146""571×××153"GIS 系统未挂接到烂田村狮子社公用变压器；用户"571×××172""571×××169"GIS 系统未挂接到烂田村新华社 01 号公用变压器。因此，可判断该台区用户档案挂接错误。对 GIS 档案进行调整后，该台区和烂田村新华社 01 号公用变压器线损率均合格。

分析心得： 根据国家电网有限公司对台区相关管理要求，营销模型与营配模型需与现场一致，可通过营销台户关系与营配关系的比对发现可能存在的档案错误，特别对台区改接，新增变压器的情况，要着重检查档案的准确性和真实性，避免存在跨台区现象。

（2）典型台区：电网_10kV 中革 I 回线棉织社公用变压器。

基本情况： 电网_10kV 中革 I 回线 992 棉织社公用变压器台区，4、5 月连续高损，用户用电采集系统查询该台区线损情况，4 月线损率为 11.56%，5 月线损率为 10.75%，与同期线损系统基本一致，如图 5-21 和图 5-22 所示。

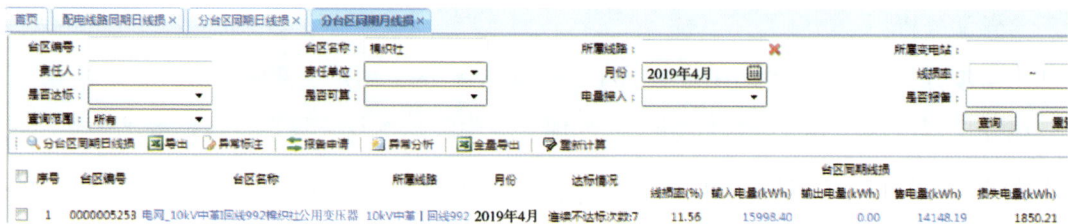

图 5-21　同期线损系统截图——4 月数据

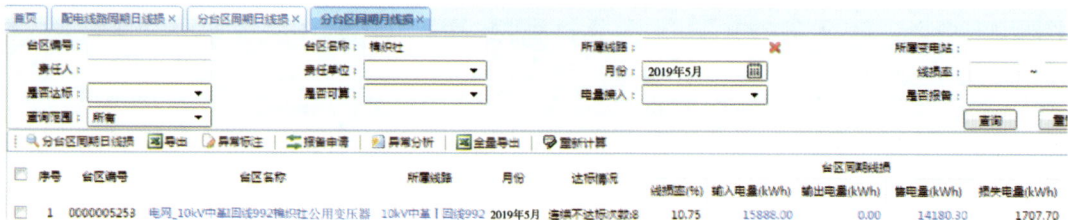

图 5-22　同期线损系统截图——5 月数据

异常分析：

初步分析：因电网 _10kV 中革 I 回线 992 棉织社公用变压器台区月线损、日线损连续高损，对该台区的计量 TA、计量表计和采集集中器进行了检查，未发现异常。核查营销 SG186 系统电网 _10kV 中革 I 回线 992 棉织社公用变压器台区用户基础台账，与用户用电采集系统、GIS 系统均一致，三个系统用户基础台账一致。因此，初步判断存在低压用户偷窃电或低压用户挂接错误问题。

深入分析：在用户用电采集系统对比该台区近几日低压用户电量情况，发现电量差异不大，因此对用户开展用电普查，同时清理户变关系。现场勘查并使用多功能低压台区识别仪识别出"多晶硅回迁房小区"3 个单元，全部由棉织社公用变压器台区供电，与营销 SG186 系统不一致。其中 2、3 单元采用电缆接线，1 单元采用的是明线接线。

当初在营销 SG186 系统建档时，误将 1 单元"263×××287"等 12 个低压用户全部挂接到了多晶硅回迁房台区，导致了现场和系统不一致，营配贯通数据错误，造成电网 _10kV 中革 I 回线 992 棉织社公用变压器台区高损，同时多晶硅回迁房台区负损（如图 5-23 和图 5-24 所示）。

图 5-23　电网 -10kV 中革 I 回线 992 棉织社公用变压器台区 4 月线损数据

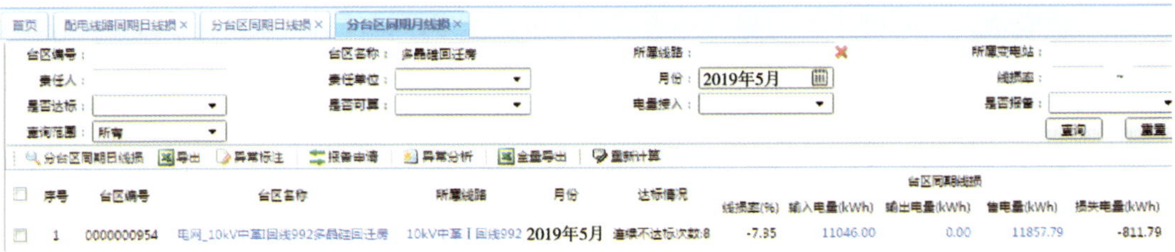

图 5-24　电网 -10kV 中革Ⅰ回线 992 棉织社公用变压器台区 5 月线损数据

调整档案后，台区线损恢复正常，如图 5-25~ 图 5-28 所示。

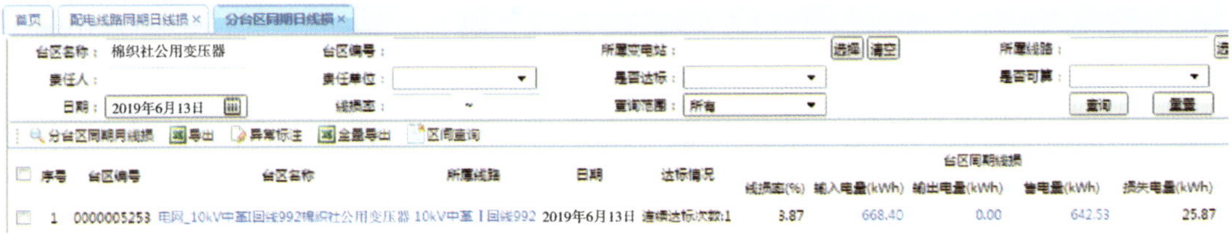

图 5-25　电网 -10kV 中革Ⅰ回线 992 棉织社公用变压器台区 -6 月 13 日线损数据

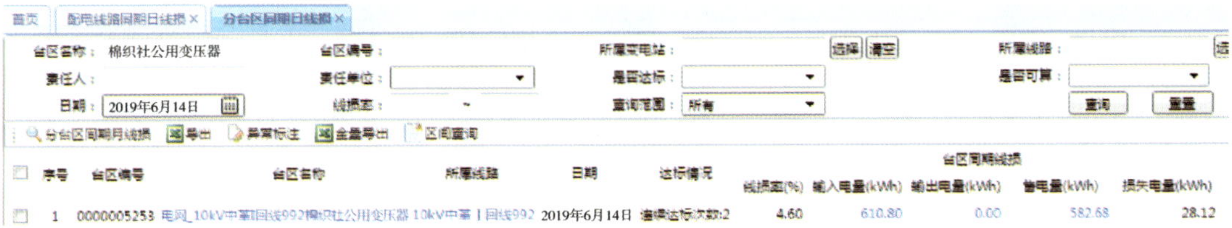

图 5-26　电网 -10kV 中革Ⅰ回线 992 棉织社公用变压器台区 -6 月 14 日线损数据

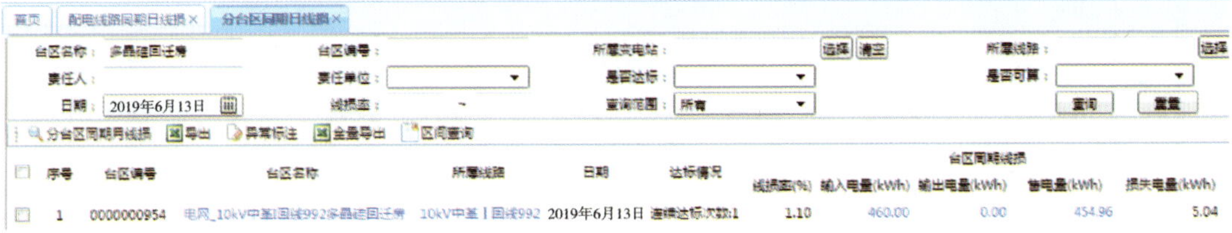

图 5-27　多晶硅回迁房台区 -6 月 13 日线损数据

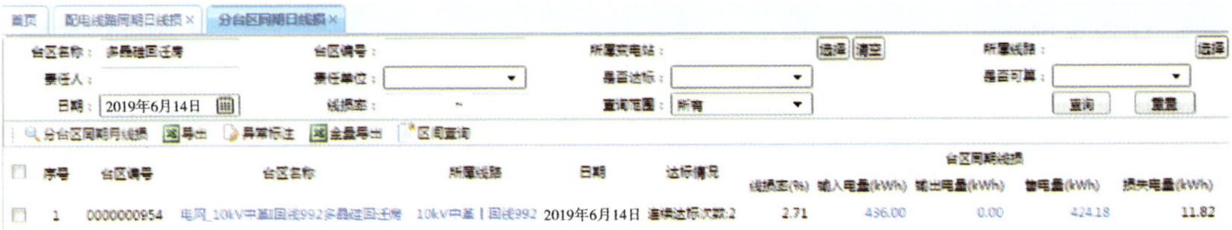

图 5-28　多晶硅回迁房台区 -6 月 14 日线损数据

分析心得：充分利用先进仪器辅助治理异常台区线损，能快速准确定位异常原因，节约了工作时间，提高了工作效率。

七、异常类型：营配贯通问题（GIS 未画表箱）

典型台区：10kV 粉街路三桥 2 组 02 号公用变压器

基本情况：该台区近期同期日线损率及供售电量情况如图 5-29 和图 5-30 所示。售电量一直为 0kWh，线损率均为 100%。

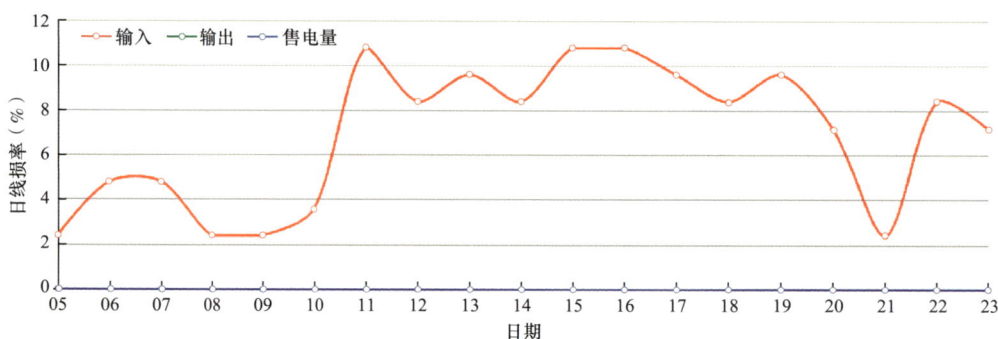

图 5-29　台区供售电量情况

图 5-30　台区售电量明细

异常分析：

初步分析：该台区供电量较少，售电量一直为 0kWh。但台区下无用户，供电量日间负荷并不一致，并不像空载引起的高损，初步怀疑营配贯通异常导致低压用户不贯通，售电量未计入。

深入分析：查询营销 SG186 系统和用电信息采集系统，该台区可以正常计算线损，在电网 GIS 系统、同期线损管理系统的"台区档案管理"中查看拓扑（见图 5-31）、

GIS 系统（见图 5-32），发现该变压器下方并无表箱挂接。

图 5-31　台区拓扑图

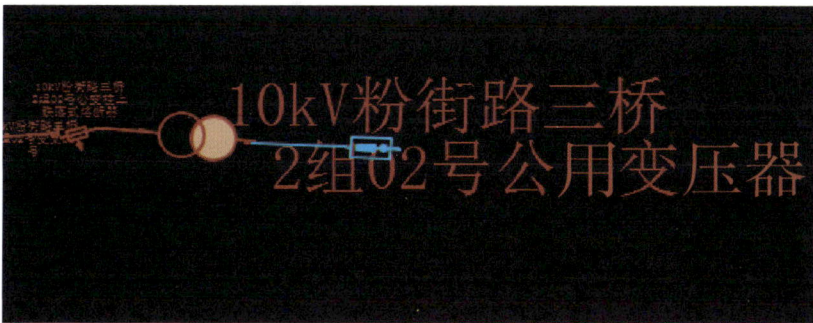

图 5-32　GIS 系统图形

通知相关人员进行整改，整改后拓扑图中表箱正常（见图 5-33），售电量也恢复正常，如图 5-34 所示。

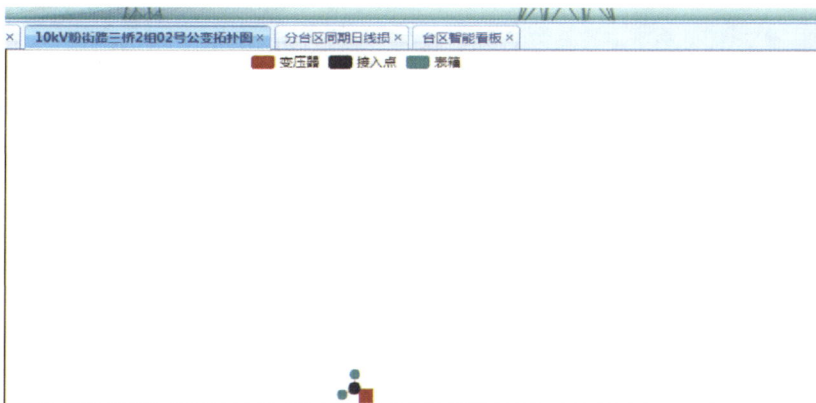

图 5-33　整改后台区拓扑图

| 统计周期：日 | ▼ | 日期：2019年4月27日 |
| | | 查询　重置 |

| 线损分析 | 电量明细 | 异常明细 | 档案异常 |

输入输出电量明细（kWh）

序号	计量点名称	倍率	正向上表底	正向下表底	正向电量(kWh)	反向上表底	反向下表底	反向电量(kWh)	接线方式	输入输出
1	10kV粉街脑三桥2组02号公...	120	4.87	4.98	13.2	0	0	0	三相四线	输入

售电量明细（kWh）

📄 导出

资产编号	倍率	上表底	下表底	本期电量	上期电量	售电量占比(%)	环比(%)	接线方式	所属台区	
51300010000...	1	3.43	3.43	0.00	0.00	0.00		三相四线	10kV粉街脑三桥2组...	12088
51300010000...	1	3583.03	3594.89	11.86	9.65	89.85	22.90	三相四线	10kV粉街脑三桥2组...	12088

图 5-34　整改后台区售电量

分析心得：分析供电量、售电量实测数据，判断出应为营配贯通导致的线损异常。营配贯通是导致台区无售电量的主要原因，应首先查看营销 SG186 系统中台区所属变压器信息，再看电网 GIS 系统图形绘制情况和 PMS 系统、计算数据间的逻辑关系（计算供电量为系统根据上下表底，及档案倍率计算得出，实测运行数据为互感器根据实际电流、电压测量得出，正常情况下上述两个数据应相等），充分利用现有系统数据资源，快速定位异常原因，提升异常分析效率。

八、异常类型：营销 SG186 系统中表箱条形码重复使用

典型台区：罗解五队 1 号。

基本情况：该台区近期同期月线损率及供售电量情况见表 5-3。

表 5-3　　　　　　　2018 年 1 月～2019 年 2 月月线损完成情况

时间	输入电量（kWh）	输出电量（kWh）	售电量（kWh）	损失电量（kWh）	线损率（%）
2018 年 1 月	428.12	0	400.16	27.96	6.53
2018 年 2 月	432.5	0	371.88	60.62	14.02
2018 年 3 月	367.5	0	307.61	59.89	16.3
2018 年 4 月	313.5	0	284.91	28.59	9.12
2018 年 5 月	343	0	312.12	30.88	9
2018 年 6 月	370	0	337.55	32.45	8.77
2018 年 7 月	483	0	452.09	30.91	6.4

时间	输入电量 （kWh）	输出电量 （kWh）	售电量 （kWh）	损失电量 （kWh）	线损率 （%）
2018 年 8 月	483.5	0	452.29	31.21	6.46
2018 年 9 月	374.5	0	343.95	30.55	8.16
2018 年 10 月	393.5	0	313.97	79.53	20.21
2018 年 11 月	286	0	254.77	31.23	10.92
2018 年 12 月	330.5	0	290.49	40.01	12.11
2019 年 1 月	384.5	0	352.15	32.35	8.41
2019 年 2 月	441	0	383.56	57.44	13.02

异常分析：

初步分析： 从该台区一年来同期月线损率的变化情况来看，2018 年 1 月~2019 年 2 月期间，个别月份线损率较高，但台区线损总体较为稳定。经档案对比发现，同期线损管理系统中该台区下有用户 27 户（见图 5-35），但营销 SG186 系统中则为 31 户（因营销 SG186 系统台区用户数据包含考核表，因此较同期系统多三户），且用采系统中该台区线损率合格，因此初步判断台区线损不合格原因为营配贯通用户档案缺失。

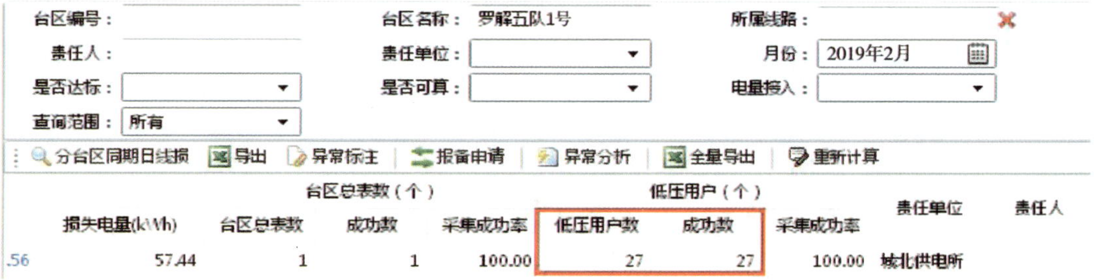

图 5-35 同期线损系统中用户数量

深入分析： 首先通过对比，筛选出两个系统的差异用户。以其中一名用户为例，通过【档案管理】-【低压用户管理】模块查询，将同期系统与营销 SG186 系统下用户档案进行对比，发现两个系统间差异用户在同期系统中归属于六合寨三队 1 号台区，营销 SG186 系统中该用户所属台区为罗解五队 1 号台区，营销 SG186 系统的台户关系与营配贯通结果不一致，造成两个系统同一台区线损率差异。另外两户缺失用户情况一致，不再赘述。重新维护档案后，台区线损率已恢复到 7% 左右的水平。

分析心得： 根据同期系统、营销 SG186 系统数据对比，能够快速且准确地分析出台区下缺失或多余用户。通过明细深入查询导致两方系统数据差异的原因，结合台区线损率，可初步判断营销 SG186 系统台户、营配贯通变—箱—表—户关系的正确性，既能使业务人员熟练掌握各个系统，也可以有效提升台区线损治理效率。

九、异常类型：营销 SG186 系统台区对应变压器为专用变压器

典型台区： 10kV 塔城三线信用社小区 01 号户表公用变压器

基本情况： 17 日后售电量突然为 0kWh，线损率为 100%，供售电量及线损率如图 5-36 和图 5-37 所示。

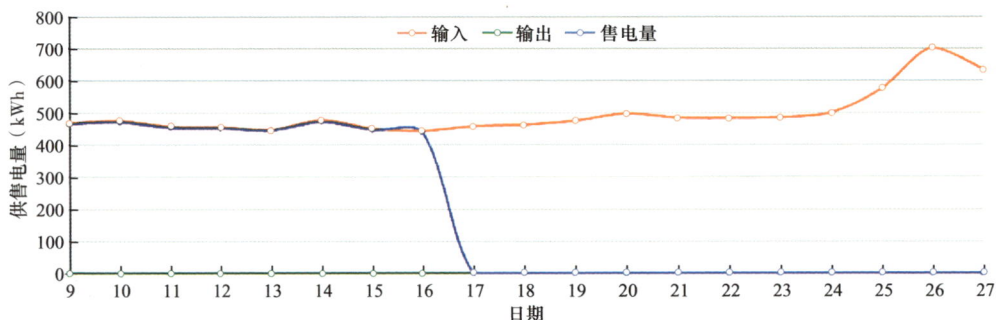

图 5-36 台区供售电量

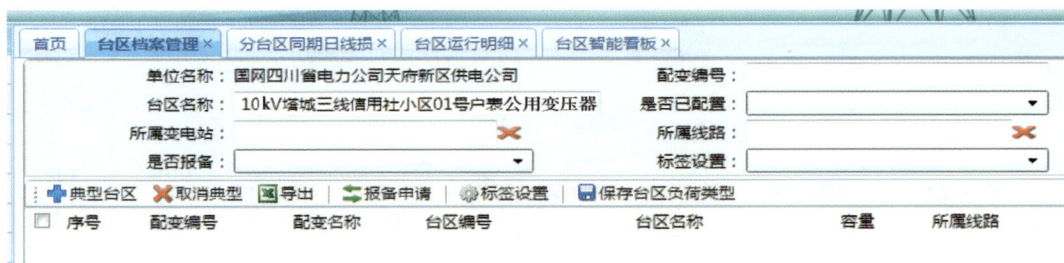

图 5-37 台区档案查询

异常分析： 分台区同期日线损查询该台区日线损情况，但台区档案管理无该台区，怀疑营销 SG186 系统中变压器档案不正确。

初步分析： 从该台区名称可初步判断该台区应为公用变压器台区。在档案管理 - 变压器档案管理中，搜索 "塔城三线信用社小区"，公专变中分别选公用变压器和专用变压器，发现该变压器为专用变压器，如图 5-38 所示。

图 5-38　变压器档案查询

深入分析：到营销 SG186 系统中查到该台区"公用专用标志"，确为"专用"（见图 5-39）。通知相关人员整改后，该台区线损恢复正常，如图 5-40 所示。

图 5-39　变压器使用性质查询

图 5-40　整改后台区线损

分析心得：同期系统台区档案管理模块要能查询出台区信息需满足台区有台区变压器关系；台区关口管理要能查出数据需满足台区有台区变压器关系，台区对应的变压器资产性质不是用户资产，台区对应的变压器有所属线路等三个条件；分台区同期日线损有台区线损代表台区有模型，但查不到台区档案可能原因有台区变压器关系缺失和台区已停运。如果出现本例这种情况，应查验线—变—台关系正确性，以及变压器状态、性质等指标是否正确。

第二节　采集因素

采集异常是导致台区高损的一类常见问题，主要分为时钟超差、采集通道异常、集中器异常三类情况。提升采集质量是台区线损管理的必然要求，也是建设泛在电力物联网的基础工作。因此，加强对采集数据质量的监测，及时处理异常数据，是台区线损治理的重要工作内容，也是提升台区线损指标的重要基础。

一、异常类型：载波模块损坏

典型台区：电网_罗山村3组台区变压器。

基本情况：该台区近期同期供售电量、日线损率如图5-41所示。

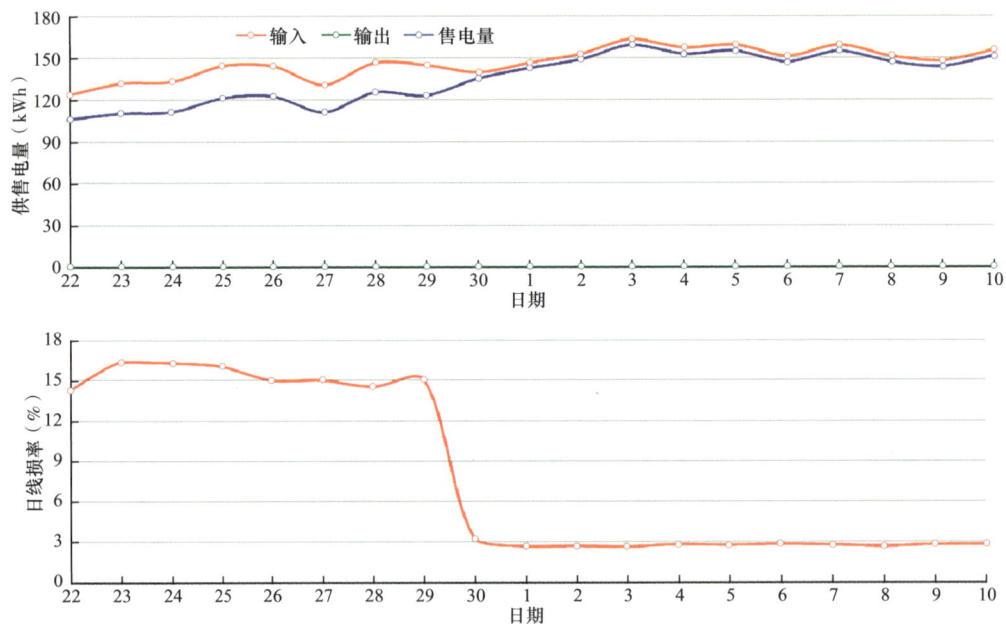

图5-41　台区供售电量及线损率情况

异常分析：

初步分析：该台区有14户长期采集失败，低压采集成功率一直为75.86%，初步怀疑采集终端问题。

深入分析：经核实，台区档案正确，营配贯通正确，现场接线正确，线路通道无异常。排除档案、接线因素后，重点检查表计载波模块。供电所于4月29日更换低压户表及集中器的载波模块，日线损波形平稳，在2.92%左右。

分析心得：对于长期采集失败的用户，重点排查采集问题。此外，对于各类物资，应根据更换频次和重要性等因素，结合实际情况，提前做好物资和项目储备。

二、异常类型：采集系统端口设置错误

典型台区：石马8社公用变压器台区。

基本情况：该台区近期同期日线损率见表5-4。

表5-4　　　　　　　　　台区近期同期日线损率

时间	输入电量 （kWh）	输出电量 （kWh）	售电量 （kWh）	损失电量 （kWh）	线损率 （%）
3月1日	566.4	—	505.92	60.48	10.7
3月2日	804.8	—	734.89	69.91	8.7
3月3日	796.9	—	729.79	67.01	8.4
3月4日	787.2	—	714.25	72.95	9.3
3月5日	535.2	—	481.48	53.72	10
3月6日	787.2	—	701.92	85.28	10.83
3月7日	645.6	—	567.63	77.97	12.08
3月8日	580.8	—	428.05	152.75	26.3
3月9日	1023.2	—	419	604.2	59.05
3月10日	820	—	447.75	372.25	45.4
3月11日	848.8	—	403.57	445.23	52.45

异常分析：

初步分析：该台区3月1~7日线损率一直稳定在8%~12%之间，但自3月8日起，台区线损率突升至26%以上。观察8日后电量变化情况，售电量基本保持稳定（见图5-42），但与前期比较下降较多，供电量总体水平与前期一致，因此台区是否存在偷漏电问题是检查的重点。

深入分析：经现场核查，台区总表计量正确，档案和采集系统挂接正确。对0kWh电量用户进行分析和现场走访时发现："450×××907"用户，自3月8日起，采集电

量为 0 kWh，电量为 0kWh 时间与台区线损异常时间相吻合，同时现场核实用户生产正常。

基础档案			电量分析				
		序号	日期	表号	电量	环比	信差	上表底	下表底

基础档案	电量分析

序号	日期	表号	电量	环比	信差	上表底	下表底
1	2018年3月1日	8000002063021932	25.28	1.81	1.0	23175.71	23200
2	2018年3月2日	8000002063021932	20.15	-20.29	1.0	23200.99	23221
3	2018年3月3日	8000002063021932	29.35	45.66	1.0	23221.14	23250
4	2018年3月4日	8000002063021932	21.58	-26.47	1.0	23250.49	23272
5	2018年3月5日	8000002063021932	25.00	15.85	1.0	23272.07	23297
6	2018年3月6日	8000002063021932	33.04	32.16	1.0	23297.07	23330
7	2018年3月7日	8000002063021932	31.64	-4.24	1.0	23330.11	23361
8	2018年3月8日	8000002063021932	0.00	-100.00		23361.75	0
9	2018年3月9日	8000002063021932	0.00		1.0	0.10	0
10	2018年3月10日	8000002063021932	0.00		1.0	0.10	0
11	2018年3月11日	8000002063021932	0.00		1.0	0.10	0
	2018年3月12日	8000002063021932	0.00			0.10	

用户编号：450****907
用户名称：　子均邓公液酒业有限公司
管理单位：弗琪值供电所

计量档案
计量点编号：8150000936
计量点名称：1111111138607
所属台区：石马8社公变
表号：8000002063021932
信差：1
出厂编号：000006761153
资产编号：5130001000000067611531

图 5-42　用户近期电量查询

随即检查该户采集档案，发现用户采集档案端口号设置错误，造成采集失败，导致高损。

将用户端口号设置正确后，对用户电表重新召测，电表数据能够正常采集，同时，该台区线损率降至 6%~8%，线损基本正常。

分析心得：对于台区线损突变的情况，要重点观察供售电量的变化情况，从中发现异常，以确定排查重点。同时，要加强对用电采集系统参数设置管理，确保采集电量的准确性、真实性、及时性。集中器端口设置表明了当前所用的通信端口类型，如 RS485 等，若端口类型设置错误，将造成通信中断，导致采集失败。

三、异常类型：软件版本低

典型台区：新城国际 E 区 2 号箱式变压器。

基本情况：该台区近期同期供售电量、日线损率如图 5-43 所示。

异常分析：

初步分析：该台区的台区线损波形不稳定，呈上下起伏状，但采集成功率 100%，排除由于低压户表采集失败引起的线损异常。

深入分析：经过核查，与该台区使用同一品牌集中器的多个台区也存在类似问题，初步怀疑集中器问题。于 4 月 29 日对集中器进行软件版本升级处理。自升级日起，该台区线损波形趋于平稳。

分析心得：在台区线损监控和治理过程中，要及时归纳总结现象和问题。通过将

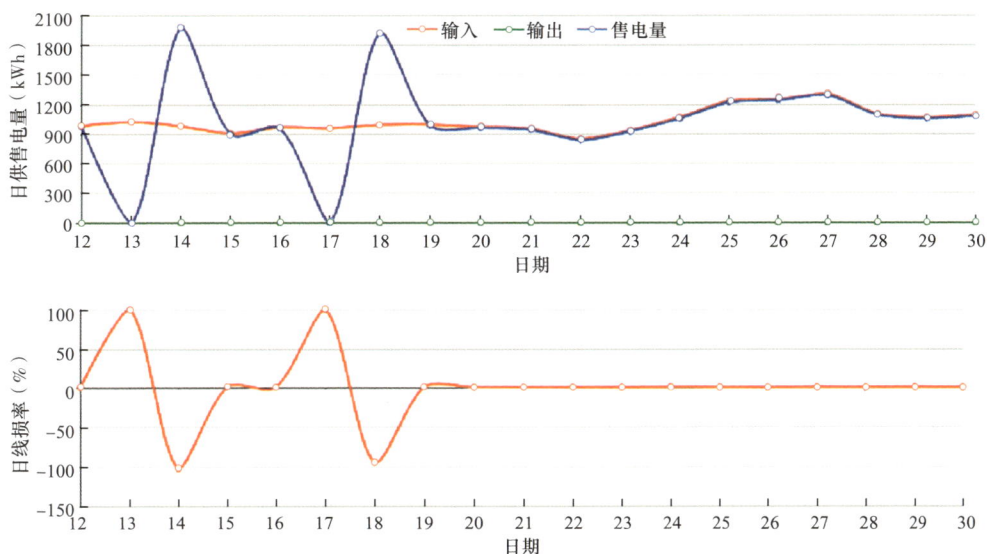

图 5-43 台区供售电量及线损率情况

出现相同问题的设备归类，总结出异常现象对应的根本问题，便于快速和提前处理同一品牌对应的常见问题。本次版本不匹配引起的线损上下波动问题，反映出线损治理与集中器版本的正确性存在紧密联系，需长期关注，如发现问题应及时进行升级处理。

第三节 计量因素

计量问题是造成台区高损的重要原因之一，主要包含台区高供高计、计量错误和计量误差三种情况。计量问题直接影响电量计算，进而影响分区、分压、分线线损率计算结果。

一、异常类型：用户表计接线错误

典型台区： 691 万洞桥 6 号台区。

基本情况： 该台区在同期系统中日线损率及供售电量情况如图 5-44 所示。

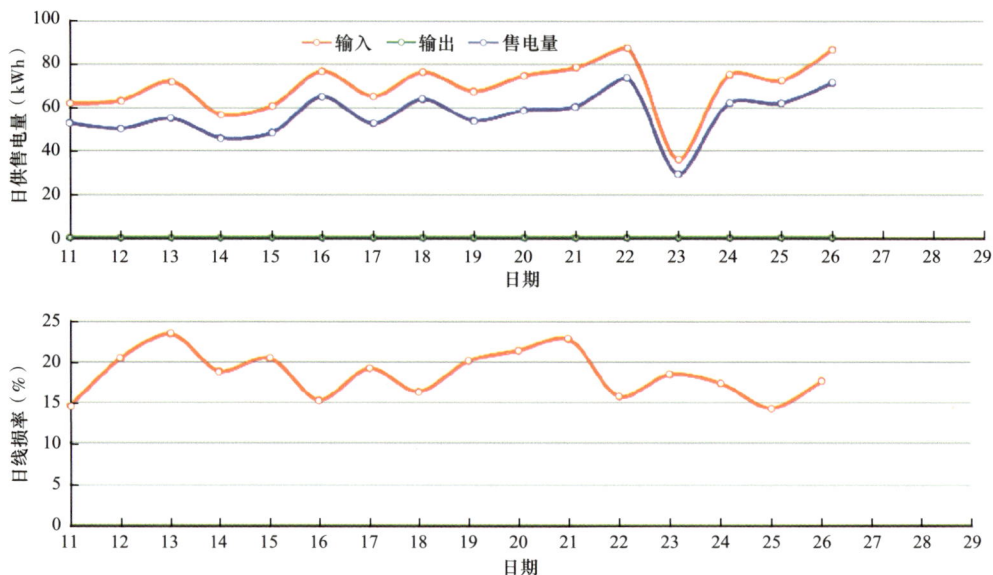

图 5-44　台区供售电量及线损率情况

异常分析：

初步分析：该台区同期日线损率持续走高，且不规则波动，因该台区为农改台区，硬件基础条件相对好，同期系统与用采系统线损率一致（见图 5-45 和图 5-46），初步怀疑台区用户未正确分割造成高损。

图 5-45　同期系统线损率

图 5-46　用采系统线损率

深入分析：经现场核实，此台区现场实际用户与采集系统、同期系统中用户档案一致，并全部正确贯通，采集成功率 100%，初步分析不存在档案和采集问题。

在继续观察的过程中，发现该农网改造台区竹树障碍等也已清理完全，但农改后此台区一直未合格。在排除营配贯通档案、总表表计及互感器异常后，线损治理人员将治理方向转向用户用电表计接线（含偷漏电）核查，结合现场实际在用电，但同期系统中日电量为 0 kWh 或电量较小的用户开展排查，一共发现了 6 块表计接线错误（中性线和相线接反），接线情况如图 5-47 所示。

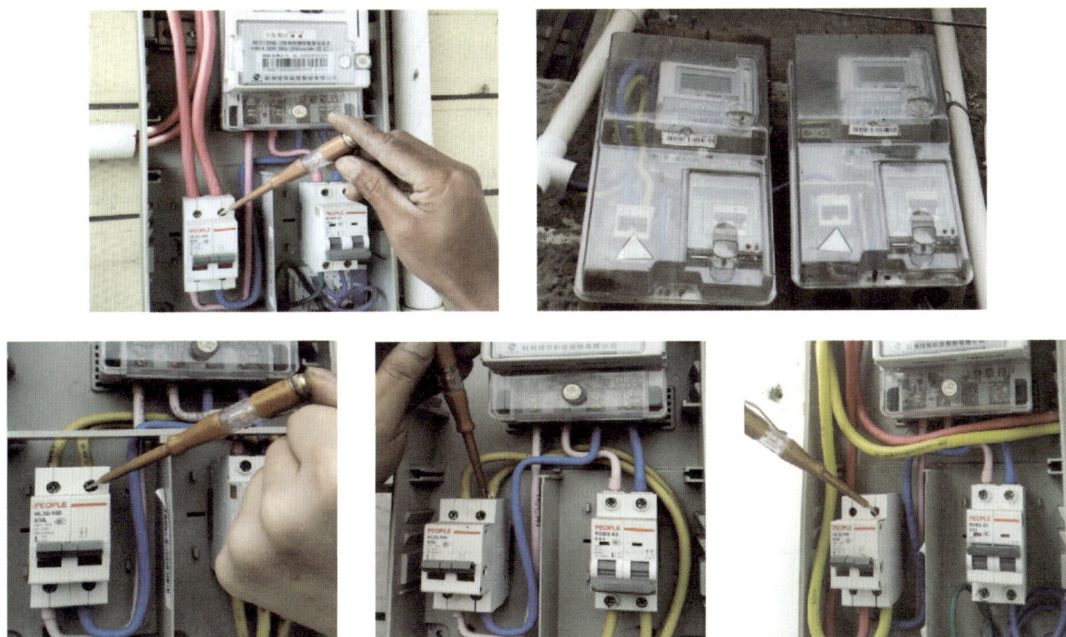

图 5-47　用户接线错误

此 6 户表计在同期线损管理系统中的日用电量明细如图 5-48 所示。

用户编号	用户名称	计量点编号	计量点名称	所属台区	用电地址	日期	正向电量(kWh)	反向电量(kWh)
**09018791	*均辉	*83100008600	*18291442220306	691万洞桥6号台区	新学乡合众村3组	2018年12月21日	*0.0	*0.0
**09018792	*玉	*83100171500	*130423032129878	691万洞桥6号台区	新学5-3	2018年12月21日	*1.28	*0.0
**09018798	*润明	*83100077497	*73274477606875	691万洞桥6号台区	新学1-4	2018年12月21日	*1.51	*0.0
**09018799	*正彬	*83100182794	*46305798239547	691万洞桥6号台区	新学1-4	2018年12月21日	*0.0	*0.0
**09018945	*代忠	*83100027825	*61068073795477	691万洞桥6号台区	新学5-1	2018年12月21日	*0.0	*0.0
**09020343	*世建	*83100023772	*14463460843268	691万洞桥6号台区	新学3村	2018年12月21日	*1.64	*0.0

图 5-48　异常用户售电量明细

对接线错误用户修正接线后，台区日线损率恢复到合格水平，如图 5-49 所示。

图 5-49　整改后线损率

分析心得： 对于农改后的台区，其硬件基础条件一般较好，因此理论上不应出现高损。因此，对于此类高损台区，应重点对运行环境、设备接线、营配贯通关系等进行排查，逐一缩小排查范围，提高异常处理效率。

二、异常类型：TA 变比配置不合理

典型台区： 月山乡青杠村 5 号公用变压器。

基本情况： 该台区近期同期供售电量、日线损率如图 5-50 所示。

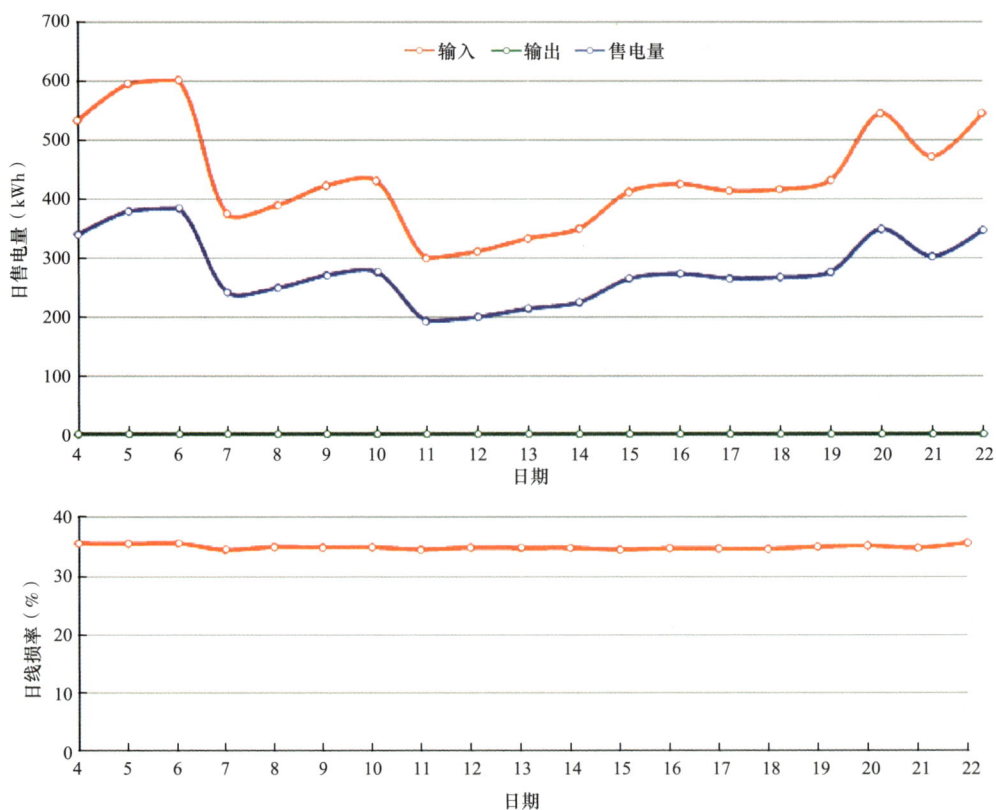

图 5-50　台区供售电量及线损率情况

异常分析：

初步分析： 该台区线损率一直稳定在 35% 左右，供售电量变化趋势一致，因此，初步判断总表倍率问题或线路漏电（因偷电、少挂用户用电趋势不可能长期与台区供售电量趋势一致，因此，偷电、台区下用户少挂的可能性较小）。

深入分析： 经核实，台区档案正确，营配贯通正确，现场接线正确，线路通道

132

无异常。排除档案、接线因素后，可考虑是否计量误差导致。该台区变压器容量为50MVA，与其相匹配的 TA 变比应为 75/5，但台区总表 TA 变比为 150/5，在当前台区日均电量 200~400kWh 的情况下，日均一次电流仅为 12~24A，TA 负载率在 8%~16% 之间，较为轻载，可能造成测量精度降低。针对该问题，更换互感器为 100/5。更换后，台区日线损率降为 4% 左右。

分析心得： 根据相关规定，建议互感器选型时，应使其负载率大于 20%，以便于测量更加精确。当互感器负载率太低时，尤其是低于 5% 或 1%（S 级）时，由于测量误差，也可能导致线损异常。

三、异常类型：表计故障

典型台区： 电网 _ 月合山。

基本情况： 该台区近期同期供售电量、日线损率如图 5-51 所示。

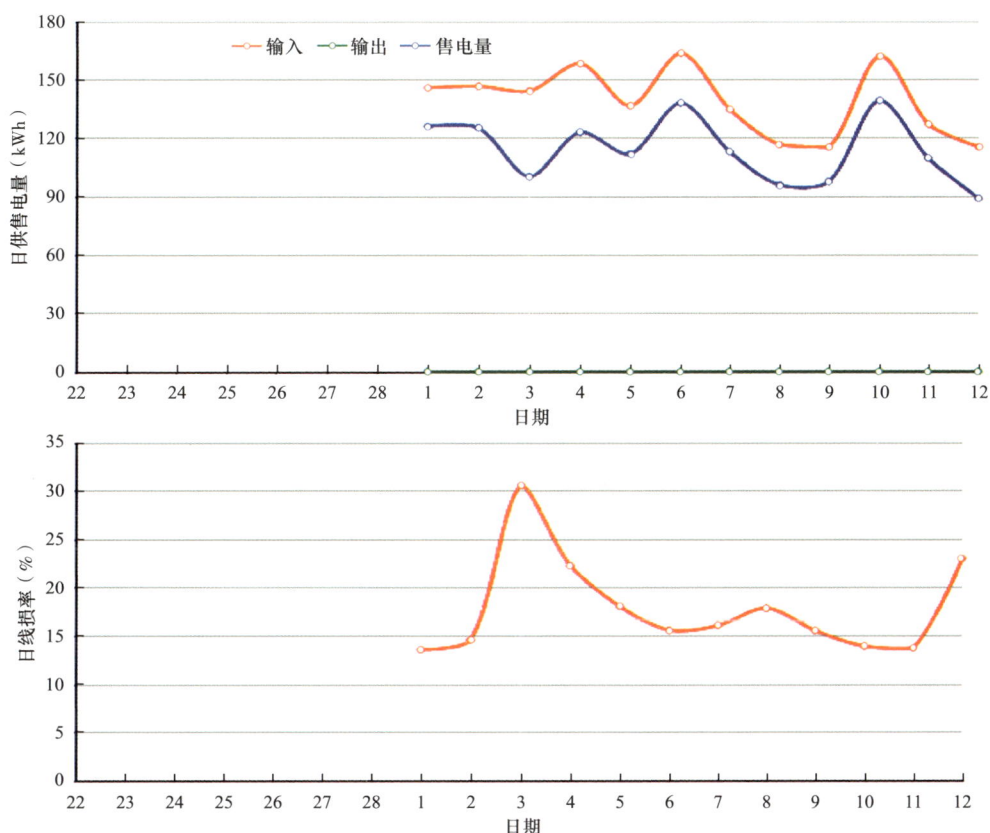

图 5-51 台区供售电量及线损率情况

异常分析：

初步分析：台区供售电量变化趋势基本一致（3 月 3 日因 7 户采集不成功，造成供售电量变化趋势相背离），可大致判断台户关系基本正常，核查重点在营配贯通低压用户漏挂或偷漏电上。

深入分析：核对用电信息采集系统台户关系与同期线损管理系统箱表户关系，台区下用户一致，需进行现场排查。

排查中，首先调取集中器采集参数进行比对，查看互感器参铭牌核对变比和匝数，视检供电线路是否存在竹树障碍与其他漏电隐患，排查下户线是否存在窃电行为；其次一一核对电表编号和用户档案，查看表计时间和起止读数与系统档案是否一致，检查表计电压是否合格。在排查过程中重点核查 0kWh 电量用户 21 户，除检查入户线和电能表以外，并与邻近居民沟通核实是否无人居住或未使用。通过现场核查，发现 ERR04 错误电表 5 只，更换后，台区线损目前已合格。

分析心得：对于高损台区，首先可通过采集情况大致判断高损原因，并结合现场设备核查和故障设备更换，高效开展高损治理。

第四节　换表因素

换表流程不规范是造成台区线损异常的常见管理问题，台区总表和低压用户换表流程不规范均可能导致台区线损异常，规范换表流程是提升台区线损管理水平和营销业务水平的基本要求。

异常类型：台区总表换表流程不规范

典型台区：前进 9 社 2 号。

基本情况：该台区近期同期月线损率及供售电量情况如图 5-22 所示。

分台区同期日线损　导出　异常标注　报备申请　异常分析　全量导出　重新计算

序号	台区编号	台区名称	所属线路	月份	达标情况	台区同期线损			
						线损率(%)	输入电量(kW·h)	输出电量(kW·h)	售电量(kV
1	0001177246	前进9社2号	10kV永顺线	2018年12月	连续不达标次数:3	98.69	34560.00	0.00	

图 5-52　2018 年 12 月台区月线损

异常分析：

初步分析：通过对该台区 2018 年 12 月进行分析，发现该台区线损率 98.69%，台区供电量突变，初步判定为供电量异常。台区供售电量及线损率如图 5-53 所示。

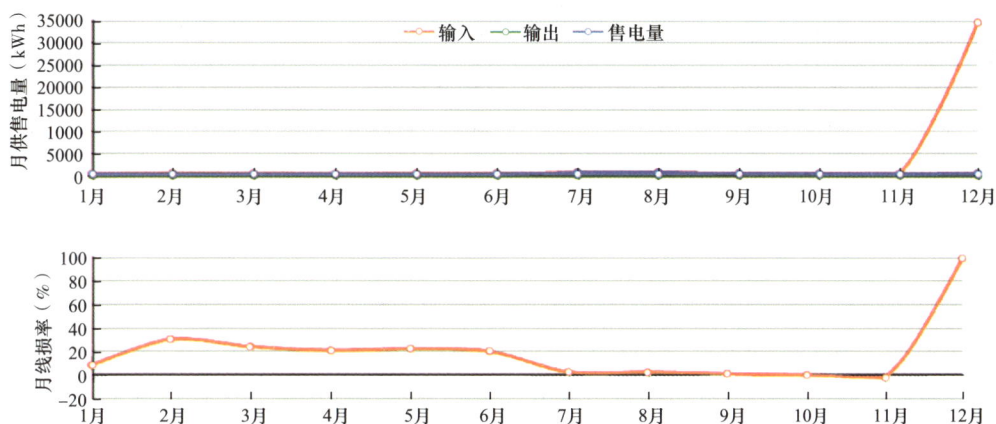

图 5-53　台区供售电量及线损率情况

深入分析：该台区供电量小，原安装的互感器变比为 600/5。由于该台区售电量小，总表因互感器变比过大，计量误差导致线损为负值，故于 2018 年 12 月 13 日将互感器拆除，按直接接入的方式计量。12 月 13 日工作人员在营销 SG186 系统中提报了换表流程（见图 5-54），但未提报互感器拆除流程，导致系统中台区总表倍率大于现场倍率（见图 5-55）。

操作	计量点编号	条形码	变更说明	出厂编号	类别	电压变比	电流变比	相别
	00024900353	30159354	拆除	30159354	电流互感器		600/5	B相
	00024900353	30159355	拆除	30159355	电流互感器		600/5	C相
	00024900353	30159353	拆除	30159353	电流互感器		600/5	A相

图 5-54　旧互感器信息

工单状态	申请编号	创建者	是否为工作流	业务类型	受理时间	完成时间
完成	201812634717	邓卫	是	计量点变更	2018年12月17日 17:18:33	2018年12月17日 17:22:24
完成	201812473924	曾纯珏	是	计量点变更	2018年12月13日 14:24:12	2018年12月13日 14:42:20
完成	201607552125	永顺-刘光辉	是	计量-投运前流程	2016年07月18日 14:24:57	2016年07月18日 14:45:44

图 5-55　流程推进信息

通过以上处理后，该台区在同期线损系统中月线损率于 2019 年 1 月恢复到 1.27%，如图 5-56 所示。

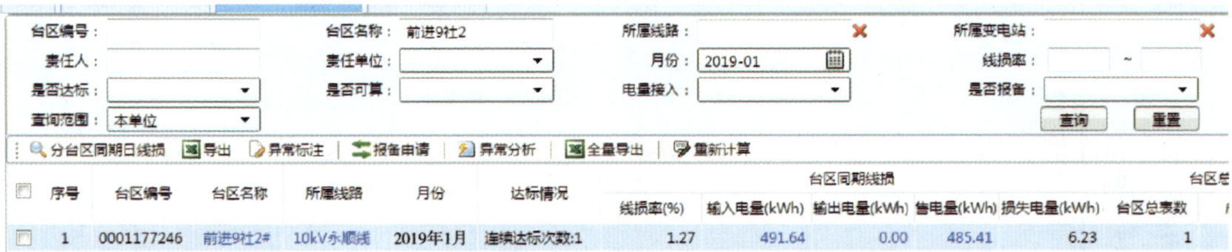

图 5-56　整改后线损率

分析心得： 本次换表流程不规范引起的供电量突变，反映出了业务规范化不足，现场与系统一致率的问题存在盲区。现场人员加强业务规范管理，认真填写装拆工作票，业务人员严格按照装拆时间进行换装，确保线损指标的提升工作顺得进行。

第五节　技术损耗

低电压、功率因数低、线径小、供电半径大、三相不平衡、设备老旧、台区重载均可能导致技术损耗过高，造成台区高损。技术损耗问题一般需要实施相应项目进行解决。

一、异常类型：低电压

典型台区： 永和村公用变压器。

基本情况： 该台区近期同期日线损率如图 5-57 所示。

异常分析：

初步分析： 该台区公用变压器于 2004 年 2 月投入运行，型号是 S9-200kVA，用户数共 63 户（单相 58 户，三相 5 户）。台区低电压线路全长 2359m（380V 线路 638m，220V 线路 1721m），最短供电半径 423m，最长供电半径 1022m，末端电压 176V 左右。初步判断低电压问题造成技术线损高。

深入分析： 考虑到永和村公用变压器用户容量小、供电半径大、线径较小的实际情况，改造的重点为：①新增加一台公用变压器缩短供电半径，优化低压供电网架结

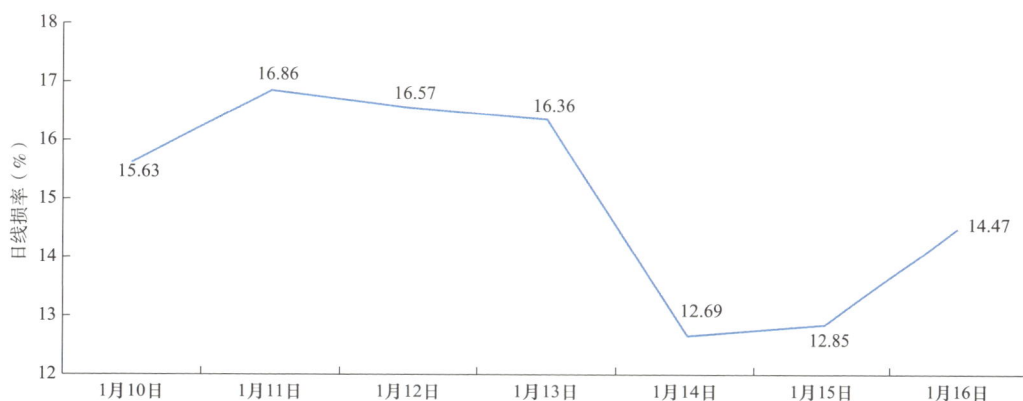

图 5-57 台区近期线损率情况

构；②根据台区用电负荷及增长趋势改造低电压线路；③根据目前用户用电性质及规律调整三相负荷。

经过对供电线路优化后，永和村公用变压器线损下降显著，见表5-5。

表 5-5 　　　　　　　　　　永和村公用变压器改造前后线损率

改造前		改造后	
日期	线损率（%）	日期	线损率（%）
1月10日	15.63	8月16日	6.5
1月11日	16.86	8月17日	7.8
1月12日	16.57	8月18日	6.37
1月13日	16.36	8月19日	6.51
1月14日	12.69	8月20日	6.8
1月15日	12.85	8月21日	5.55
1月16日	14.47	8月22日	5.89

分析心得：通过对台区进行改造，线损率由原平均14.77%下降到6.54%，下降8.23%，每月可减小线损电量3921.81kWh，节能购电成本约1118.89元。

二、异常类型：线径小

典型台区：川山洞村河坝（新河坝9组）。

137

基本情况： 该台区近期同期供售电量、月线损率如图 5-58 所示。

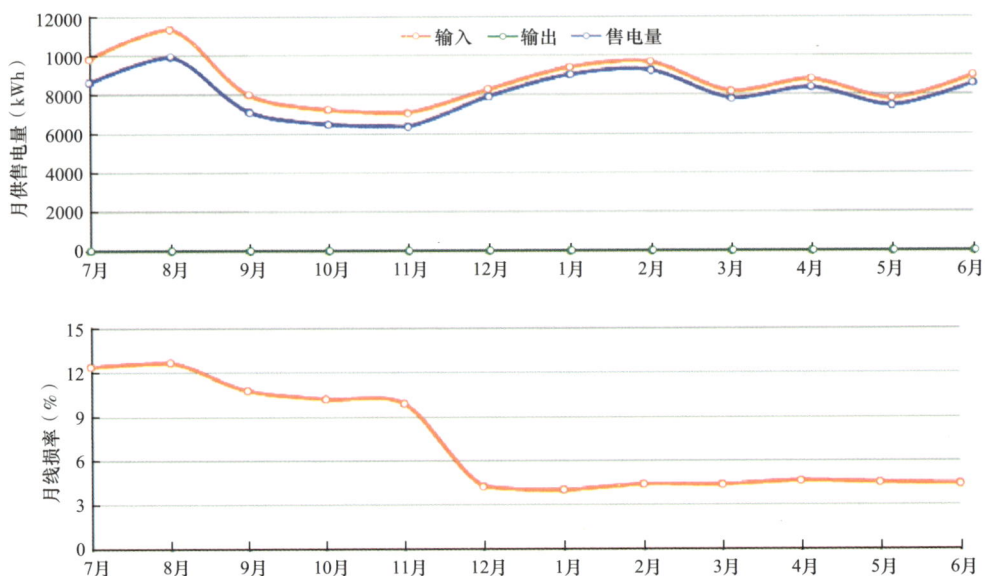

图 5-58 台区供售电量及线损率情况

异常分析：

初步分析： 10kV 竹胜线川山洞村河坝（新河坝 9 组）台区变压器处于农村地区，用户较分散，2018 年 6~11 月线损率较平稳且均高于 10%，属于高损台区。该台区有总表一只，低压用户 116 户，采集成功率为 100%。进一步核实总表倍率及户变关系基础台账均正确，且该台区下用户电量无明显异常，基本判断为该台区线损高主要由于线路线径小、三相负荷不平衡等技术原因造成。

深入分析： 2018 年 11 月 27~28 日通过项目对 10kV 竹胜线川山洞村河坝（新河坝 9 组）台区变压器低电压线路进行了升级改造，供电线型从原来的 LGJ-25 线更换为 LGJ-50，低压用户供电方式从原来的单相供电更换为三相四线供电。改造后，台区线损率在 4% 左右，线损下降非常明显，见表 5-6。

表 5-6 改造后台区线损情况

改造前		改造后	
日期	线损率（%）	日期	线损率（%）
2018 年 7 月	12.32	2019 年 12 月	4.19

改造前		改造后	
日期	线损率（%）	日期	线损率（%）
2018 年 8 月	12.60	2019 年 1 月	3.94
2018 年 9 月	10.73	2019 年 2 月	4.33
2018 年 10 月	10.16	2019 年 3 月	4.31
2018 年 11 月	9.86	2019 年 4 月	4.57

分析心得：对于线损率相对稳定的高损台区，在排除档案、计量和采集问题的基础上，应对台区设备进行重点检查，需更换的设备应及时更换。此外，应加强对台区巡视，及时储备项目。

三、异常类型：供电半径大

（1）典型台区：10kV 周天线青龙村 6 组台区变压器。

基本情况：10kV 周天线青龙村 6 组台区变压器日供电量大约为 1800kWh，日售电量大约为 1550kWh，线损率基本为 13% 左右，属于高损台区。该台区负荷改接前日线损率见表 5-7。

表 5-7　　　　　10kV 周天线青龙村 6 组台区变压器改造后台区线损情况

日期	供电量	售电量	线损率（%）
2019 年 6 月 1 日	1735.20	1500.01	13.55
2019 年 6 月 2 日	1852.20	1614.46	12.84
2019 年 6 月 3 日	1735.20	1517.24	12.56
2019 年 6 月 4 日	1862.40	1612.46	13.42

异常分析：

初步分析：台区有总表一只，低压用户 148 户，采集成功率均为 100%，进一步核实总表倍率及户变关系基础台账均正确，且该台区下用户电量无明显异常，排除因基础档案问题造成该台区线损高。

深入分析：10kV 周天线青龙村 6 组台区变压器处于农村地区，低压用户数 148 户，用户较分散，大部分用户较电源点较远，供电半径大是造成该台区线损较高的主要因素。6月5日将10kV周天线青龙村6组台区变压器距离电源点较远的26户低压用户负荷改接至10kV周天线青龙村3组台区变压器，并将两个台变档案进行更新，6月15日监控10kV周天线青龙村6组台区变压器线损率降至6.96%（见表5-8），降损效果明显。

表5-8 改造后台区线损情况

10kV 周天线青龙村 6 组台区变压器		10kV 周天线青龙村 3 组台区变压器	
负荷切割前后			
日期	线损率（%）	日期	线损率（%）
2019 年 6 月 13 日	7.23	2019 年 6 月 13 日	6.18
2019 年 6 月 14 日	8.21	2019 年 6 月 14 日	6.74
2019 年 6 月 15 日	6.96	2019 年 6 月 15 日	6.54
2019 年 6 月 16 日	7.12	2019 年 6 月 16 日	6.07

分析心得：农村地区台区变压器普遍存在用户分散，距低电压等问题，低电压线路较长造成台区线损，在排除基础档案及偷漏电因素外，可考虑通过负荷切割、多布电源点等方式降低台区线损。

（2）典型台区：水口 2、3 社 01 号公用变压器台区

基本情况：该台区近期同期日线损率及供售电量情况见表5-9。

表5-9 台区日线损率变化情况

时间	供电量（kWh）	售电量（kWh）	损耗电量（kWh）	损耗率（%）	成功率（%）
1 月 1 日	597.6000	493.8600	103.7400	17.400	96.581
1 月 2 日	637.8000	529.0400	108.7600	17.100	99.145
1 月 3 日	690.6000	565.9800	124.6200	18.000	99.145
1 月 4 日	707.1000	539.0600	168.0400	23.800	94.872
1 月 5 日	635.7000	486.9500	148.7500	23.400	94.872
1 月 6 日	704.4000	553.4900	150.9100	21.400	95.726
1 月 7 日	677.4000	536.5000	140.9000	20.800	95.726

异常分析：

初步分析：从该台区同期日线损率的变化情况看，台区线损率呈现不规则的波动，

结合该台区供电户数 116 户，户均容量 0.69kVA，供电半径达 1.14km 的实际情况，初步判断供电半径大造成技术线损高。

深入分析： 针对该台区网架较为薄弱、电源布局不合理、供电半径过长、用户多的实际情况，制定了增加配电变压器，改接用户，缩短供电半径的改造方案。改造后新增 S9-M-50kVA 配电变压器一台，划拨 36 户至新台区，本台区供电户数 80 户，户均容量 1kVA，供电半径减小至 460m。

1 月 31 日完成该台区供电线路半径整改，降损效果显著，日均线损率由调整前的 17% 左右降至 6% 左右，见表 5-10。

表 5-10　　　　　　　　　改造后台区线损率统计表

时间	供电量（kWh）	售电量（kWh）	损耗电量（kWh）	损耗率（%）	成功率（%）
2 月 27 日	297.6000	278.4200	19.1800	6.400	98.765
2 月 28 日	305.7000	287.9200	17.7800	5.800	98.765
3 月 1 日	278.7000	253.8200	24.8800	8.900	93.827
3 月 2 日	310.8000	291.6200	19.1800	6.200	98.765
3 月 3 日	271.8000	256.5900	15.2100	5.600	98.765
3 月 4 日	284.1000	266.7800	17.3200	6.100	98.765
3 月 5 日	321.3000	299.7400	21.5600	6.700	98.765
3 月 6 日	318.0000	298.5500	19.4500	6.100	98.765

分析心得： 该台区改造后，日均供电量约为 295kWh，按日线损率降低 11.25% 计算，日结余线损电量 33kWh，年结余线损电量 12045kWh，按购电单价 0.2643 元 / kWh（不含税）计算，该台区年结余收益为 3183 元。

第六节　外部及多因素

台区线损受多种外部因素影响，用户窃电、泄漏电流大、广电及办公用电等用户未装表等因素均可能引起台区高损。针对外部因素，需要台区运维人员对台区各项指标进行密切监控，加强台区设备巡视。

一、异常类型：低压用户窃电

（1）典型台区：雷公庙村 3.8 社公用变压器。

基本情况：该台区近期同期日线损率情况如图 5-59 所示。

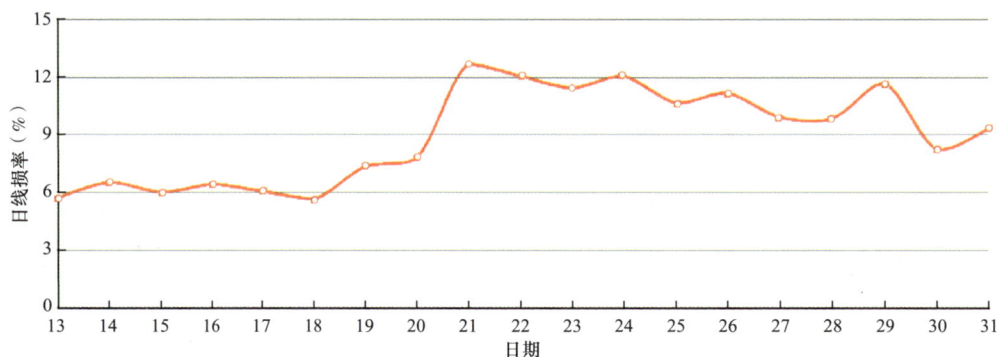

图 5-59　台区线损率情况

异常分析：

初步分析： 从该台区大半个月来的同期日线损率的变化情况看，台区日线损率从 21 日起出现大幅波动，台区线损率由合格变为不合格，初步判断存在窃电情况。

深入分析： 通过"同期线损管理"下的"分台区同期日线损"模块进入"台区智能看板"，获得该台区 10 多天日线损曲线，发现 21 日该台区线损率升高，观察低压用户数未发生变化，所有低压用户采集成功。通过穿透售电量明细，将 20 日以后几天售电明细与 20 日售电量明细对比，发现编号为"8407005341"用户日用电量 20 日后突变为 0kWh（见图 5-60）。按照该用户近期平均日用电量，测算 20 日以后的台区线损，基本和 20 日前持平。对于此种情况，可以判定该低压用户存在窃电嫌疑。经现场排查后，发现该用户存在绕越表计窃电情况，如图 5-61 所示。

分析心得： 监测台区日线损异动情况，可有效发现低压用户窃电情况。台户关系正确，采集率 100%，若台区变为高损台区，存在较大窃电可能，可通过系统数据观察、数据测算、现场排查等方式结合，查出窃电用户。

（2）典型台区：119 二龙宝 4 号台区（2-7）。

基本情况： 该台区 8 月 18 日～9 月 5 日期间台区日线损率及供售电量情况如图 5-62 所示。

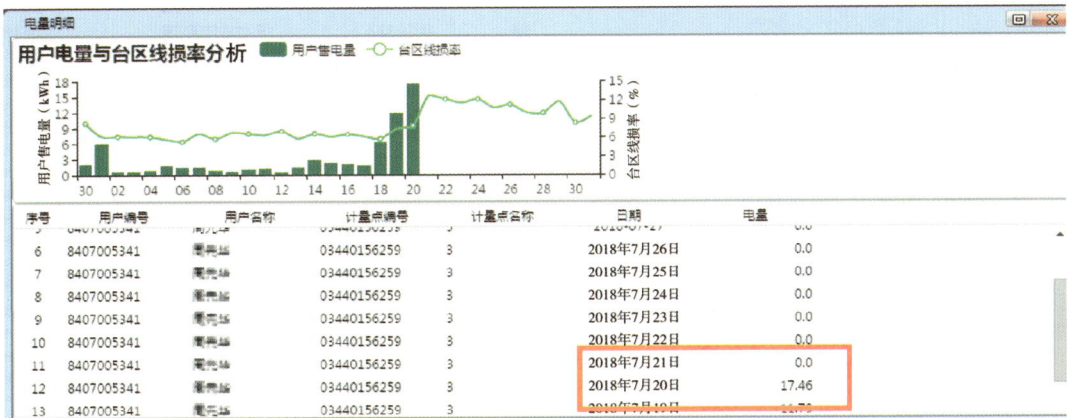

图 5-60　异常用户近期售电量明细

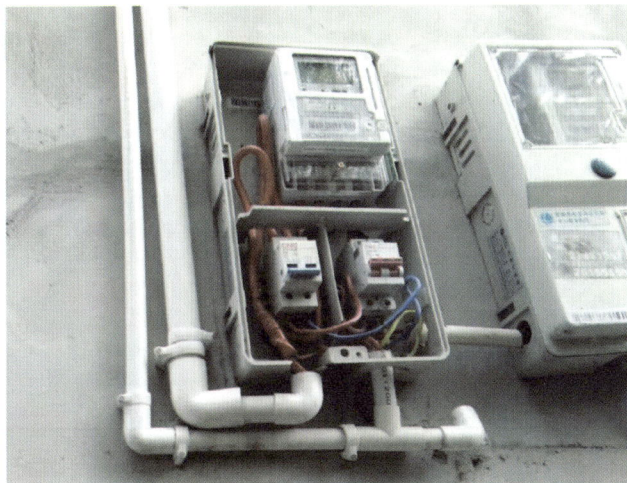

图 5-61　异常用户近期售电量明细

异常分析：

初步分析：该台区 2018 年 8 月 20 日开始出现同期日线损率持续走高的不规则波动，初期怀疑为农改台区用户未正确分割台区用户造成高损。

深入分析：经现场核实，此台区采集系统、同期系统中线损率一致（见图 5-63 和图 5-64），现场实际用户与用户档案一致，并全部正确贯通，初步分析不存在档案问题。

在继续观察的过程中，发现该农网改造台区竹树障碍等也已清理完全，且农改后一段时间是合格状态但突然出现高损耗。在排除总表表计、互感器异常及营配贯通异常后，线损治理人员将目光转向了用电量变化较大的客户，并初步锁定了其中部分有窃电嫌疑的人员。经与此台区管理人员核实，户号为"60060104××"的用户长期在

143

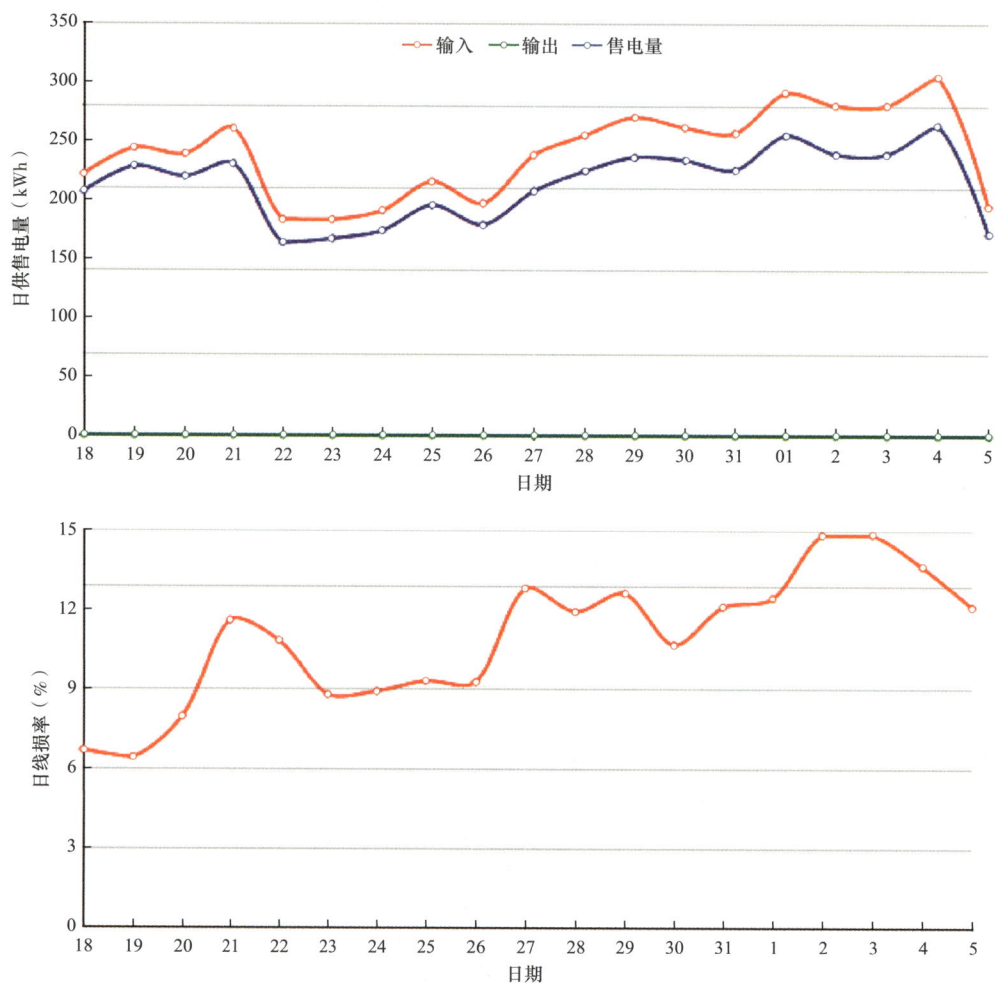

图 5-62　台区供售电量及线损率情况

台区名称：119二龙宝4号台区(2-7)　台区编号：　所属变电站：　选择　清空　所属线路：　选择　清

责任人：　责任单位：　是否达标：　是否可算：

日期：2018年9月5日　线损率：　~　查询范围：所有　查询　重置

分台区同期月线损　导出　异常标注　全量导出　区间查询

示情况	台区同期线损					台区总表数（个）			低压用户（个）		
	线损率(%)	输入电量(kWh)	输出电量(kWh)	售电量(kWh)	损失电量(kWh)	台区总表数	成功数	采集成功率	低压用户数	成功数	采集成功率
	12.10	195.00	0.00	171.41	23.59	1	1	100.00	48	47	97.92

图 5-63　同期线损系统线损率

日线损率统计　日累计线损率　月累计线损率　季度累计线损率　年累计线损率

	台区名称	台区编码	供电量(千瓦时)	售电量(千瓦时)	损耗电量(千瓦	损耗率(%)	损耗指标	合格标志	营销电表数	采集建档数	覆盖率(%)
1	119二龙宝4号台区(2-	000123781:	195.0000	171.4100	23.5900	12.10	0~10	不合格	49	49	100.00

图 5-64　用采系统线损率

家但电量并未增加（见图5-65），从8月下旬开始表底出现停滞的情况，电量突变为0。经排查，用户智能电表进线开关上搭接有两条电线（见图5-66），确定用户的窃电行为后，立即拍照留证据通知用电检查班，对该项窃电行为进行了处理。

电能表信息

序号	表号	出厂编号	资产编号	倍率	日期	上表底	下表底
1	8000002071367085	000015104160	513000100000015...	1	2018-08-25	835.17	835.17
2	8000002071367085	000015104160	513000100000015...	1	2018-08-24	835.17	835.17
3	8000002071367085	000015104160	513000100000015...	1	2018-08-23		835.17
4	8000002071367085	000015104160	513000100000015...	1	2018-08-22	835.17	
5	8000002071367085	000015104160	513000100000015...	1	2018-08-21	832.76	835.17

图5-65 分析用户售电量情况

图2-66 异常用户表计接线

在处理窃电用户后此台区在同期系统中的日线损恢复正常，如图5-67所示。

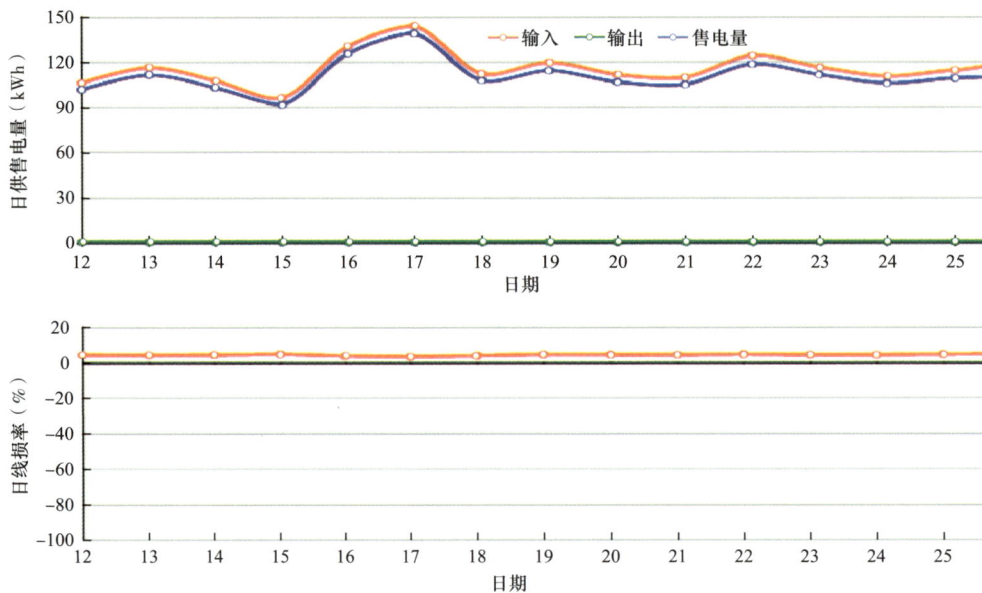

图 5-67　整改后供售电量及线损率情况

分析心得： 针对线损异常开展完整的分析，排查源端系统相关数据，提供佐证素材，逐步将原因范围缩小到窃电导致，并根据历史电量数据及线损异常期间的 0 电量、异常电量分析锁定重点排查用户。

二、异常类型：台区下低压用户超容量用电

典型台区： 电网 _10kV 太石路仁义 3 社公用变压器。

基本情况： 该台区近期同期日线损率及供售电量情况如图 5-68 所示。

异常分析：

初步分析： 从该台区一个月来的同期日线损率的变化情况看，台区线损率一直为高损，且台区线损率明显偏高，因此，初步判断可能存在着营配贯通问题和采集失败问题。

深入分析： 通过"同期线损管理"下的"分台区同期日线损"模块"线损情况"，获得该台区 4 月台区总表和低压用户日采集成功率情况，该台区采集成功率 100%；在保证全采集的情况下，查看同期线损系统与营销业务管理系统中低压用户数的一致性，发现有两户"06979752××""16600571××"与现场不一致，但是台区为高损。再观

146

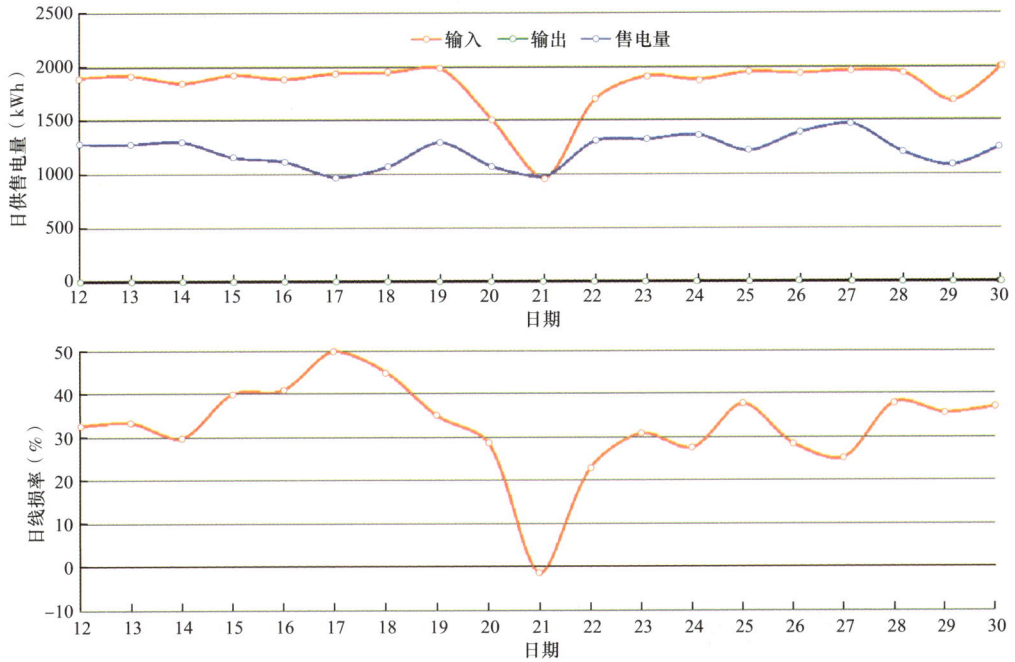

图 5-68　台区供售电量及线损率情况

察该台区 4 月高损期间的夜间负荷电流情况发现该台区夜间负荷大，但白天负荷曲线正常，初步怀疑存在夜间偷窃电情况，电流监测情况如图 5-69 所示。考虑到台区超高损情况，可能存在低压用户偷窃电或者计量问题，对比近日该台区低压用户电量情况，发现电量差异不大，为减少排查时间，可考虑优先核实大电量用户，因此可安排供电所人员对台区下大用户普通工业用户进行现场检查。

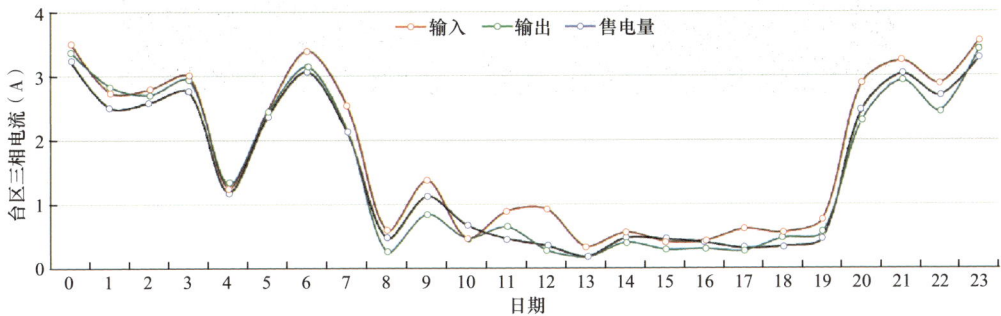

图 5-69　台区三相电流监测

经核实该台区采集成功率100%。该台区存在一户大电量用户（户号：00794967××），该用户为规避政府环保检查均在夜间生产（晚8点至第二天早8点）是导致该台区夜间电量、电流增大的直接原因。供电所对该台区所有用户进行检查，重点对钟炳兰进行了检查未发现有窃电行为。但通过历史数据，将台户关系错误的两户电量还原，分析出"钟××"用户用电较小时线损正常，正常用电时线损偏高。经再次对改用户进出线、表计等检查，进出线正常无窃电行为，计量表计三相电流、电压、封扣均正常，未发现任何异常。随后供电所工作人员再次用钳形电流表进行用电实测，发现一次电流在200A左右波动，但计量表计内电流在150A左右波动，实测电流与计量表计内电流存在较大差异，严重超负荷用电（电能表额定负荷电流100A），如图5-70所示。电量增长过大，怀凝计量表计超量程运行导致计量不准，是造成该台区高损的主要原因。

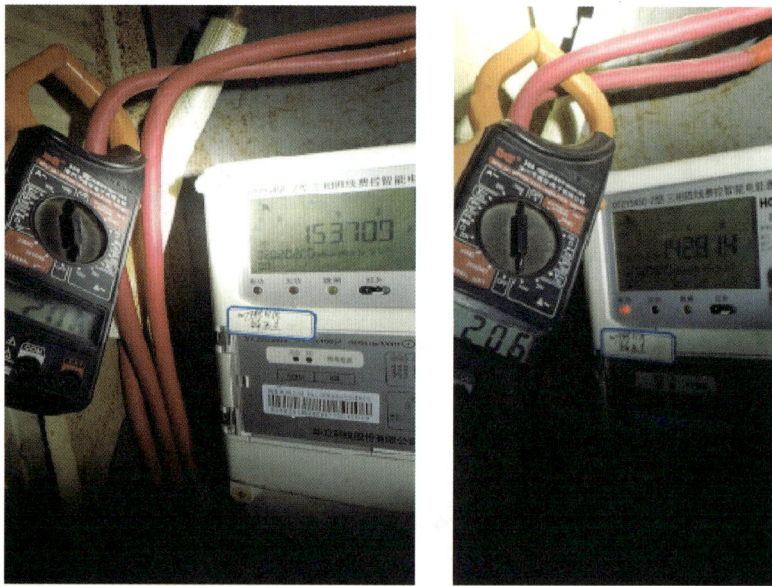

图 5-70 台区三相电流监测

整改措施： ①协调政府对该用户进行环保督查，如属于散乱用户进行关停处理；②如环保合格协调客户办理增容业务安装专用变压器，并对该表计进行校试。

分析心得： 在超高损台区分析中，如台区采集成功率100%，小电量用户关系与现场不一致，如果检查无明显用户窃电行为情况下，需要考虑采集异常情况，高损情况下重点核查用户超容量用电，表计已经进入饱和状态，导致少计电量。在核实过程中，可先重点关注台区下用电类别为"普通工业"的低压用户容量与用电负荷情况。

三、异常类型：通道树障

典型台区：大风顶村 1 组公用变压器。

基本情况：该台区近期同期供售电量、日线损率如图 5-71 所示。

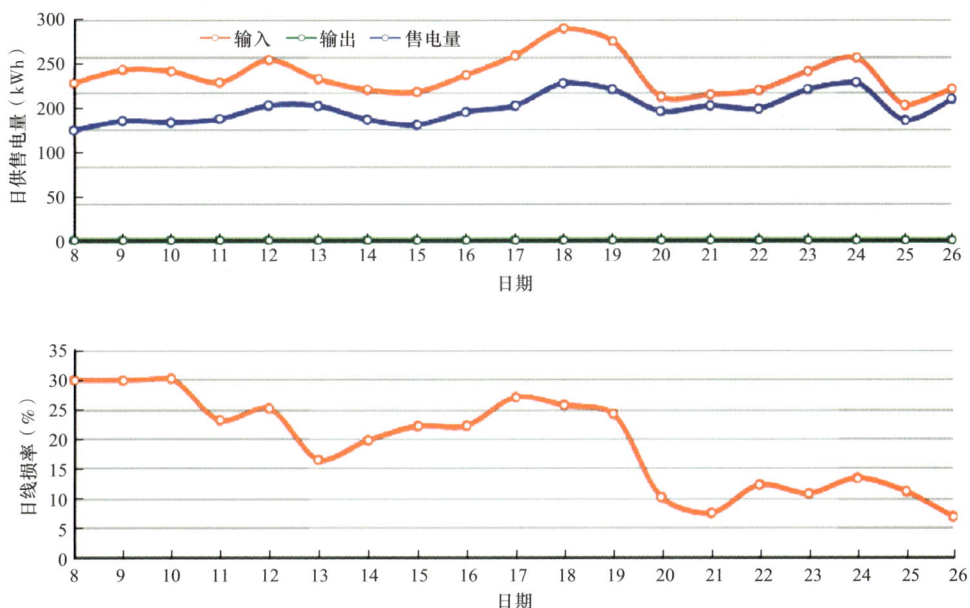

图 5-71　台区供售电量与线损率情况

异常分析：

初步分析：该台区日线损率波动幅度大（6%~30%），线损均为高损，每日损耗电量 20~30kWh，且不稳定、无规律性。采集成功率 100%，基本排除总表接线错误、倍率问题，初步怀疑为居民用户窃电和线路问题。

深入分析：该台区地处山区，用户分散，台区间隔较明显，排除户变关系问题。经用电普查虽未发现窃电用户，但普查期间发现该台区供电半径长，线路大多跨越树林，低电压线路为裸露导线，存在树障较多（如图 5-72），树枝不时搭接在裸露导线上造成线路不定期对地放电，造成电量跑漏，进而影响线损。经台区管理人员对树障清理后，该台区线损已合格。

图 5-72　现场树障图片

分析心得：电力线路需要定期巡视，春天季节树木生长较快，台区经理发现影响电力线路正常运行的树障应及时清理，对快速生长的树木进行砍伐、修剪，或可将裸露导线更换为绝缘护套包裹导线，改善线路运行环境，杜绝树障对电力线路的影响。

四、异常类型：低电量造成线损波动大

典型台区：文具 6 村 8 队台区。

基本情况：该台区近期同期供售电量、日线损率如图 5-73 所示。

异常分析：

初步分析：该台区日线损率波动幅度大（4%~9%），供售电量水平与线损率呈反比（电量相对大时，线损率低；电量小时，线损率高），加之供售电量极小（日均 18kWh 左右），因此怀疑表计损耗电量造成台区线损大幅波动。

深入分析：该台区低压用户 43 户，日均损耗电量稳定在 1kWh 左右，存在偷漏电的几率较小。根据国家相关标准，单相电能表的自身功耗不能大于 2W，一般为 1.2~1.3W。对此，本台区 43 户低压用户单相电能表的损耗电量就有约 1.2kWh。

分析心得：对于小电量台区，因表计存在损耗，因此该部分损耗可能对台区线损率影响较大。若其线损电量长期保持稳定，但线损率波动大，且线损率与电量变化趋势相反，可考虑表计损耗对台区线损率的影响。一般来说，可按照单相、三相三线、三相四线电能表月耗电 1、2、3kWh 估计。

150

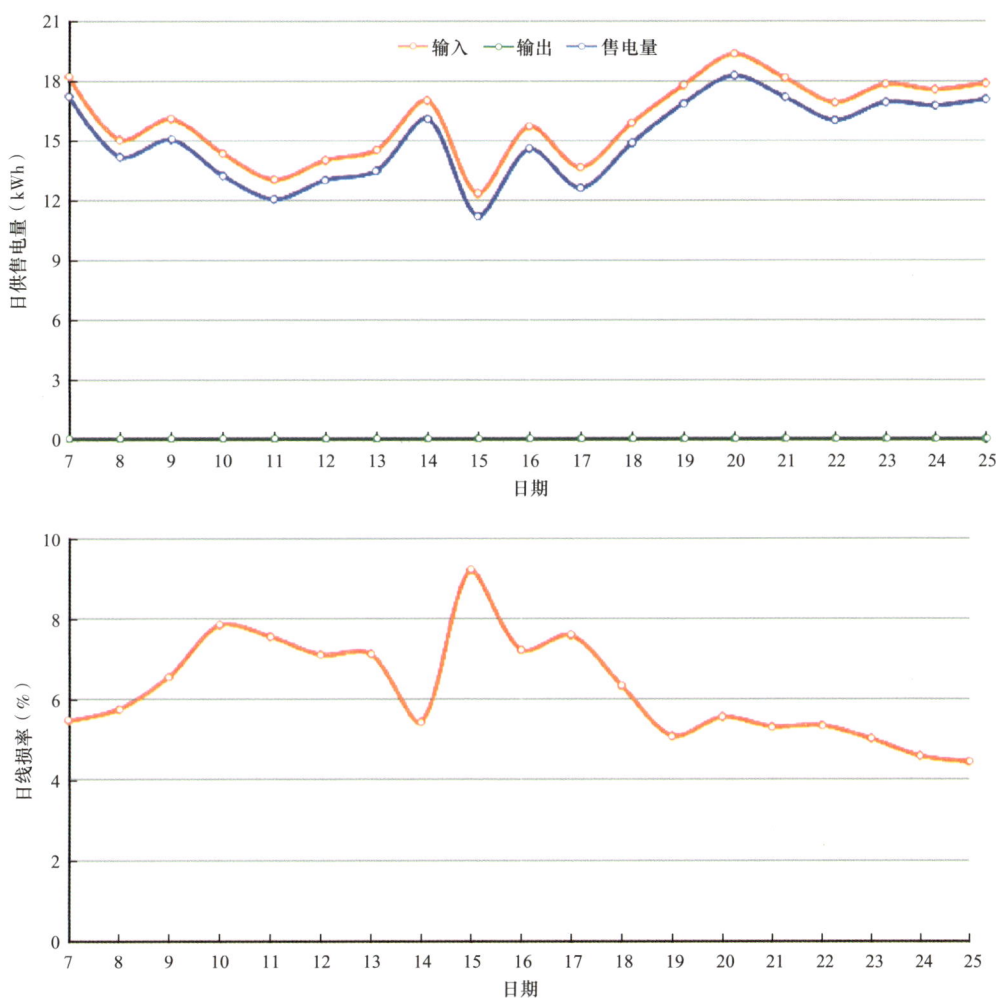

图 5-73　台区近期供售电量及线损情况

五、异常类型：泄漏电流增大，总保护器未动作

典型台区： 万秀桥 11 队台区。

基本情况： 该台区近期同期月线损率及供售电量情况如图 5-74 所示。

异常分析：

初步分析： 该台区 2018 年 2、3 月期间突发高损，经分析，台区线损率突增期间，存在供电量骤增（见图 5-75），售电量骤降的现象。经现场核实，售电量骤减是由于一名养猪场客户掉线，经过处理该用户已恢复采集。

深入分析： 对于骤增的供电量，对台区考核计量装置（考核表、集中器、互感器）

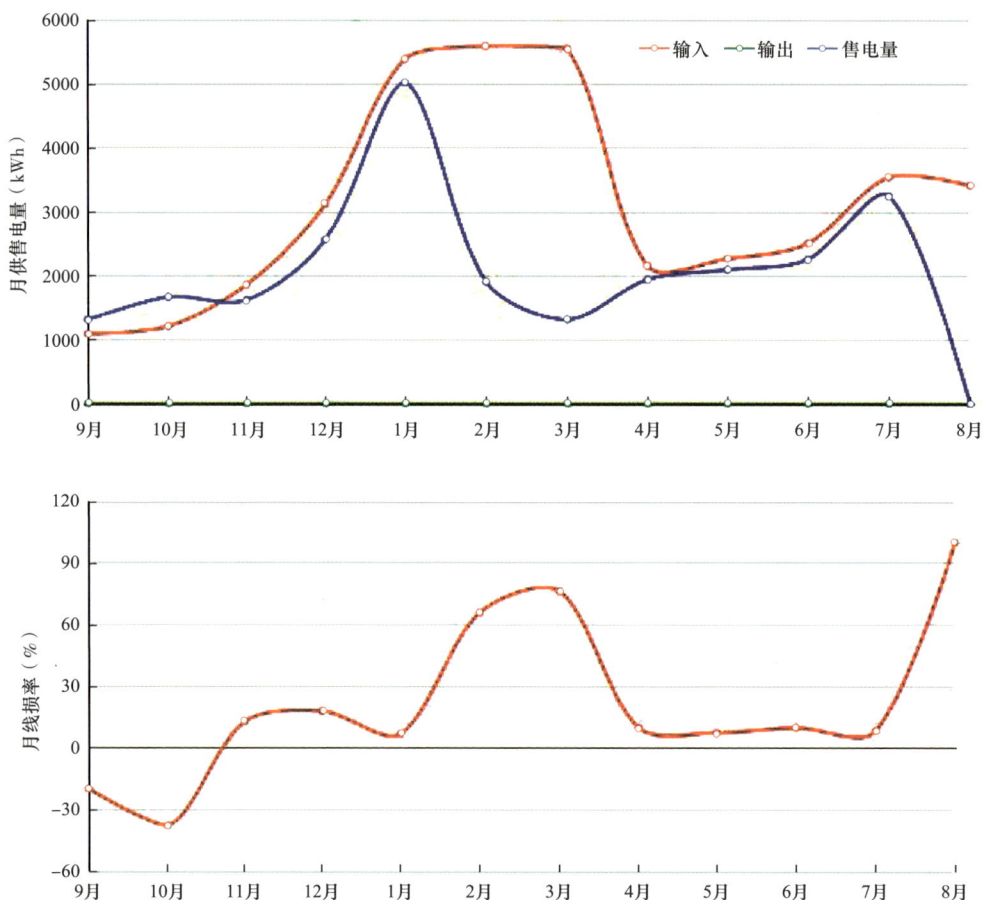

图 5-74　台区月供售电量及线损率情况

图 5-75　3、6 月供电量情况

开展现场核查，但未发现存在故障。在排除总表因素后，对台区 0.4kV 线路及用电客户进行用电检查，在检查过程中也未发现明显树竹障碍。

　　进一步检查发现，该台区为农网升级改造台区，施工班组为了减少工作量未对变压器旁的总保护器进行投运。巡视至包某客户时，发现该用户下户线老旧且未对下户线进行改道，依旧从该客户房檐处绕道进线，2 处线路接头破损处与潮湿的墙体接触，造成电流泄漏，结合前期总保护器未投运的情况，泄漏电流增大也未引起跳闸，最终导致供电量骤增，形成高损。

发现原因后供电所立即更换总保护器并设置泄漏电流阈值，并对用户的下户线接头及下户线进行更换，更换后供电量恢复正常，如图 5-76 所示。

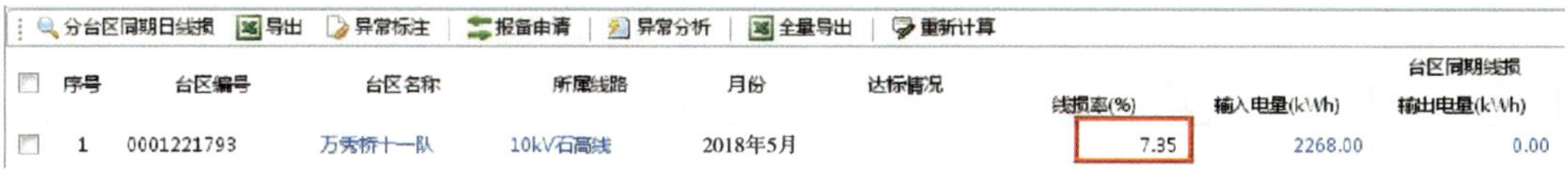
分台区同期日线损 导出 异常标注 报备申请 异常分析 全量导出 重新计算

序号	台区编号	台区名称	所属线路	月份	达标情况	台区同期线损 线损率(%)	输入电量(kWh)	输出电量(kWh)
1	0001221793	万秀桥十一队	10kV石高线	2018年5月		7.35	2268.00	0.00

图 5-76　整改后台区线损率

分析心得：在对该台区进行分析过程中，一度认为该台区高损就是因为部分表计采集不成功，表计不能及时传回用电数据造成的。但在现场实际检查过程中，发现绝大部分未采集不成功的表计并未使用，对实际供售电量不造成影响。应注重现场检查核对。对各台区总保护器应加强检查，查看是否投运，或投运值是否符合要求。避免出现泄漏电流增大总保护器不动作造成的高损。

六、异常类型：营配贯通错误、总表配置错误、总表电流互感器被分流

典型台区：10kV 云立线朱大湾台区变压器。

基本情况：该台区近期同期日供售电量及线损率情况如图 5-77 所示。

异常分析：

初步分析：该台区线损率异常高，供售电量正常波动。仅从线损率和电量情况判断，应重点核查台区总表配置和营配贯通的台户关系。

深入分析：通过“台区智能看板”模块“电量明细”，查看台区总表配置情况（见图 5-78），发现有两块台区总表，其中“翻身村保管室台区”计量点与本台区名称明显不符。进一步通过“台区关口一览表”查询该计量点对应的台区，发现对应两个台区，由此可基本断定“翻身村保管室台区”计量点为错误配置。

经供电所了解，2018 年第一批次翻身村农网升级改造在周边增加了电源点布局，新增 1 台变压器（翻身村保管室），且对用户已经进行了分割，现场进行了台区考核总表安装及采集挂接。由于新增变压器在 PMS2.0 中暂未建模，为确保涉及用户能够正常采

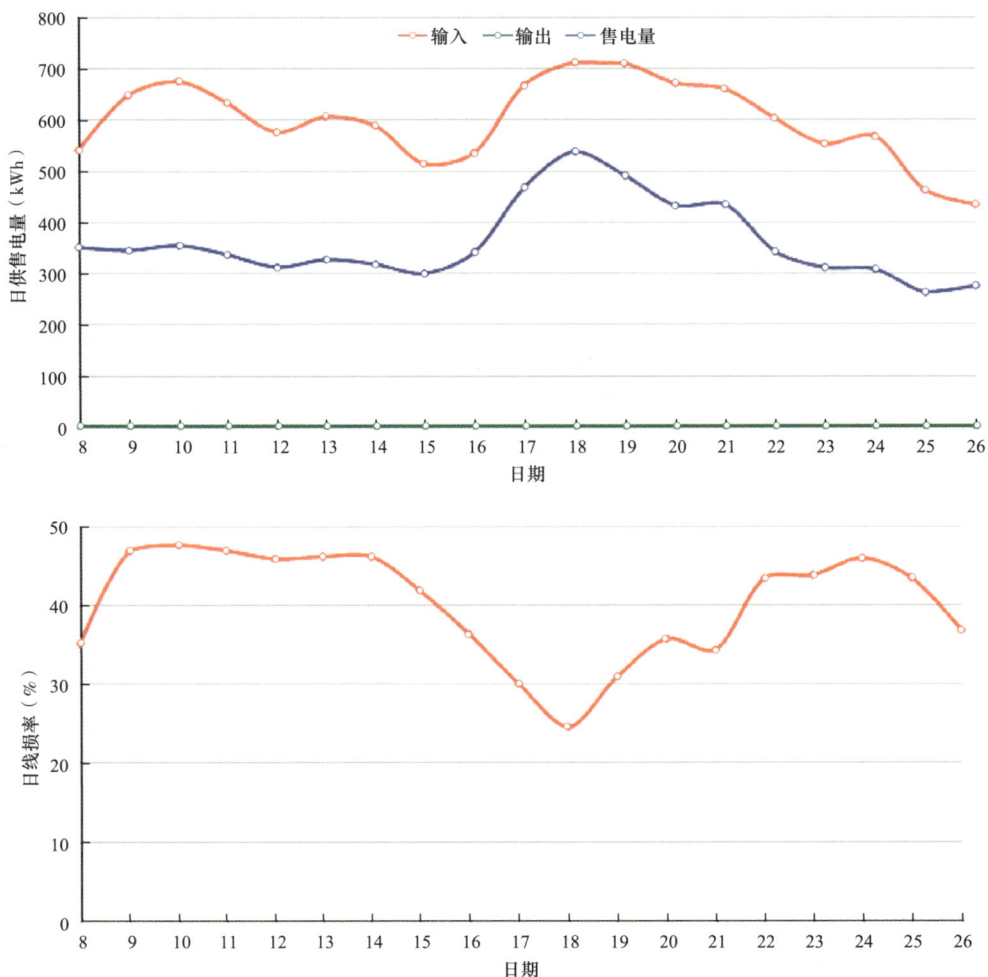

图 5-77　日供售电量及线损率情况

| | 线损分析 | 电量明细 | 异常明细 | 档案异常 | | | |

输入输出电量明细（kWh）

序号	计量点名称	倍率	正向上表底	正向下表底	正向电量(KV/h)	反向上表底
1	10kV云立线朱大湾台区变压器	30	20648.36	20658.11	292.5	0
2	翻身村保管富台区	80	171.76	173.52	140.8	0

图 5-78　台区总表配置情况

集，故将上述新增台区涉及总表及低压用户统一调整到电网_朱大湾台区，造成了该台区目前存在 2 只考核总表的情况。此外，经现场核实，翻身村保管室变压器综合配电箱电流指示表与台区考核计量共用互感器，造成低压总路分流，台区总表电量少计。

分析心得：电网改造过程中，没有及时安排布置好电网设备变化后的营配贯通工作，造成已割接的台区总表和户表暂时挂接在一个台区上，导致台区线损率异常。同时，在配电网项目验收中，对低压总路计量检查不认真，未及时发现存在的低压总路分流现象，若分流足够大，可能产生台区线损率看似正常的情况，掩盖营配贯通、关口配置、农网改造及项目验收中存在的问题。

七、异常类型：台区总表倍率错误、总表前接带负荷

典型台区：10kV 华祥一线泸县工商局台区变压器。

基本情况：该台区近期同期日线损率及供售电量情况如图 5-79 所示。

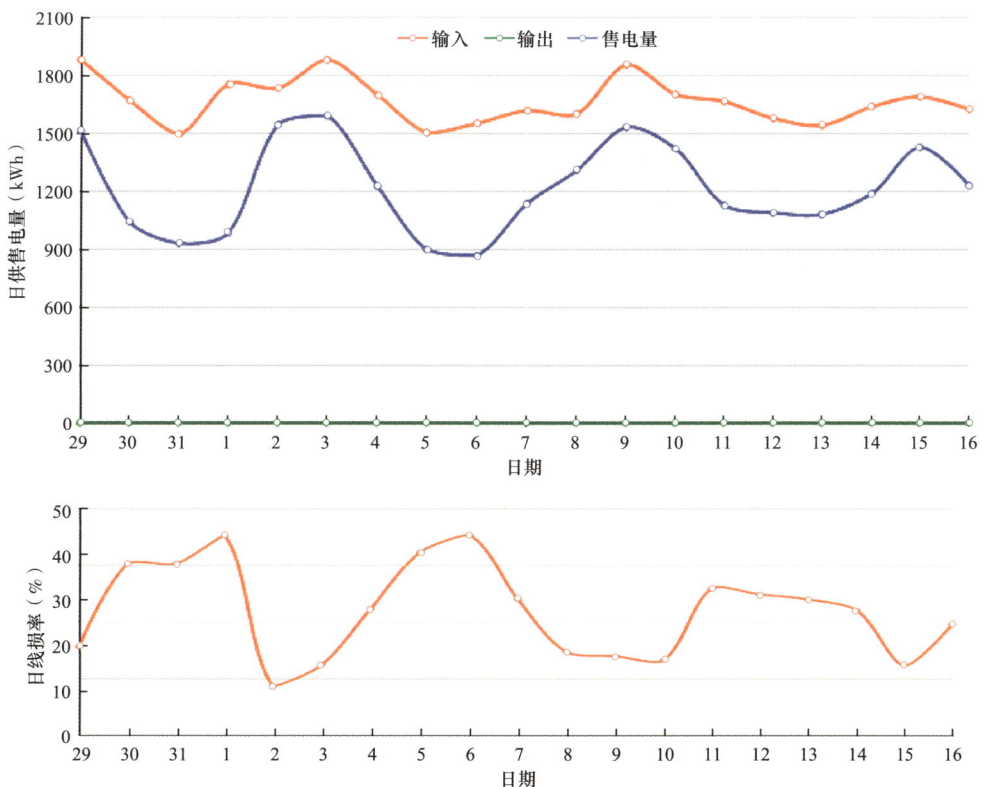

图 5-79　台区供售电量及线损率情况

异常分析：

初步分析： 该台区日线损率波动幅度大，仅从线损率判断，应重点核查台区总表配置和营配贯通情况。

深入分析： 通过"台区智能看板"模块"电量明细"，查看台区总表配置情况，发现只有一块总表，且计量点名称与台区名称相符。若总表倍率有误，则实际倍率应小于系统倍率，但观察台区日线损率情况，电量高时，台区线损率反而大幅降低（应波动不大），因此，也不会是由于系统倍率大于实际倍率而造成的高损。排除总表配置及倍率错误因素后，只能着眼于营配贯通和现场核实。

据现场核实，该台区变压器 A、B、C 三相各有两回出线，其中一回出线经台区总表计量，另一回出线无计量（见图 5-80）。据了解，该台区原变压器容量为 160kVA，通过 250/5 互感器接入考核总表。2017 年变压器增容为 400kVA 后，又从变压器 A、B、C 每相新出一回线并单独通过新增开关柜出线（新增开关柜预留有一个开关间隔），此开关柜安装有 600/5 互感器，但未接入总表，且营销 SG186 系统总表互感器档案已改为 600/5，导致出现如下错误：①新增出线未通过总表计量，导致该回路供电量未统计，台区供电量少计；②现场在用总表原互感器实际倍率仍为 250/5，但系统已变更为 600/5，导致倍率错误，台区供电量多计。综上，造成该台区长期出现高损的情况，且电量与线损率变化趋势呈现背离现象。

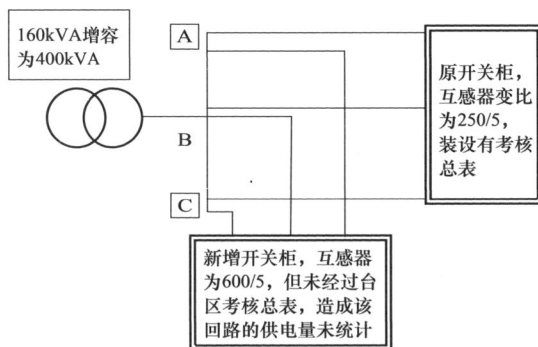

图 5-80 台区接线图

经现场勘察，将原出线移至新增开关柜，使得所有出线均通过新增 600/5 互感器，并接入了考核总表后，该台区日线损率为 1.19%，恢复正常。

分析心得： 基层运维单位之间协同配合差，线路设备运维单位在对公用变压器增容过程中，对负荷较重的用户单独敷设了一回供电回路，虽然不影响对用户的计量收费，但是造成供出电量未计算入台区考核总表，没有及时将此情况传递至计量运维单位，造成台区线损异常。同时，对于因倍率错误的单一原因造成的高损，日线损率一般波动幅度不大。若台区线损率波动幅度大，在排除营配贯通错误的情况下，一般都是由多种因素综合造成。

八、异常类型：台区漏电、用户窃电

典型台区： 金平线平头 3 村 1 号台区变压器

基本情况： 该台区 4 月 1 日～4 月 20 日期间台区日线损率及供售电量情况见表 5-11。

表 5-11　　　　　　2019 年 4 月 1 日～4 月 20 日 日线损完成情况

时间	供电量（kWh）	售电量（kWh）	损耗电量（kWh）	损耗率（%）	成功率（%）
4 月 1 日	97.5	0	92.34	5.16	5.29
4 月 2 日	109.2	0	103.41	5.79	5.3
4 月 3 日	87.3	0	82.35	4.95	5.67
4 月 4 日	108	0	102.51	5.49	5.08
4 月 5 日	81.9	0	76.38	5.52	6.74
4 月 6 日	86.1	0	80.2	5.9	6.85
4 月 7 日	93	0	81.98	11.02	11.85
4 月 8 日	106.8	0	77.34	29.46	27.58
4 月 9 日	120	0	70.5	49.5	41.25
4 月 10 日	159	0	78.77	80.23	50.46
4 月 11 日	178.8	0	84.21	94.59	52.9
4 月 12 日	154.5	0	71.7	82.8	53.59
4 月 13 日	93.3	0	60.53	32.77	35.12
4 月 14 日	121.8	0	79.69	42.11	34.57
4 月 15 日	118.8	0	79.65	39.15	32.95
4 月 16 日	99.3	0	78.77	20.53	20.67
4 月 17 日	75.3	0	70.7	4.6	6.11
4 月 18 日	89.7	0	84.89	4.81	5.36
4 月 19 日	102.9	0	97.7	5.2	5.05
4 月 20 日	94.5	0	88.7	5.8	6.14

异常分析：

初步分析： 该台区线损一直稳定在6%左右，从2019年4月7日开始出现同期日线损率持续走高的不规则波动，损失电量远远大于售电量，线损高达50%。该台区没进行拆分，用户固定，采集成功率100%，初步怀疑用户窃电造成高损。

深入分析： 经核实，此台区采集系统，同期系统中线损率一致（见图5-81），用户档案一致，并全部正确贯通，初步分析不存在档案问题。

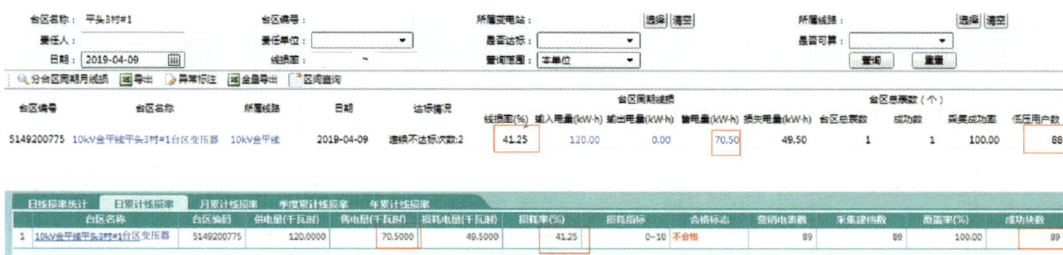

图5-81　用采系统台区线损情况

通过对比用采系统线损正常时电流和异常时电流（见图5-82），发现平头3村1号台区变压器C相电流由正常时的0.05A到高线损时的0.63A（倍率30），怀疑为C相线路短路或C相用电客户持续窃电。组织员工和台区经理对C相用电客户进行夜查，发现C相02号电杆处有轻微产弧现象（见图5-83），经过登杆检查，发现并沟线夹搭接在电杆上造成漏电，供电所立即对此故障进行处理，线损率13日下降至35.10%。但是该台区线损依然偏高。

图5-82　该台区用户电量检查

供电所再次组织人员对客户表计进行现场检查，发现平头3村1组客户"08380633××"私自将表箱撬开，在供电表计上的接线盒进线处用两芯电缆连接至抽水机上对鱼塘进行抽水窃电。接线情况如图5-84所示。

图 5-83 现场检查情况

图 5-84 该台区窃电用户现场检查

供电所人员对现场进行照相、摄像取证，并按《供电营业规则》第一百零三条之规定，对客户进行追补电费 200.60 元和处违约使用电费 599.40 元的处理。平头 3 村 1 号台区变压器 4 月 17 日线损降至 6.10%，恢复正常。

分析心得：针对线损异常开展完整的分析，排查营销 SG186 系统、用采系统相关数据，提供佐证素材，逐步将原因范围缩小到窃电导致，并根据历史电量数据及线损异常期间的 0 kWh 电量、异常电量分析锁定重点排查用户。

第六章

负损台区典型案例分析

第一节 档案因素

档案问题是造成台区负损的重要原因之一，主要包含设备新投异动不规范、营配贯通错误、配置错误、电能表倍率错误及其他档案问题五个方面。其中：设备新投异动不规范、电能表倍率错误不仅影响台区线损率，同时也将造成分区、分压及 10kV 分线线损率计算结果失真。

档案问题产生的主要原因：相关业务人员对相关信息系统使用不熟练、相关规章制度不熟悉、工作责任心不强，未按照相关工作要求及时更新信息系统数据或录入错误数据，影响台户关系和电量计算。

一、异常类型：新投异动后档案更新不及时

（1）典型台区：中星国际 1~4 号台区变压器。

基本情况：4 月 25 日监控台区日线损监控到中星国际 4 个台区线损异常，1、4 号台区变压器无售电量，低压用户数 0 个，线损率 100%；2、3 号台区出现负损情况。初步判断，该台区存在着营配贯通问题，台户关系可能挂接错误。该台区 4 月 25 日线损率数据如图 6–1 所示。

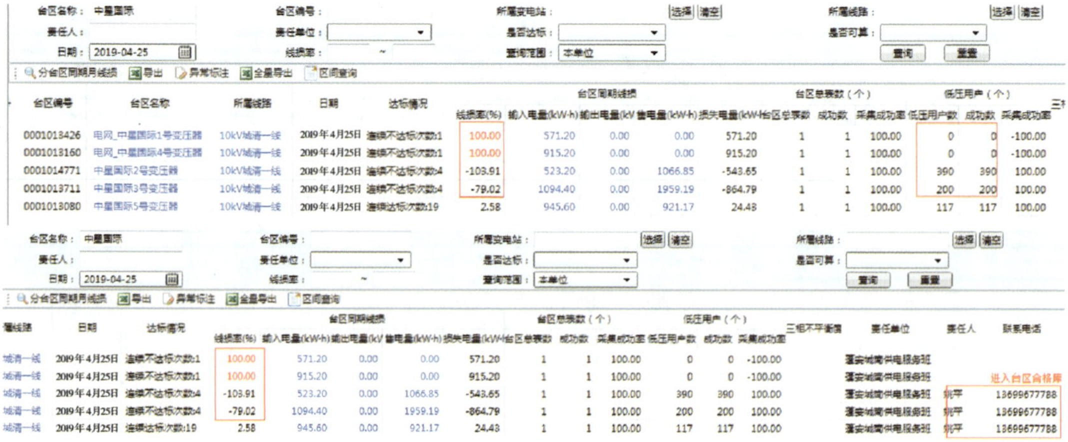
台区名称：中星国际　台区编号：　所属变电站：　所属线路：
责任人：　责任单位：　是否达标：　是否可算：
日期：2019-04-25　线损率：　查询范围：本单位

台区编号	台区名称	所属线路	日期	达标情况	线损率(%)	输入电量(kW·h)	输出电量(kV	售电量(kW·h)	损失电量(kW·h	台区总表数	成功数	采集成功率	低压用户数	成功数	采集成功率
0001018426	电网_中星国际1号变压器	10kV城清一线	2019年4月25日	连续不达标次数:1	100.00	571.20	0.00	0.00	571.20	1	1	100.00	0	0	-100.00
0001013160	电网_中星国际4号变压器	10kV城清一线	2019年4月25日	连续不达标次数:1	100.00	915.20	0.00	0.00	915.20	1	1	100.00	0	0	-100.00
0001014771	中星国际2号变压器	10kV城清一线	2019年4月25日	连续不达标次数:4	-103.91	523.20	0.00	1066.85	-543.65	1	1	100.00	390	390	100.00
0001013711	中星国际3号变压器	10kV城清一线	2019年4月25日	连续不达标次数:4	-79.02	1094.40	0.00	1959.19	-864.79	1	1	100.00	200	200	100.00
0001013080	中星国际5号变压器	10kV城清一线	2019年4月25日	连续达标次数:19	2.58	945.60	0.00	921.17	24.43	1	1	100.00	117	117	100.00

属线路	日期	达标情况	线损率(%)	输入电量(kW·h)	输出电量(kV	售电量(kW·h)	损失电量(kW·h	台区总表数	成功数	采集成功率	低压用户数	成功数	采集成功率	三相不平衡	责任单位	责任人	联系电话
城清一线	2019年4月25日	连续不达标次数:1	100.00	571.20	0.00	0.00	571.20	1	1	100.00	0	0	-100.00		蓬安城南供电服务班		
城清一线	2019年4月25日	连续不达标次数:1	100.00	915.20	0.00	0.00	915.20	1	1	100.00	0	0	-100.00		蓬安城南供电服务班		
城清一线	2019年4月25日	连续不达标次数:4	-103.91	523.20	0.00	1066.85	-543.65	1	1	100.00	390	390	100.00		蓬安城南供电服务班	姚平	13699677788
城清一线	2019年4月25日	连续不达标次数:4	-79.02	1094.40	0.00	1959.19	-864.79	1	1	100.00	200	200	100.00		蓬安城南供电服务班	姚平	13699677788
城清一线	2019年4月25日	连续达标次数:19	2.58	945.60	0.00	921.17	24.43	1	1	100.00	117	117	100.00		蓬安城南供电服务班	姚平	13699677788

图 6–1　台区 4 月 25 日线损率

异常分析：

初步分析：通过用采系统发现 4 个台区线损合格（见图 6–2），但对比同期系统与

用采系统发现，该台区供电量一致，售电量不一致，说明营销系统的台户关系与营配贯通结果不一致。从台区线损率来看，营销系统台户关系正确的可能性较大。同时，从供电所了解到因用户入住率升高，用电负荷增加，2、3号变压器已不能满足用户的用电需要，4月21日将前期停运的1号变压器和4号变压器投入运行。

图 6-2　用采系统台区 4 月 25 日线损率

深入分析：PMS 系统中图形修改后，GIS 系统用户、表箱关系均未做相应调整，仅做电缆联接和刷新线路处理。21 日 1 号变压器和 4 号变压器投运后未并联运行，营配贯通人员在所属低电压线路做了刷新处理，但电网 GIS 系统中用户接入点仍未更新，导致 1、4 号变压器用户数据为 0，无售电量，而 2、3 号变压器变为负损。对此，重新进行画图和贯通，5 月 10 日线损合格。各台区线损率情况如图 6-3 所示。

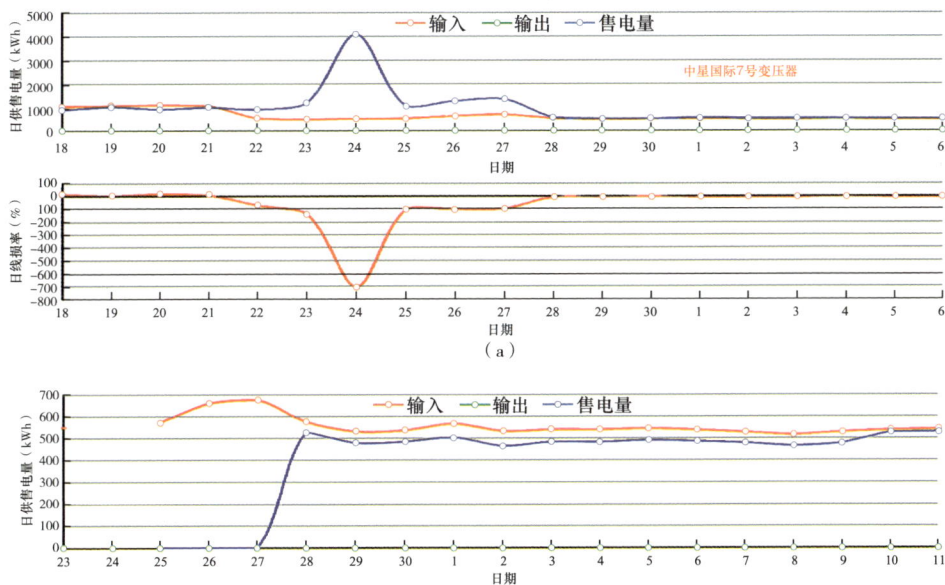

图 6-3　各台区 5 月日线损情况（一）

163

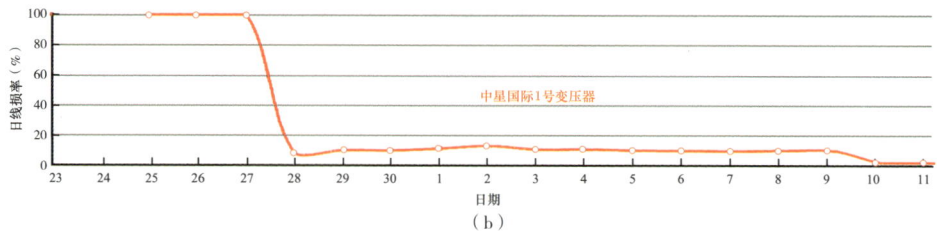

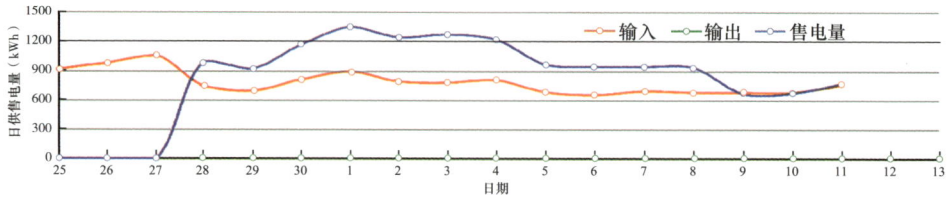

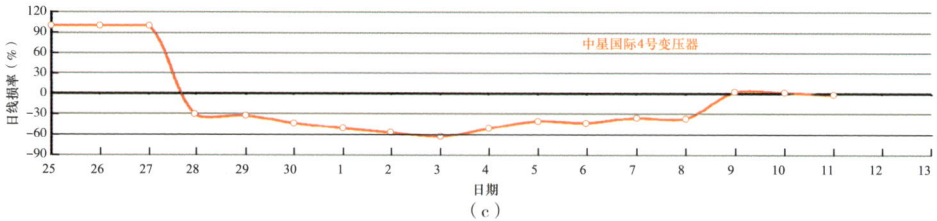

图 6-3　各台区 5 月日线损情况（二）

（a）中星国际 2 号变压器日线损情况；（b）中星国际 1 号变压器日线损情况；（c）中星国际 4 号变压器日线损情况；（d）同期线损管理系统中中星国际各台区 5 月 10 日日线损情况；（e）用电采集系统中中星国际台区 5 月 10 日日线损情况

分析心得： 对同一小区、村社供电的不同变压器，若出现高损、负损情况，可结合相关营销信息系统的台户关系，并根据历史数据（是否线损率稳定、是否有电量、线损率突变等）、供售电量的变化以及近期工作情况进行预判断（是否为新投异动导致变压器、用户档案未及时更新导致线损率异常），从而快速抓住关键时间节点，确定关键事件，明晰异常原因。

（2）典型台区：10kV 金复线玉台村 1 号台式变压器。

基本情况：该台区近期同期月线损率及供售电量情况见表 6-1，如图 6-4 所示。

表 6-1　　　　　　　2018 年 1 月～2019 年 3 月月线损完成情况

时间	输入电量（kWh）	输出电量（kWh）	售电量（kWh）	损失电量（%）	线损率（%）
2018 年 1 月	6043.41	0	5684.56	358.85	5.94
2018 年 2 月	7815.11	0	7391.33	423.78	5.42
2018 年 3 月	5170.34	0	4867.77	302.57	5.85
2018 年 4 月	4993.82	0	4679.64	314.18	6.29
2018 年 5 月	5272.23	0	4758.5	513.73	9.74
2018 年 6 月	5745.41	0	5250.71	494.7	8.61
2018 年 7 月	7412.45	0	6971.04	441.41	5.95
2018 年 8 月	8556.74	0	8039.93	516.81	6.04
2018 年 9 月	5875.93	0	5536	339.93	5.79
2018 年 10 月	6026.15	0	5695.83	330.32	5.48
2018 年 11 月	6540.96	0	6185.86	355.1	5.43
2018 年 12 月	7505.22	0	7074.6	430.62	5.74
2019 年 1 月	2491.6	0	7062.23	−4570.63	−183.44
2019 年 2 月	5861.2	0	9594.88	−3733.68	−63.70
2019 年 3 月	4048.8	0	6448	−2399.2	−59.26

异常分析：

初步分析：从该台区同期月线损率的变化情况来看，该台区 2018 年各月份线损率一直合格，自 2019 年 1 月起，台区线损出现负损。当月台区供电量下降幅度较大，而售电量保持相对稳定；初步判断，该台区可能存在总表计量异常问题。分析的重点应该放在台区总表计量准确性认定、台户关系清理、贯通数据治理、数据同步等方面。

深入分析：通过"分台区同期日线损"—"台区智能看板"—"线损情况"查询

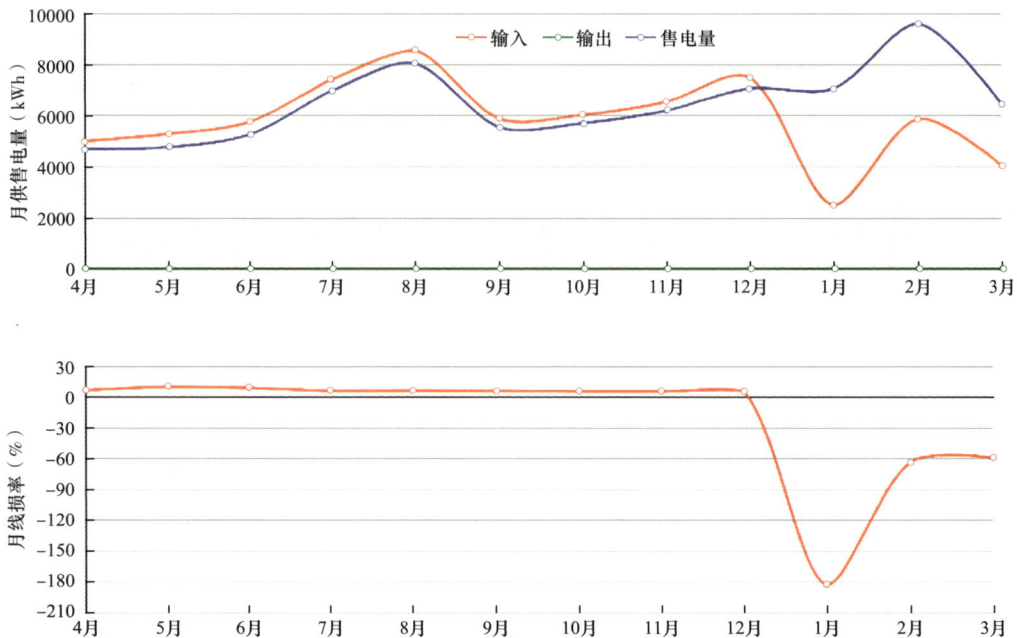

图 6-4　台区供售电量及线损率情况

该台区 1 月日供售电量、线损率曲线，可见 1 月 14 日前台区日线损率均处于较稳定的状态，1 月 15 日后持续负损。通过观察"台区运行数据"发现：台区总表三相电流、电压均能正常采集，说明电流电压回路故障导致电量少计的可能性较低，加之未发现总表近期有换表记录，暂时排除总表计量问题。该台区月线损率情况如图 6-5 所示。

该台区用采系统电量如图 6-6 所示。

通过比对采集系统与同期系统数据，发现采集系统用户数 88 户，台区线损率达标；而同期系统用户数为 126 户，台区负损。因此，怀疑同期系统变户关系错误。

经咨询并现场核实：为避免该台区春节期间超载运行，影响用户春节用电，2019年 1 月 14 日新增 8 号台区，并将原台区的 38 户转接至 8 号台区供电，设备异动后业务人员未及时调整贯通数据，导致 1 月和 2 月台区线损率为负。

分析心得：对于负损台区，首先可根据供售电量的变化情况进行初步判断，同时，结合历史数据（是否线损率稳定、是否有电量、线损率突变等）、用采系统台区线损率等开展辅助分析，抓住关键时间节点，确定关键事件，明晰异常原因。

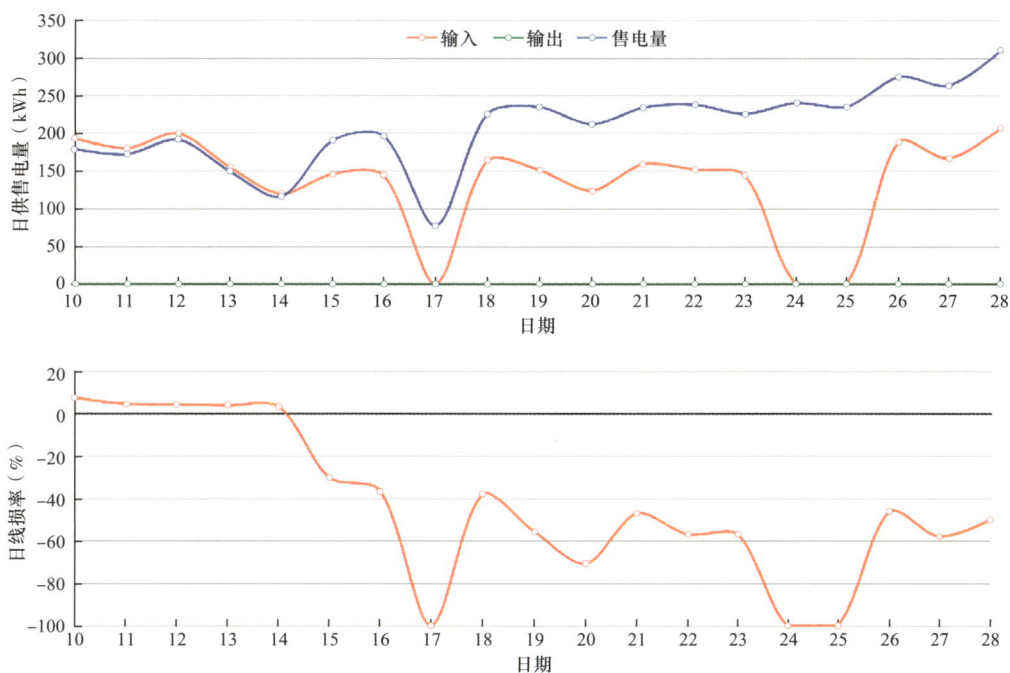

图 6-5　台区供售电量及线损率情况

图 6-6　用采系统电量情况

二、异常类型：光伏用户台区关口配置错误

典型台区：10kV 石双线双龙锣鼓村 8 社 1 号台区变压器。

基本情况：该台区 2018 年 1 月～2019 年 2 月同期月线损率情况见表 6-2。

表 6-2　　　　　　　　　2018 年 1 月～2019 年 2 月月线损完成情况

时间	输入电量（kWh）	输出电量（kWh）	售电量（kWh）	损失电量（%）	线损率（%）
2018 年 1 月	7922	0	7503.15	418.85	5.29
2018 年 2 月	8581.6	0	8044.55	537.05	6.26

时间	输入电量 （kWh）	输出电量 （kWh）	售电量 （kWh）	损失电量 （%）	线损率 （%）
2018 年 3 月	6576.4	0	6123.58	452.82	6.89
2018 年 4 月	6187.6	0	5682.83	504.77	8.16
2018 年 5 月	5398	0	5017.98	380.02	7.04
2018 年 6 月	5975.2	0	5830.51	144.69	2.42
2018 年 7 月	8939.2	0	8746.09	193.11	2.16
2018 年 8 月	9174.4	0	9427.88	−253.48	−2.76
2018 年 9 月	5665.2	4.4	5934.79	−273.99	−4.84
2018 年 10 月	4924.4	3.2	5045.81	−124.61	−2.53
2018 年 11 月	5329.2	3.6	5261.56	64.04	1.20
2018 年 12 月	8495.2	0	8450.26	44.94	0.53
2019 年 1 月	8701.6	0	8707.05	−5.45	−0.06
2019 年 2 月	5372.4	10	5619.86	−257.46	−4.79

该台区 2019 年 3 月 10 日～2019 年 3 月 23 日同期日线损率情况如图 6-7 所示。

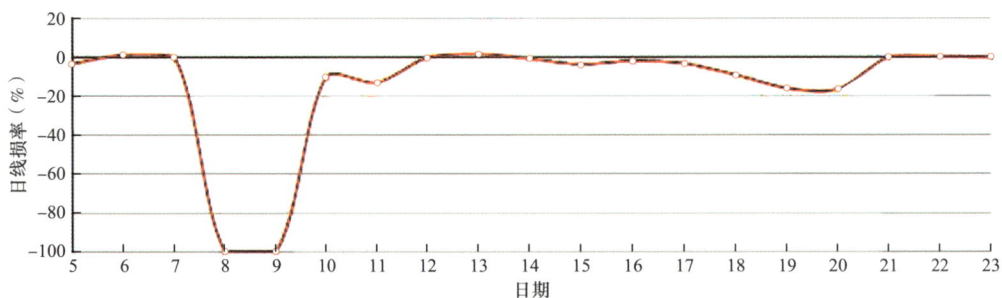

图 6-7 台区日线损情况

异常分析：

初步分析：2018 年 8 月以来，该台区时常出现负损现象；2019 年 3 月该台区同期日线损率几乎均为负。初步判断，该台区可能存在用户挂接关系错误、台区计量装置故障等问题。

深入分析：该台区用采系统 3 月日线损率在 2%~3% 之间。同期线损系统和用采系统中该台区下用户数均为 67 户且用户名称一致，判断无营配贯通异常。排除售电量侧异常后，对供电量关口进行检查。通过同期线损管理系统发现该台区有 2 只考核表，其中 1 只为光伏发电用户，如图 6-8 所示。

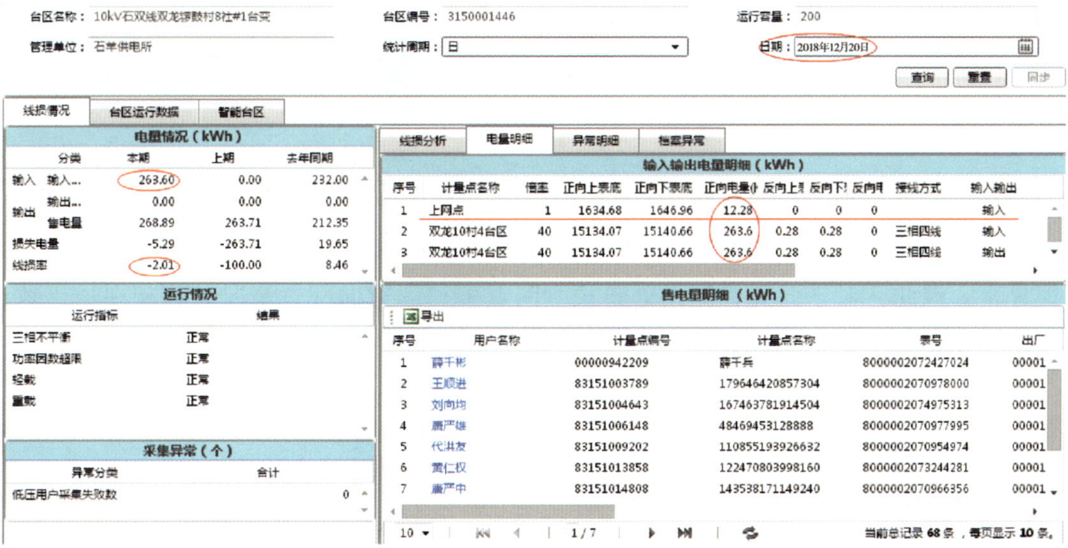

图 6-8　台区关口配置情况

将光伏上网计量点电量、台区总表电量与台区"电量情况"中的输入、输出电量进行比较，发现该台区输入电量仅为台区总表电量，光伏上网点"正向电量"既未体现在输入侧、也未体现在输出侧。同时，在售电量明细中也无该计量点，即售电量里也不包含该电量，说明光伏上网计量点配置有误，造成该计量点电量 12.28kWh 未参与该台区日线损率计算。

经营销 SG186 系统发电档案查询，该用户为全额上网光伏发电用户，于 2018 年 8 月并网接入系统，接网时间与台区负损时间一致。初始上网关口配置为输入"反向加"，未配置输出。结合用户表计穿透数据分析，该光伏上网点现场接线配置应为输入"正向加"，同期线损系统中的光伏上网关口配置与实际不符，导致台区负损。用采系统表底穿透数据如图 6-9 所示。

在同期系统台区关口配置界面，将该光伏用户上网关口配置为输入"正向加"，将该光伏上网点正向电量作为台区输入电量参与计算，台区线损率恢复正常。

169

图 6-9　用采系统表计穿透查询情况

分析心得： 对于有分布式电源并网的台区，分布式电源上网关口的配置对于台区线损率影响大。未对分布式电源关口进行配置或者计量点方向配置错误易造成台区线损异常。因此，对于此类台区，分布式上网点关口的方向配置情况是否和现场一致，应作为异常检查分析的重点。

三、异常类型：两单位表箱条码相同

典型台区： 电网_昆山村 D 变压器。

基本情况： 该台区近期同期日线损及供售电量情况见表 6-3。

表 6-3　　　　　　　　2019 年 2 月 13 日～2 月 25 日线损完成情况

时间	输入电量（kWh）	输出电量（kWh）	售电量（kWh）	损失电量（%）	线损率（%）
2019 年 2 月 13 日	703.2	0	672.33	30.87	4.39
2019 年 2 月 14 日	667.5	0	640.15	27.35	4.10
2019 年 2 月 15 日	624.9	0	609.7	15.2	2.43
2019 年 2 月 16 日	642.6	0	622.91	19.69	3.06
2019 年 2 月 17 日	584.7	0	572.97	11.73	2.01
2019 年 2 月 18 日	583.2	0	561.96	21.24	3.64
2019 年 2 月 19 日	617.1	0	595.57	21.53	3.49
2019 年 2 月 20 日	545.1	0	530.84	14.26	2.62
2019 年 2 月 21 日	470.7	0	472	-1.3	-0.28
2019 年 2 月 22 日	429.3	0	437.81	-8.51	-1.98

时间	输入电量 （kWh）	输出电量 （kWh）	售电量 （kWh）	损失电量 （%）	线损率 （%）
2019 年 2 月 23 日	372.9	0	386.76	−13.86	−3.72
2019 年 2 月 24 日	365.4	0	378	−12.6	−3.45
2019 年 2 月 25 日	346	0	361.92	−15.92	−4.60

异常分析：

初步分析：该台区 2019 年 2 月 13~20 日同期日线损率在 2%~5% 之间，2 月 20 日开始台区线损率变为负（见图 6-10），但供售电量未发生明显突变，换表、表底突变等原因造成负损的可能性不大，因此需重点对台区变—户关系进行核实。

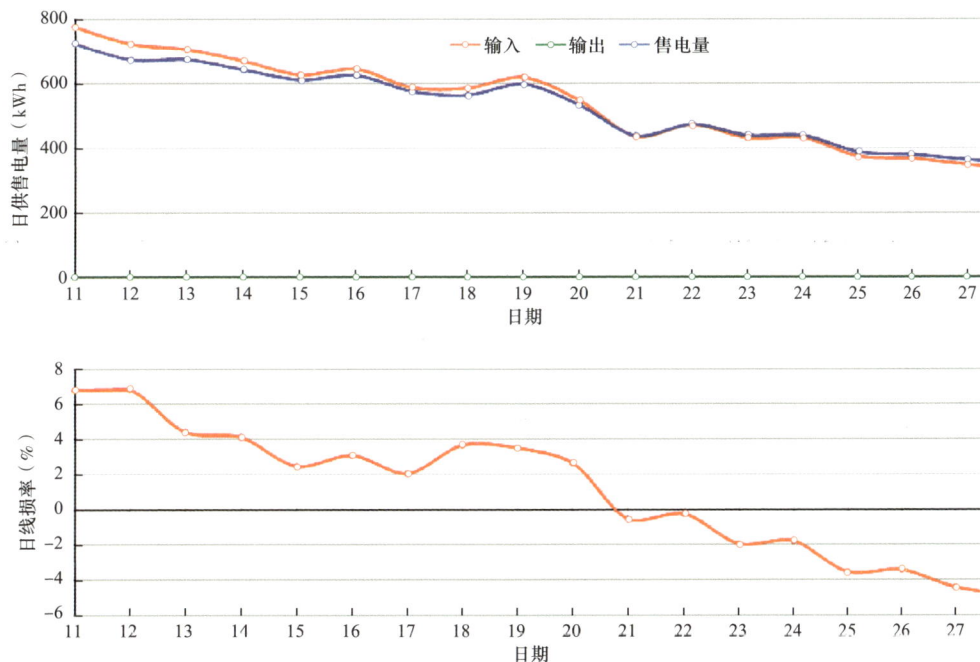

图 6-10　台区 2 月供售电量及线损率情况

深入分析：核对同期系统及营销 SG186 系统台区用户电量明细，发现 2 月 20 日后同期系统中该台区存在外单位用户串入（若两个单位表箱条码相同，营配贯通后会造成此类问题），导致台区线损率变负。台区下的异常用户情况如图 6-11 所示。

3	0490028863	范诗文	四川省南充市仪陇县三蛟镇昆山村委会昆山村D变136号	电网_昆山村D变压器	2019年4月22日	0.41
4	0495935841	邓火清	四川省眉山市东坡区通惠街道办先锋村大组	电网_昆山村D变压器	2019年4月22日	12.8
5	0735221943	四川眉山宏...	四川省眉山市东坡区通惠街136号	电网_昆山村D变压器	2019年4月22日	2.95
6	0735221956	四川眉山宏...	四川省眉山市东坡区通惠街134号	电网_昆山村D变压器	2019年4月22日	3.7
7	0735221969	四川眉山宏...	四川省眉山市东坡区通惠街132号	电网_昆山村D变压器	2019年4月22日	4.43
8	0735221972	四川眉山宏...	四川省眉山市东坡区通惠街130号	电网_昆山村D变压器	2019年4月22日	3.45
9	0735227404	眉山市路灯...	四川省眉山市东坡区通惠街138号光彩工程	电网_昆山村D变压器	2019年4月22日	12.6
10	0735230475	眉山市环境...	四川省眉山市东坡区通惠街138号市政公司	电网_昆山村D变压器	2019年4月22日	0.15
11	0879436463	邓洪宝	四川省南充市仪陇县三蛟镇昆山村委会昆山村D变137号	电网_昆山村D变压器	2019年4月22日	1.62
12	1285613523	蒙琅养殖场	四川省南充市仪陇县三蛟镇昆山村委会163号	电网_昆山村D变压器	2019年4月22日	0.0
13	1308651387	孙华金	四川省南充市仪陇县三蛟镇昆山村委会昆山村D变146号	电网_昆山村D变压器	2019年4月22日	0.7
14	1309737475	孙泽厚	四川省南充市仪陇县三蛟镇昆山村委会昆山村D变147号	电网_昆山村D变压器	2019年4月22日	1.89
15	1310511402	张明秀	四川省南充市仪陇县三蛟镇昆山村委会昆山村D变148号	电网_昆山村D变压器	2019年4月22日	0.0
16	1323929072	张明秀	四川省南充市仪陇县三蛟镇昆山村委会昆山村D变149号	电网_昆山村D变压器	2019年4月22日	0.0
17	1323929131	李志平	四川省南充市仪陇县三蛟镇昆山村委会昆山村D变150号	电网_昆山村D变压器	2019年4月22日	0.0

图 6-11　台区下的异常用户情况

报市公司后协调相应地市公司进行处理，目前营销 SG186 系统与电网 GIS 系统下台区用户相同，线损率合格，如图 6-12 所示。

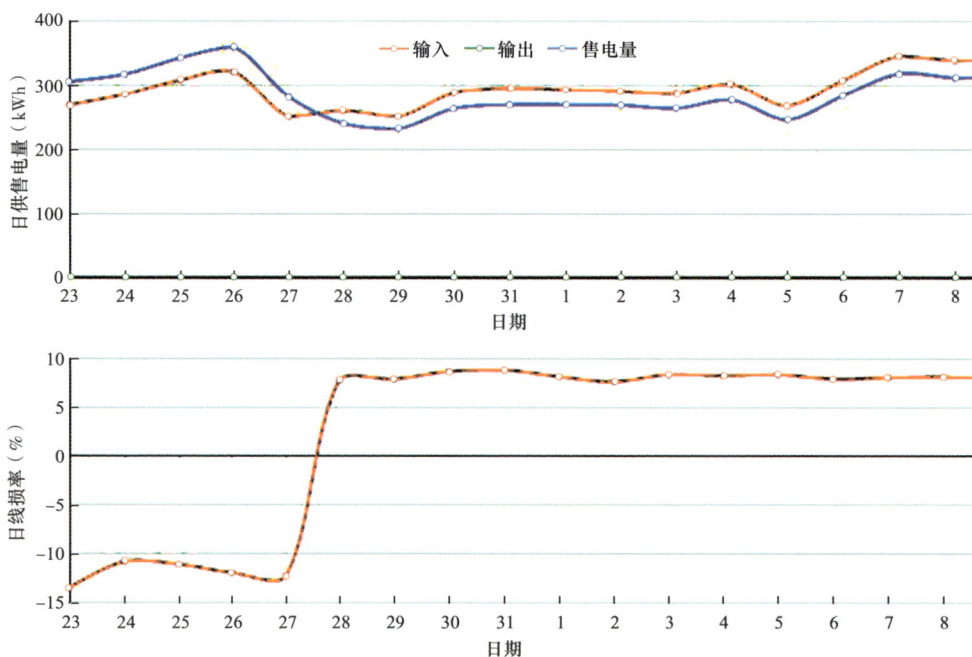

图 6-12　整改后该台区供售电量及线损率情况

分析心得： 发现一直"较稳定"的台区线损率突然异常后应重点对台区用户档案情况进行查看。可能存在用户计量点倍率档案错误、其他台区用户错误接入、供电量少接入、现场设备异常等情况。在对比正常、异常线损率情况下用户档案后可以较快地对此类情况进行异常定位查找。

典型台区： 电网 _10kV 塔升线白鹤小区 6 号台区变压器。

基本情况： 该台区于 2019 年 5~6 月连续负损，线损率见表 6-4，如图 6-13 所示。

表 6-4   2019 年 5 月～6 月线损完成情况

时间	输入电量 （kWh）	输出电量 （kWh）	售电量 （kWh）	损失电量 （%）	线损率 （%）
2019 年 5 月	24478	0	30378	−5900.7	−24.11
2019 年 6 月	30180	0	37335.74	−7155.74	−23.71

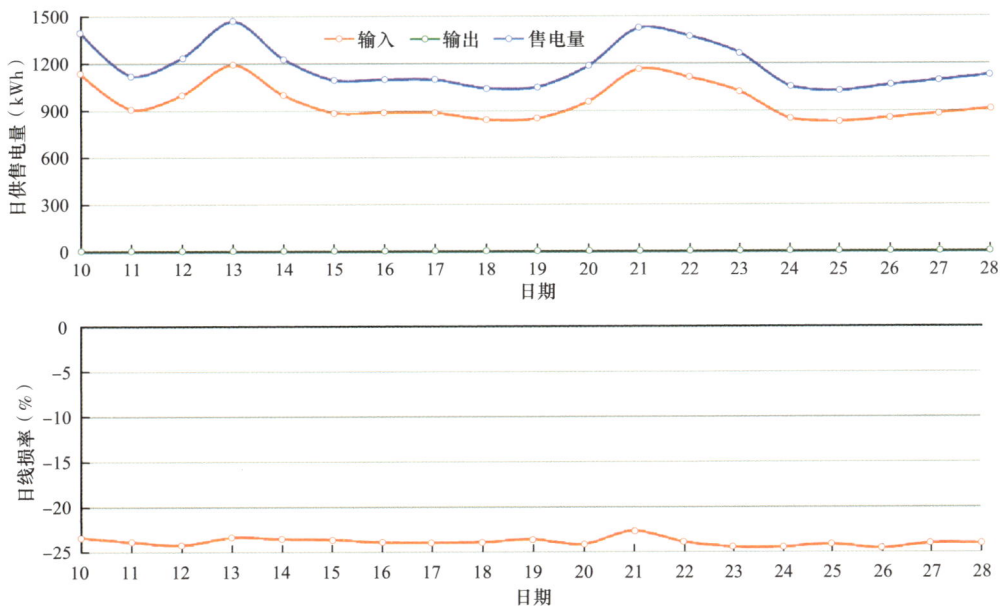

图 6-13   台区 6 月供售电量及线损率情况

异常分析：

初步分析： 从该台区的线损走势来看，5 月开始线损率一直为负，且基本处于较稳定的负损状态。初步怀疑计量点档案倍率错误、其他台区用户错误接入、供电量少接入、现场设备异常等情况。

深入分析： 由于台区只有三个用户，且在 5 月对用户（成都市华兴住宅房地产开发有限公司）进行了互感器更换，导致倍率有变化。所以首先对变更过的用户档案进行检查，发现用户倍率由 40 变更为 30，但同期系统倍率仍未同步，如图 6-14 所示。

电能表信息					
序号	表号	出厂编号	资产编号	倍率	日期
1	8000002076100273	000017441133	513000100000017...	40	2019年6月
2	8000002076100273	000017441133	513000100000017...	40	2019年5月
3	8000002076100273	000017441133	513000100000017...	40	2019年4月
4	8000002076100273	000017441133	513000100000017...	40	2019年3月

图 6-14　同期系统中该用户倍率情况

因计量档案是由营销 SG186 系统推送营销基础数据平台后，再推送至同期线损管理系统，其中可能存在部分数据丢失的情况，从而造成相关字段数据不能及时更新。联系项目组手工对数据进行同步后，台区线损率计算正常，如图 6-15 所示。

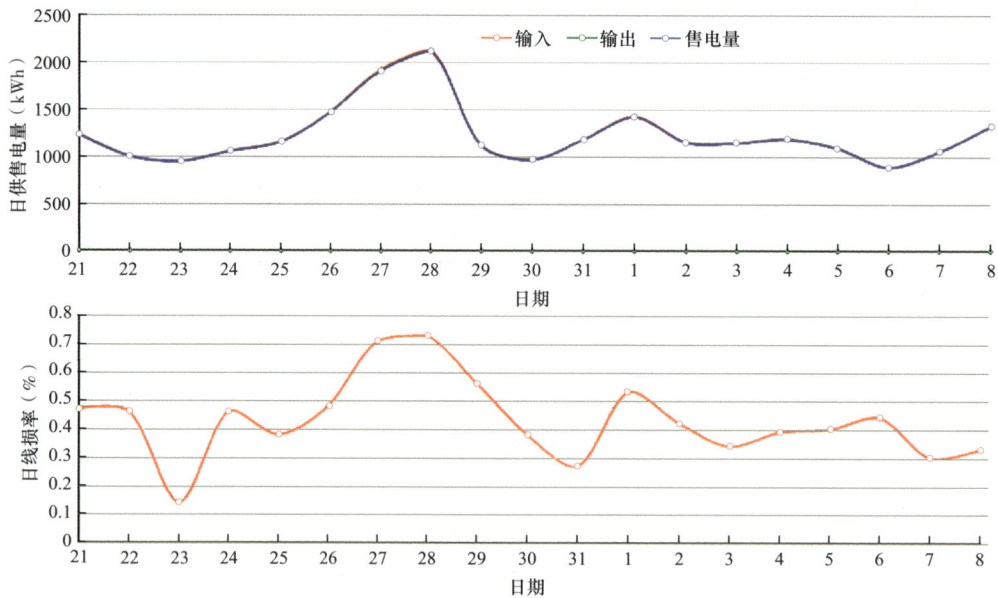

图 6-15　治理后该台区供售电量及线损率情况

分析心得： 发现一直"较稳定"的台区线损率突然异常后应重点对台区各档案情况进行查看。可能存在用户计量点倍率档案错误、其他台区用户错误接入、供电量少接入、现场设备异常等情况。在结合现场工作、设备异动情况后可以更快地对台区线损率异常的原因进行定位。

典型台区：电网 _10kV 大同线阿绿芝组 3 号 100kVA 公用变压器。

基本情况：该台区近期同期供售电量及线损率如图 6-16 所示。

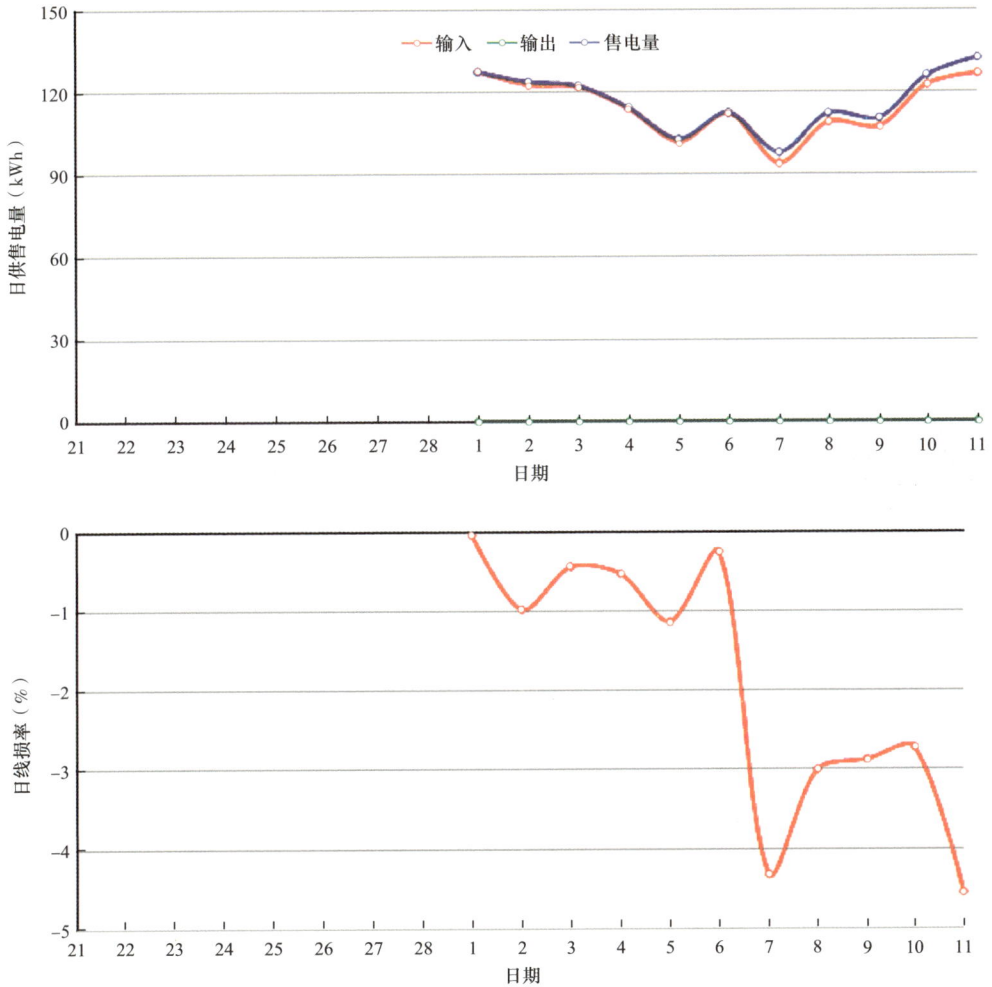

图 6-16 台区供售电量及线损率情况

异常分析：

初步分析：该台区为农网改造升级后新增台区，投运后即为负线损。观察供售电量变化趋势基本一致，线损率波动大，在功率因数基本保持稳定的情况下，基本可以排除总表接线错误和倍率的问题，首先核实台户关系是否正确。

深入分析： 对该台区用户进行核查，核查结果为户号"00662694××"的用户应属于"电网_10kV 大同线江家湾组 1 号 100kVA 公用变压器"台区，该户跨台区抄表，导致线损不合格。将该户调回所属台区后，线损率恢复至 1.5% 左右。

分析心得： 台区割接过程中要做好基础档案的梳理和新台区的建模管理，确保营配贯通关系准确。同时，通过线损率的大幅波动，结合功率因数的变化情况，可以辅助排除总表接线错误和倍率问题，但不能排除总表接触不良、表前接带负荷、互感器被分流等情况。

六、异常类型：高压用户贯通到台区

典型台区： 10kV 界湖线御源大湖区 1–4#3 变压器。

基本情况： 该台区总表、低压采集成功率 100%，线损率稳定在 –40% 左右，数据见表 6–5，如图 6–17 所示。

表 6–5　2019 年 4 月 22~30 日线损率情况

时间	输入电量（kWh）	输出电量（kWh）	售电量（kWh）	损失电量（%）	线损率（%）
4 月 22 日	1248	0	1782.26	–534.26	–42.81
4 月 23 日	1292	0	1845.96	–553.96	–42.88
4 月 24 日	1350	0	1932.7	–582.7	–43.16
4 月 25 日	1476	0	2124.35	–648.35	–43.93
4 月 26 日	1530	0	2198.75	–668.75	–43.71
4 月 27 日	1514	0	2175.81	–661.81	–43.71
4 月 28 日	1296	0	1852.96	–556.96	–42.98
4 月 29 日	1236	0	1762.99	–526.99	–42.64
4 月 30 日	1258	0	1792.34	–534.34	–42.48

异常分析：

初步分析： 该台区一直稳定负损，线损率在 –40% 左右。初步判断是用户错误接入、倍率档案错误、总表接线错误、设备异常等原因造成。核对台区下用户明细与营销 SG186 系统一致，并在台区智能看板中，导出售电量明细，发现售电量明细与汇总的电量不一致。汇总电量 2198.75kWh，明细求和 1501.35kWh，如图 6–18 所示。

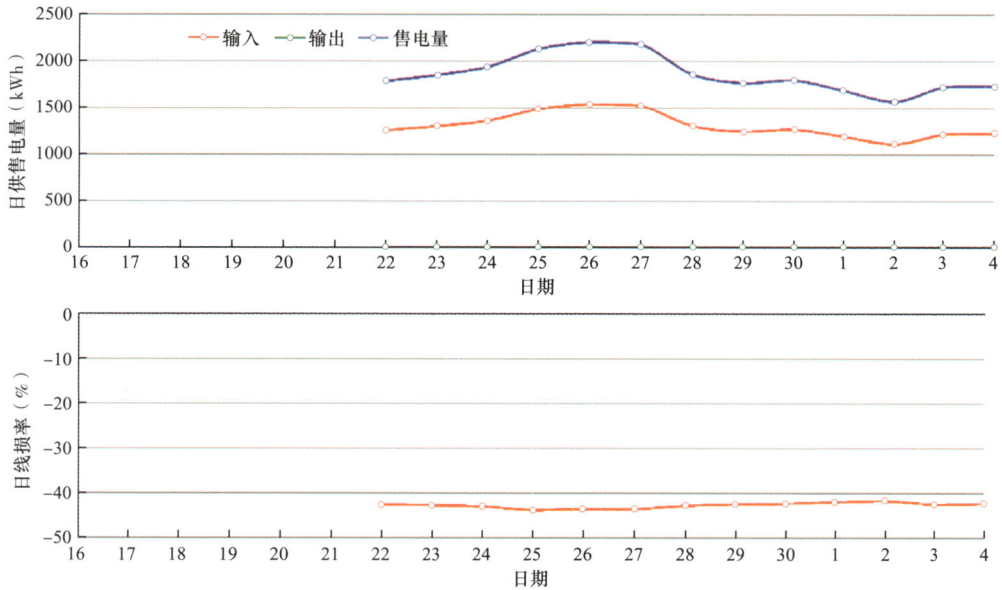

图 6-17　台区 4 月 22 日～5 月 4 日供售电量及线损率情况

电量情况（kWh）			
分类	本期	上期	去年同期
输入　输入电量	1530.00	1476.00	
输出　输出电量	0.00	0.00	
售电量	2198.75	2124.35	
损失电量	-668.75	-648.35	
线损率	-43.71	-43.93	

（a）

序号	用户名称	计量点编号	上表底	下表底	本期电量
337	24栋1单元楼道灯	000298591	577.20	578.31	1.11
338	24栋2单元楼道灯	000298591	697.88	698.57	0.69
339	25栋1单元楼道灯	000298591	59.18	59.28	0.1
340	25栋2单元楼道灯	000298591	633.03	634.23	1.2
341	26栋1单元楼道灯	000298591	364.96	365.75	0.79
342	26栋2单元楼道灯	000298591	3651.20	3654.83	3.63
343	26栋3单元楼道灯	000298591	413.76	414.55	0.79
344	27栋1单元楼道灯	000298591	569.97	573.15	3.18
345	27栋2单元楼道灯	000298591	386.22	386.96	0.74
346	27栋3单元楼道灯	000298591	2204.72	2209.31	4.59
347	28栋1单元楼道灯	000298591	2526.03	2531.17	5.14
348	28栋2单元楼道灯	000298591	799.06	800.55	1.49
349	29栋1单元楼道灯	000298591	2792.81	2798.64	5.83
350	29栋2单元楼道灯	000298591	465.78	466.51	0.73
351	29栋3单元楼道灯	000298591	408.75	409.15	0.4
352	30栋1单元楼道灯	000298591	506.57	507.43	0.86
353	30栋2单元楼道灯	000298591	4105.28	4113.95	8.67
354	31栋1单元楼道灯	000298591	547.51	548.31	0.8
355	31栋2单元楼道灯	000298591	189.80	190.20	0.4
356	32栋1单元楼道灯	000298591	453.38	454.26	0.88
357	32栋2单元楼道灯	000298591	366.18	366.88	0.7

2019-04-26售电量明细.xls ＋

求和=1501.35　平均值=4.205462184874　计数=358　最小值=0　最大值=30.4

（b）

图 6-18　同期系统中售电量合计与用户明细合计对比
（a）同期系统中台区售电量；（b）同期系统中台区下用户售电量明细

深入分析： 因同期线损管理系统售电量明细中不含高压用户，但在汇总计算时要计入高压用户电量，因此，通过售电量初步分析，怀疑有高压用户贯通到公用台区下。通过项目组提供的高压用户贯通到公用台区明细，发现有某公司 4 个计量点挂在该台区下（如图 6–19 和图 6–20 所示），导致台区售电量异常增多，至此，找到台区负损原因。

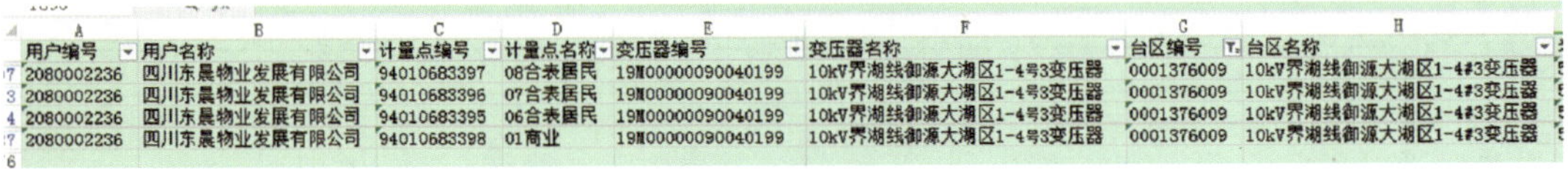

用户编号	用户名称	计量点编号	计量点名称	变压器编号	变压器名称	台区编号	台区名称
2080002236	四川东晨物业发展有限公司	94010683397	08合表居民	19M00000090040199	10kV界湖线御源大湖区1-4号3变压器	0001376009	10kV界湖线御源大湖区1-4#3变压器
2080002236	四川东晨物业发展有限公司	94010683396	07合表居民	19M00000090040199	10kV界湖线御源大湖区1-4号3变压器	0001376009	10kV界湖线御源大湖区1-4#3变压器
2080002236	四川东晨物业发展有限公司	94010683395	06合表居民	19M00000090040199	10kV界湖线御源大湖区1-4号3变压器	0001376009	10kV界湖线御源大湖区1-4#3变压器
2080002236	四川东晨物业发展有限公司	94010683398	01商业	19M00000090040199	10kV界湖线御源大湖区1-4号3变压器	0001376009	10kV界湖线御源大湖区1-4#3变压器

图 6–19　高压用户贯通到台区下明细

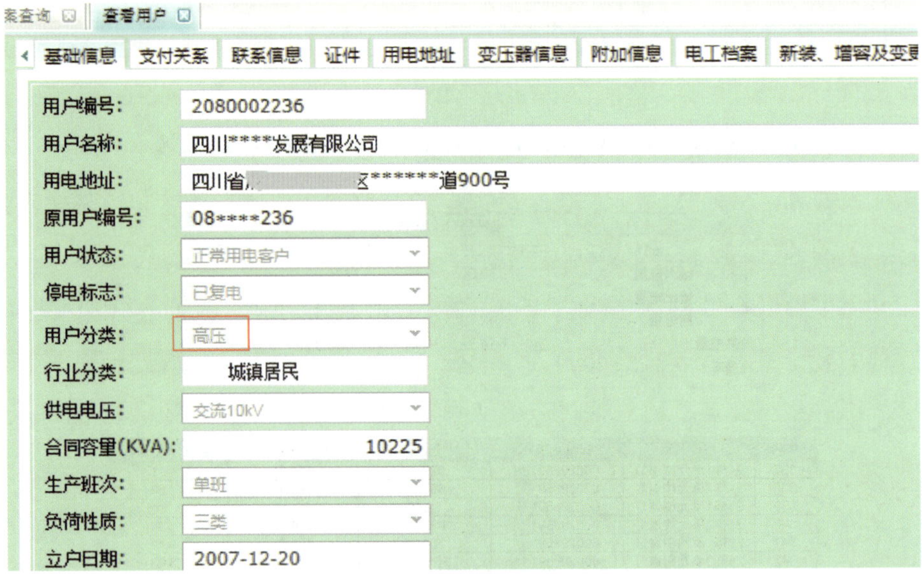

图 6–20　高压用户档案

分析心得： 对于稳定负损的台区，首先应排除总表失压、断相等故障。其次应核对低压售电量是否等于售电量明细的和。如果合计数与系统数据一致则说明台户关系有问题，需要再次现场核实，如果不一致则有极大可能有高压用户贯通到公用台区下，整改贯通数据即可。

七、异常类型：光伏发电用户未正确接入

典型台区： 电网 _ 盐井坝村 C 变压器。

基本情况： 该台区近期同期日线损及供售电量情况见表 6–6。

时间	输入电量（kWh）	输出电量（kWh）	售电量（kWh）	损失电量（%）	线损率（%）
2019 年 4 月 11 日	100.8	0	107.93	−7.13	−7.07
2019 年 4 月 12 日	133.2	0	135.53	−2.33	−1.75
2019 年 4 月 13 日	136.8	0	142.34	−5.54	−4.05
2019 年 4 月 14 日	131.4	0	136.11	−4.71	−3.58
2019 年 4 月 15 日	127.2	0	132.08	−4.88	−3.84
2019 年 4 月 16 日	110	0	110.44	−0.44	−0.40
2019 年 4 月 17 日	124.4	0	130.76	−6.36	−5.11
2019 年 4 月 18 日	132.4	0	141.99	−9.59	−7.24
2019 年 4 月 19 日	150.65	0	148.88	1.77	1.17
2019 年 4 月 20 日	112.66	0	110.59	2.07	1.84
2019 年 4 月 21 日	147.58	0	147.09	0.49	0.33
2019 年 4 月 22 日	127.21	0	119.8	7.41	5.83
2019 年 4 月 23 日	134.1	0	126.34	7.76	5.79

表 6-6　　　　　　　　　2019 年 4 月 11~18 日台区线损完成情况

异常分析：

初步分析：从该台区 2019 年 4 月 11~18 同期日线损率的变化情况来看，该台区一直负损，台区日线损率在 −9.59%~0.44% 之间波动（见图 6-21）。核对营销 SG186 系统与 GIS 系统用户数量一致，同时现场检查台户关系无误，分析的重点应放在可能导致台区负损的其他方面，如计量装置故障或采集异常导致供电量少计或售电量多计等方面。

深入分析：查询台区总表，发现输入电量有台区总表和光伏发电用户，但输入电量只计入了台区总表电量，未将光伏发电用户上网电量计入输入电量，导致台区线损负损。核实采集系统，该用户光伏发电应该是反向计量，但在最初配置成正向发电，导致光伏发电未能计入输入电量。在同期系统中将该用户配置成反向计量后，该台区日线损率合格，如图 6-22 所示。

分析心得：对于有分布式电源的异常台区，应特别留意分布式电源的配置情况，当分布式电源配置错误时，可能会导致台区出现不规则的高、负损情况。

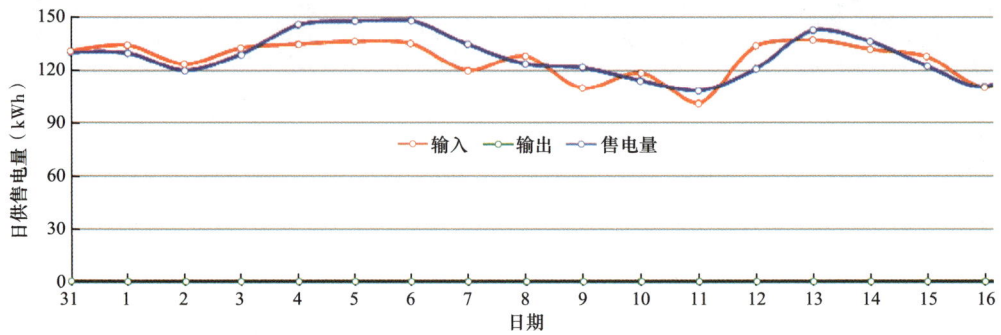

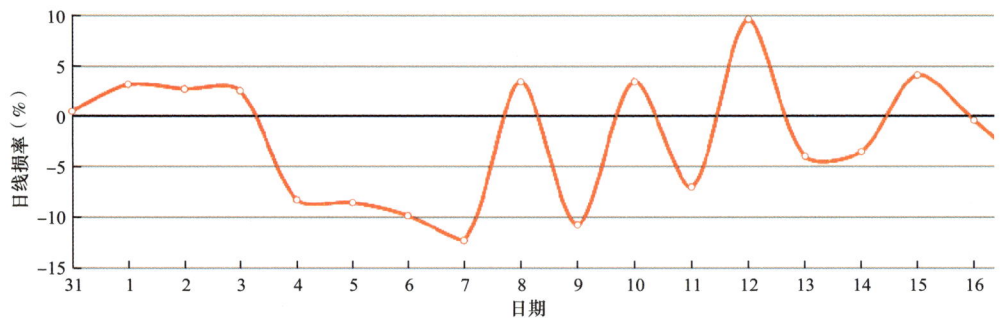

图 6-21　台区 4 月供售电量及线损率情况

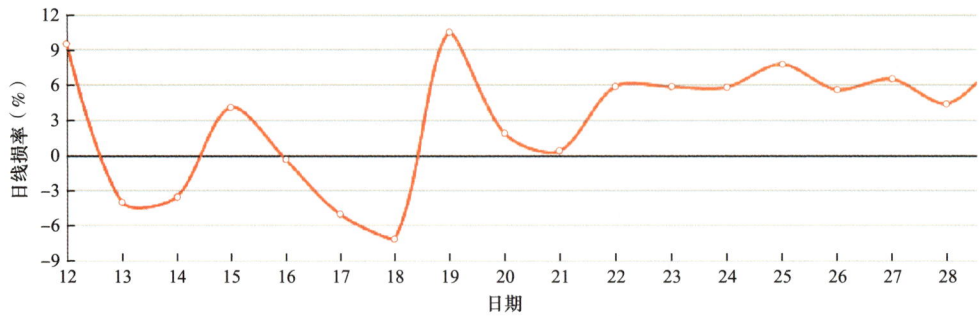

图 6-22　台区 4 月供售电量及线损率情况

八、异常类型：档案未推送造成台区总表表底缺失

典型台区：柳垭镇虎峨坝村 G 变压器。

基本情况：该台区 4 月同期日线损率及供售电量情况见表 6-7。

表 6-7 2019 年 4 月线损完成情况

时间	输入电量（kWh）	输出电量（kWh）	售电量（kWh）	损失电量（%）	线损率（%）
4 月 15 日	0.00	0.00	89.13	−89.13	−100
4 月 16 日	0.00	0.00	84.79	−84.79	−100
4 月 17 日	0.00	0.00	47.92	−47.92	−100
4 月 18 日	0.00	0.00	75.68	−75.68	−100
4 月 19 日	0.00	0.00	68.67	−68.67	−100
4 月 20 日	0.00	0.00	64.69	−64.69	−100
4 月 21 日	0.00	0.00	79.78	−79.78	−100
4 月 22 日	0.00	0.00	71.6	−71.6	−100
4 月 23 日	0.00	0.00	63.84	−63.84	−100
4 月 24 日	0.00	0.00	93.13	−93.13	−100
4 月 25 日	0.00	0.00	71.09	−71.09	−100
4 月 26 日	0.00	0.00	89.66	−89.66	−100
4 月 27 日	0.00	0.00	41.84	−41.84	−100
4 月 28 日	0.00	0.00	38.89	−38.89	−100
4 月 29 日	0.00	0.00	86.85	−86.85	−100
4 月 30 日	0.00	0.00	91.09	−91.09	−100
2019 年 4 月	0.00	0.00	2668.29	−2668.29	−100

异常分析：

初步分析：该台区自投运以来，线损率均为 −100%，初步怀疑为台区总表采集异常或档案异常导致的表底缺失。

深入分析：同期线损系统中该台区总表无表底，在用采系统中台区总表表底正常

（见图 6-23）。对表计进行现场检查，表计示数与采集系统示数一致。

基本档案 | 电能示值 | 电压曲线 | 电流曲线 | 电量 | 负荷 | 购电信息 | 用电异常 | 全事件信息
用户编码：1282172300　开始日期：2019年04月01日　结束日期：2019年05月13日
电表列表：51300010000002

| | 电表资产号 | 抄表日期 | 终端抄表时间 | 采集入库时间 | 正向有功 | | | | |
					总	尖	峰	平	谷
1	51300010000002773278802	2019年5月13日	2019年5月14日 00:05:00	2019年5月14日 02:16:23	304.2400	0.0000	127.9300	106.2400	70.0700
2	51300010000002773278802	2019年5月12日	2019年5月13日 00:05:00	2019年5月13日 02:28:55	299.2200	0.0000	125.6300	104.7100	68.8700
3	51300010000002773278802	2019年5月11日	2019年5月12日 00:05:00	2019年5月12日 03:06:48	294.2500	0.0000	123.5100	102.9900	67.7400
4	51300010000002773278802	2019年5月10日	2019年5月11日 00:05:00	2019年5月11日 02:36:56	288.5700	0.0000	121.3300	100.8400	66.4000
5	51300010000002773278802	2019年5月9日	2019年5月10日 00:05:00	2019年5月10日 02:52:29	283.2400	0.0000	119.1500	99.0000	65.0800
6	51300010000002773278802	2019年5月8日	2019年5月9日 00:05:00	2019年5月9日 02:16:24	278.3000	0.0000	117.2800	97.1300	63.8900
7	51300010000002773278802	2019年5月7日	2019年5月8日 00:05:00	2019年5月8日 02:17:26	273.8300	0.0000	115.6200	95.5100	62.6900
8	51300010000002773278802	2019年5月6日	2019年5月7日 00:05:00	2019年5月7日 02:53:01	269.9700	0.0000	114.2200	94.2200	61.6400
9	51300010000002773278802	2019年5月5日	2019年5月6日 00:05:00	2019年5月6日 02:16:24	265.6200	0.0000	112.5900	92.4800	60.5400
10	51300010000002773278802	2019年5月4日	2019年5月5日 00:05:00	2019年5月5日 02:29:11	261.0700	0.0000	111.0200	90.8100	59.2800
11	51300010000002773278802	2019年5月3日	2019年5月4日 00:05:00	2019年5月4日 02:58:03	255.5900	0.0000	108.8700	88.7900	57.9200
12	51300010000002773278802	2019年5月2日	2019年5月3日 00:05:00	2019年5月3日 02:50:34	250.1400	0.0000	106.3400	87.3500	56.4400
13	51300010000002773278802	2019年5月1日	2019年5月2日 00:05:00	2019年5月2日 02:36:38	244.4400	0.0000	103.9700	85.2800	55.1700
14	51300010000002773278802	2019年4月30日	2019年5月1日 00:05:00	2019年5月1日 02:36:55	238.2500	0.0000	101.5900	83.0700	53.5700
15	51300010000002773278802	2019年4月29日	2019年4月30日 00:05:00	2019年4月30日 02:15:44	232.5800	0.0000	99.3200	80.9400	52.3300

图 6-23　用采系统该计量点表底情况

对此，怀疑总表计量点档案未成功推送至同期线损管理系统，从而造成总表电量缺失。经项目组处理，重新同步台区总表数据后台区线损率正常，如图 6-24 所示。

分析心得： 在表计档案正确、现场采集正常、采集系统数据正常而同期线损系统无表底的情况下，重点怀疑表计档案在推送过程中出现异常情况。将上述情况上报项目组重新推送数据后，台区总表电量接入正常，台区线损率合格。

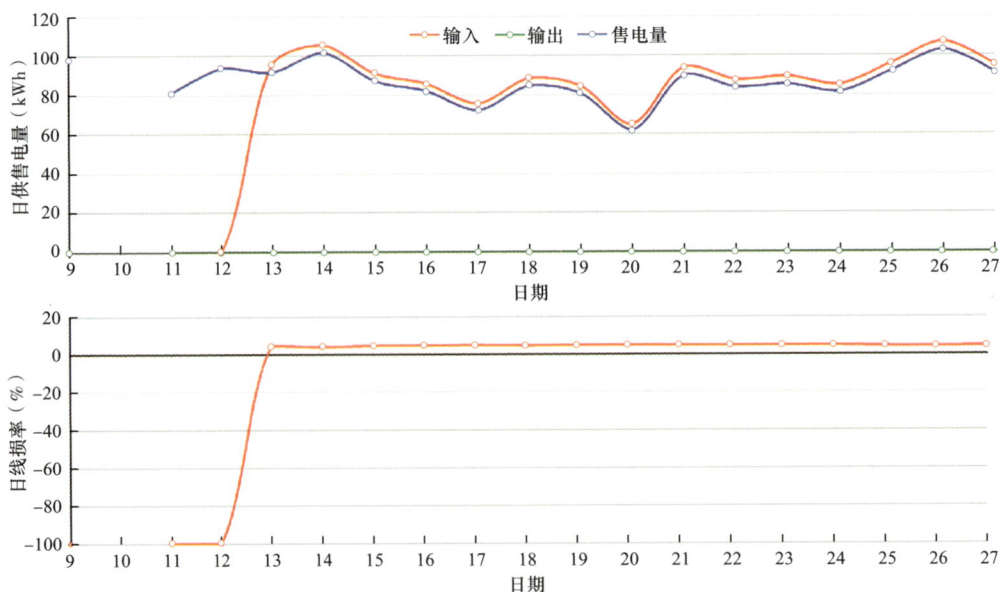

图 6-24　处理后改台区供售电量及线损率情况

第二节　采集因素

采集问题也是造成台区负损的重要原因之一，主要包含表计时钟超差、通道异常及集中器问题等三个方面。同时，因采集问题直接影响电量计算，进而影响分区、分压、分线线损率计算结果，因此，采集问题的影响面较档案问题更大，应高度重视。

采集问题产生的主要原因是：相关业务人员工作责任心不强，造成下发错误的采集参数，引起电量失真；表计、采集器、终端等硬件问题，造成表码数据不能及时采回；采集器、终端等软件问题，造成虚假数据入库。

一、异常类型：表计时钟超差

（1）典型台区：李渡枣垭寺村 2 号公用变压器。

基本情况：该台区 3 月 23 日至 3 月 31 日同期日线损率及供售电量情况见表 6-8，如图 6-25 所示。

表 6-8　　　　　　　　2019 年 3 月 23~31 日线损完成情况

日期	供电量（kWh）	售电量（kWh）	损耗电量（kWh）	损耗率（%）
2019 年 3 月 23 日	200.4000	210.0100	−9.6100	−4.80
2019 年 3 月 24 日	210.9000	209.6100	1.2900	0.61
2019 年 3 月 25 日	193.2000	185.5500	7.6500	3.96
2019 年 3 月 26 日	178.5000	168.2100	10.2900	5.76
2019 年 3 月 27 日	162.0000	138.5500	23.4500	14.48
2019 年 3 月 28 日	161.1000	147.3700	13.7300	8.52
2019 年 3 月 29 日	164.7000	183.2200	−18.5200	−11.24
2019 年 3 月 30 日	187.8000	180.9300	6.8700	3.66

异常分析：

初步分析：该台区 3 月同期日线损率正负波动，初步怀疑因台区下电表时钟异常

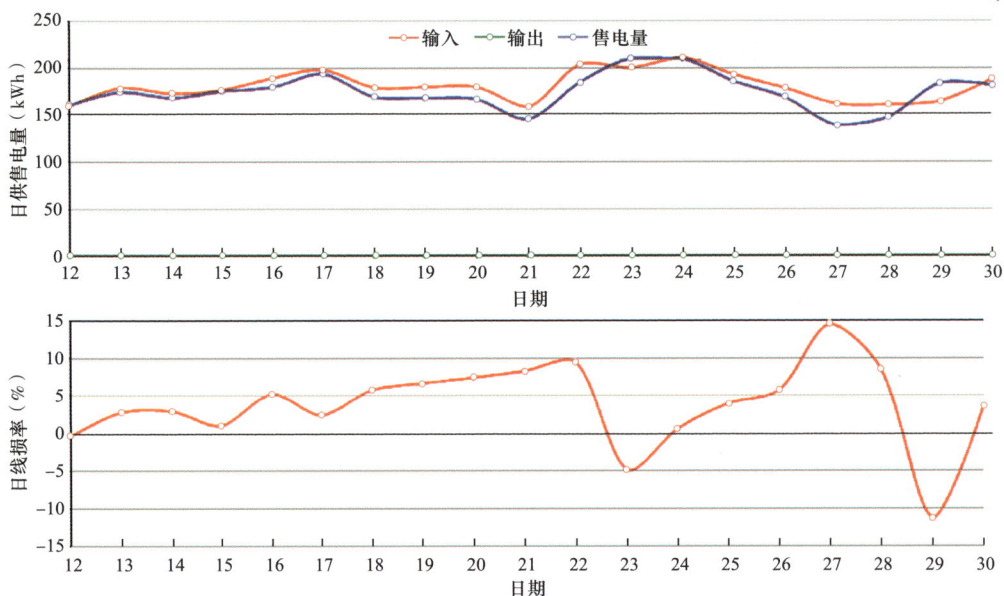

图 6-25　治理后台区供售电量及线损率情况

或台户关系错误造成线损率异常。

深入分析： 经现场初步检查，李渡枣垭寺村 2 号公用变压器台区考核表时钟正常而户表的部分表计时间异常。通过"采集系统运行管理"下的"时钟管理"模块"电能表对时"，远程校时成功；校时后对该台区进行线损监控，处理后台区线损稳定合格，见表 6-9。

表 6-9　　　　2019 年 5 月 1 日 ~ 2019 年 5 月 8 日 日线损完成情况

日期	供电量（kWh）	售电量（kWh）	损耗电量（kWh）	损耗率（%）
2019 年 5 月 1 日	175.2000	159.3600	15.8400	9.04
2019 年 5 月 2 日	172.5000	157.2200	15.2800	8.86
2019 年 5 月 3 日	192.9000	175.8000	17.1000	8.86
2019 年 5 月 4 日	193.8000	178.3600	15.4400	7.97
2019 年 5 月 5 日	167.1000	153.8800	13.2200	7.91
2019 年 5 月 6 日	162.6000	148.6000	14.0000	8.61
2019 年 5 月 7 日	181.2000	164.3800	16.8200	9.28
2019 年 5 月 8 日	163.8000	147.4700	16.3300	9.97

分析心得： 充分利用同期线损系统日监测功能，通过对台区日线损监测，如日线损率正负波动，优先考虑表计时钟超差，通过"采集系统运行管理"下的"时钟管理"模块，进一步判断是台区总表还是用户表计问题，以上方式可提高异常台区处理效率。

（2）典型台区：集镇 27 号公用变压器（台区编号：00008963××）。

基本情况： 该台区 3 月 1~7 日同期日线损率及供售电量情况见表 6-10，如图 6-26 所示。

表 6-10   2019 年 3 月 1~9 日线损完成情况

日期	供电量（kWh）	售电量（kWh）	损耗电量（kWh）	损耗率（%）
2019 年 3 月 1 日	1117.00	1110.97	6.03	0.54
2019 年 3 月 2 日	978.00	952.72	25.28	2.58
2019 年 3 月 3 日	823.00	851.73	−28.73	−3.49
2019 年 3 月 4 日	866.00	838.52	27.48	3.17
2019 年 3 月 5 日	843.00	836.09	6.91	0.82
2019 年 3 月 6 日	905.00	925.96	−20.96	−2.32
2019 年 3 月 7 日	969.00	952.01	16.99	1.75

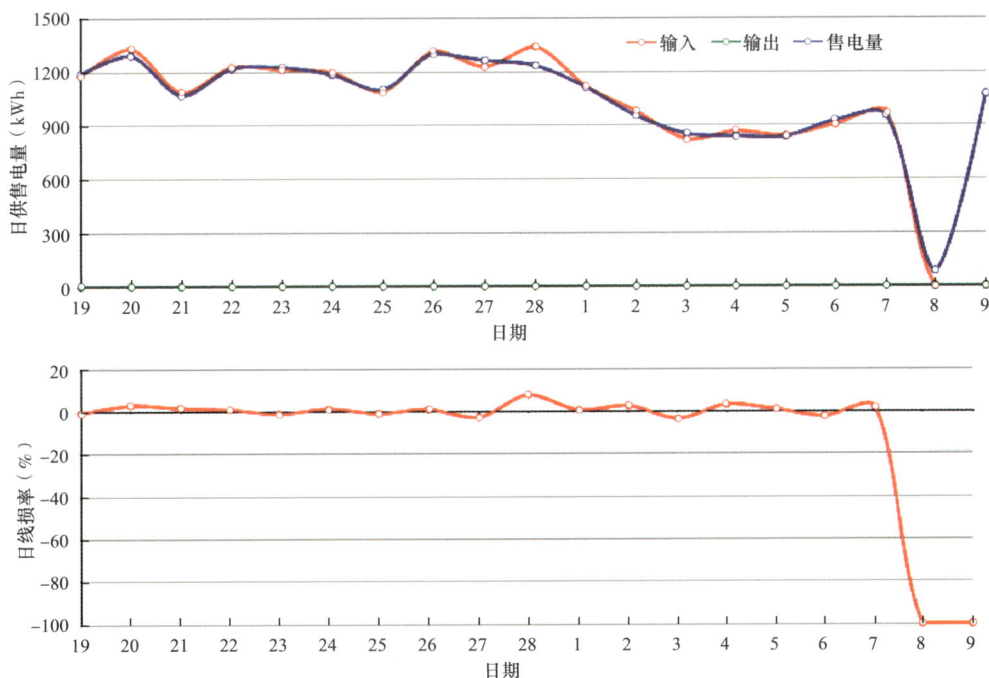

图 6-26 集镇 27 号公用变压器供售电量及线损率情况

异常分析：

初步分析： 从该台区同期日线损率的变化情况来看，该台区线损率正负波动，初步怀疑台区下电表存在时钟异常或台户关系错误的问题。

深入分析： 经现场初步检查，台区考核表时钟正常而户表的部分表计时间异常。通过"采集系统运行管理"下的"时钟管理"模块"电能表对时"，由于集镇27号变压器户表（多数是09版电表）远程校时失败；再用掌机现场校时，对该台区下时钟异常电表全部进行校时，校时后对该台区进行线损监控，观察线损合格情况，但台区停电后电表时钟又出现异常。最终对该台区时钟异常表计70只进行换表处理，处理后台区线损稳定合格，见表6-11。

表6-11　　　　　　　　　　　整改后台区日线损情况

日期	供电量（kWh）	售电量（kWh）	损耗电量（kWh）	损耗率（%）
2019年5月1日	612	604.88	7.12	1.2
2019年5月2日	602	595.23	6.77	1.1
2019年5月3日	574	566.82	7.18	1.3
2019年5月4日	626	617.77	8.23	1.3
2019年5月5日	596	589.43	6.57	1.1
2019年5月6日	609	600.55	8.45	1.4
2019年5月7日	611	604.32	6.68	1.1
2019年5月8日	619	612.03	6.97	1.1

分析心得： 充分利用同期线损系统日监测功能，通过对台区日线损监测，如日线损率正负波动，优先考虑表计时钟超差，通过"采集系统运行管理"下的"时钟管理"模块，进一步判断是台区总表还是用户表计问题，提高异常台区处理效率。

二、异常类型：集中器通信模块程序版本低

典型台区： 电网_10kV峰跑线李渡汉塘村1号公用变压器。

基本情况： 该台区近期同期日线损率及供售电量情况见表6-12，如图6-27所示。

表 6-12　2019 年 6 月 18~2019 年 6 月 22 日线损完成情况

时间	输入电量 （kWh）	输出电量 （kWh）	售电量 （kWh）	损失电量 （kWh）	损耗率 （%）
2019 年 6 月 17 日	1536	0	1473	62	4.05
2019 年 6 月 18 日	1560	0	1289	270	17.37
2019 年 6 月 19 日	1683	0	1377	306	18.18
2019 年 6 月 20 日	2523	0	1403	1119	44.36
2019 年 6 月 21 日	892.8	0	1446.77	–553.97	–62.05
2019 年 6 月 22 日	1344	0	1295	48.45	3.6

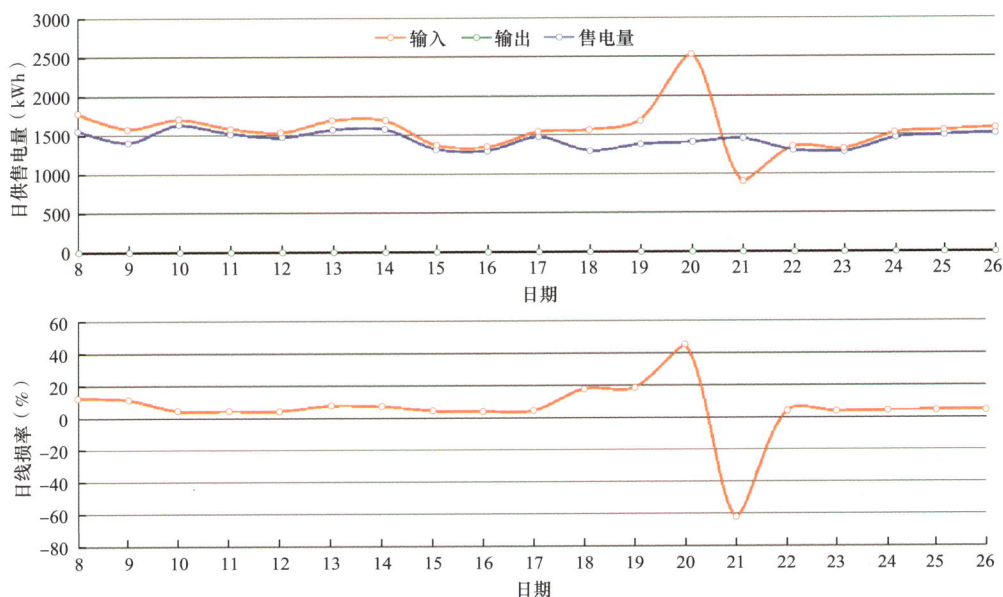

图 6-27　台区 6 月线损率情况

异常分析：

初步分析： 从该台区的日线损走势来看，6 月除 18~21 日外，线损率基本保持在 4.0% 左右，台区售电量变化平稳，供电量存在突变情况。结合前期台区日线损率，初步判定营配关系无问题。重点对供电、售电关口采集情况进行检查核实。

深入分析： 首先检查供电量。21、22 日台区供电量变化较大，造成日线损不合格，经检查，发现供电量计量点在 21 日采集失败，于当日 12 时进行了数据补采，16 时数据入库，如图 6-28 示。导致 20 日电量多计算而成高损，如图 6-29 所示，21 日电量少计算而成负损。

	51300010000000071205566	2019-06-25	2019-06-26 00:00:00	2019-06-26 02:16:59	23705.0200	0.00
	51300010000000071205566	2019-06-24	2019-06-25 00:00:00	2019-06-25 02:20:30	23695.3000	0.00
	51300010000000071205566	2019-06-23	2019-06-24 00:00:00	2019-06-24 02:13:22	23685.8100	0.00
	51300010000000071205566	2019-06-22	2019-06-23 00:00:00	2019-06-23 02:13:07	23677.5700	0.00
	51300010000000071205566	2019-06-21	2019-06-22 00:00:00	2019-06-22 02:12:42	23669.1700	0.00
0	51300010000000071205566	2019-06-20	2019-06-21 12:10:00	2019-06-21 16:23:06	23663.5900	0.00
1	51300010000000071205566	2019-06-19	2019-06-20 00:00:00	2019-06-20 02:16:50	23647.8200	0.00
2	51300010000000071205566	2019-06-18	2019-06-19 00:00:00	2019-06-19 02:17:27	23637.3000	0.00

图 6-28　台区总表用采系统表底情况

| 日期：2019-06-20 | 线损率： | ～ | 查询范围：所有 ▼ |

分台区同期月线损　导出　异常标注　全量导出　区间查询

	台区同期线损				台区总表数（个）			低压用户（个）			三相
	线损率(%)	输入电量(kWh)	输出电量(kWh)	售电量(kWh)	损失电量(kWh)	台区总表数	成功数	采集成功率	低压用户数	成功数	采集成功率
数:2	44.36	2523.20	0.00	1403.91	1119.29	1		100.00	421	333	79.10

图 6-29　台区用户 20 日采集成功率

同时，检查该台区的用户采集成功率。6 月 18~20 号，采集成功率分别为 85.99%、85.4%、79.1%，采集成功率较低。通过用采系统"日累计线损"供出电量明细发现，台区挂接的多个用户售电量为 0，无冻结数据。因此，怀疑该台区部分表计故障。对现场多户表计模块更换后表计仍然无冻结数据，6 月 20 日联系集中器厂家鼎新技术人员对该台集中器的采集模块进行了软件升级，之后采集成功率达到 100%，6 月 22 日，该台区线路率合格，最终确认是采集终端造成的异常。

分析心得： 对于用采系统中表计采集失败的情况，可能存在软硬件两方面的问题。硬件方面，可能是表计的问题，也可能是采集终端的问题，需要通过硬件替换逐步排查。软件方面，可能是采集参数下发错误，造成采集失败。

三、异常类型：采集参数下发错误

典型台区： 10kV 平镇线迎祥镇锯子村十二社台区变压器。

基本情况： 该台区近期同期日线损率及供售电量情况如图 6-30 所示。

异常分析：

初步分析： 该台区 22 日起供电量突然变为 0kWh，售电量正常波动，导致台区线损率为 -100%。仅从线损率和电量情况判断，应重点核查台区总表配置。

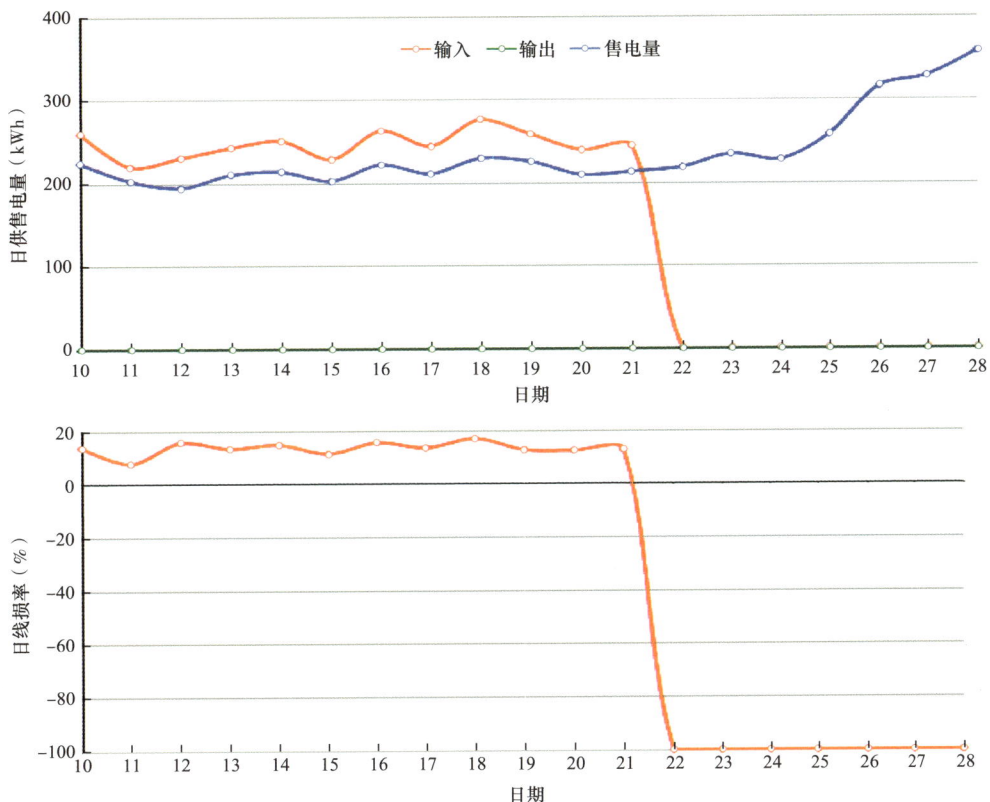

图 6-30　台区电量及日线损率情况

深入分析：通过"台区智能看板"模块"电量明细"，查看供电量突变当天台区总表情况，发现上表底正常，下表底为零（图6-31）。因采集失败会导致表底为"空"，不应为"0"，因此怀疑终端假数上传或采集档案配置错误。经核实，22日，因该台区抄表失败，采集人员重新同步营销SG186系统采集档案到用采系统，并重新下发采集参数，造成台区总表"测量点序号"变为系统默认的"1"（图6-32）。而测量点序号"1"为交流采样（因集中器未取电流，交流采样为0），导致自23日起每日采集表底示数一直为0。台区考核表在集中器的测量点更正为"2"后，台区考核表表底采集数据恢复正常。

分析心得：采集失败，用采系统的表底应该是"空"，而不应是"0"，因此，对于表底为"0"的情况，一般是集中器在采集失败后自动上传"0"或采集参数下发错误所致，采集档案下发参数和采集设备是检查重点。测量点序号好比是各块电表或各类数据的"房间号"，若"房间号"设置错误，采集上来的数据自然不可信。

189

线损分析	电量明细	异常明细	档案异常

输入输出电量明细（kWh）

序号	计量点名称	倍率	正向上表底	正向下表底	正向电量(kW/h)	反向上表底	反向下表底
1	锯子村2号变压器计量点	30	22706.43	0	0	0	0

图 6–31　台区总表表底情况

测量点编辑

测量点编辑

*测量点序号	1		
*对象类型	电能表	*对应对象	0101301730002045967
*PT	1	*CT()	30
对应计量点	锯子村#2变计量点	取反标志	正常

电表参数　测量点参数

电能表参数

通讯地址	0002045967	通讯口令	0
*通讯端口(1-31)	1	通讯速率	2400
规约类型	DL/T645-2007规约	费率个数(1-48)	4
有功电能示值整数位数	6	有功电能示值小数位数	2
采集器编码:	不关联采集器	用户大类:	公变考核计量点
用户小类数据项配置:	缺省值(0)	电能表显示号:	0
电能表编码:	0101301730002045967	电能表条形码:	0101301730002045967
电表类型:	电子式-智能远程费控	生产厂家:	漳州科能电器有限公司
总分标志:	总表	转供用户:	删除

图 6–32　台区总表参数设置情况

四、异常类型：用户表计补采异常

典型台区：电网 _10kV 坛高线天才门 6 号台区。

基本情况：该台区 2019 年 3 月 11 日同期线损系统日线损率如图 6–33 所示。

线损情况	台区运行数据	智能台区

电量情况（kWh）

	分类	本期	上期	去年同期
输入	输入电量	385.00	426.00	376.00
输出	输出电量	0.00	0.00	0.00
	售电量	33585.46	390.88	356.85
损失电量		-33200.46	35.12	19.14
线损率		-8623.50	8.24	5.09

图 6–33　台区日线损率情况

异常分析：

初步分析：从该台区2月25日～3月15日期间的日线损率完成情况来看，台区线损率水平较为稳定，3月11日线损率异常突变，如图6-34所示。观察供、售电量，发现供电量本身基数较小，每天约400kWh，且3月11日也在正常水平，而售电量在3月11日突变为33585.46kWh，远远高于日常水平，导致台区日线损率–6623.50%，初步判断售电量异常造成台区线损突变。

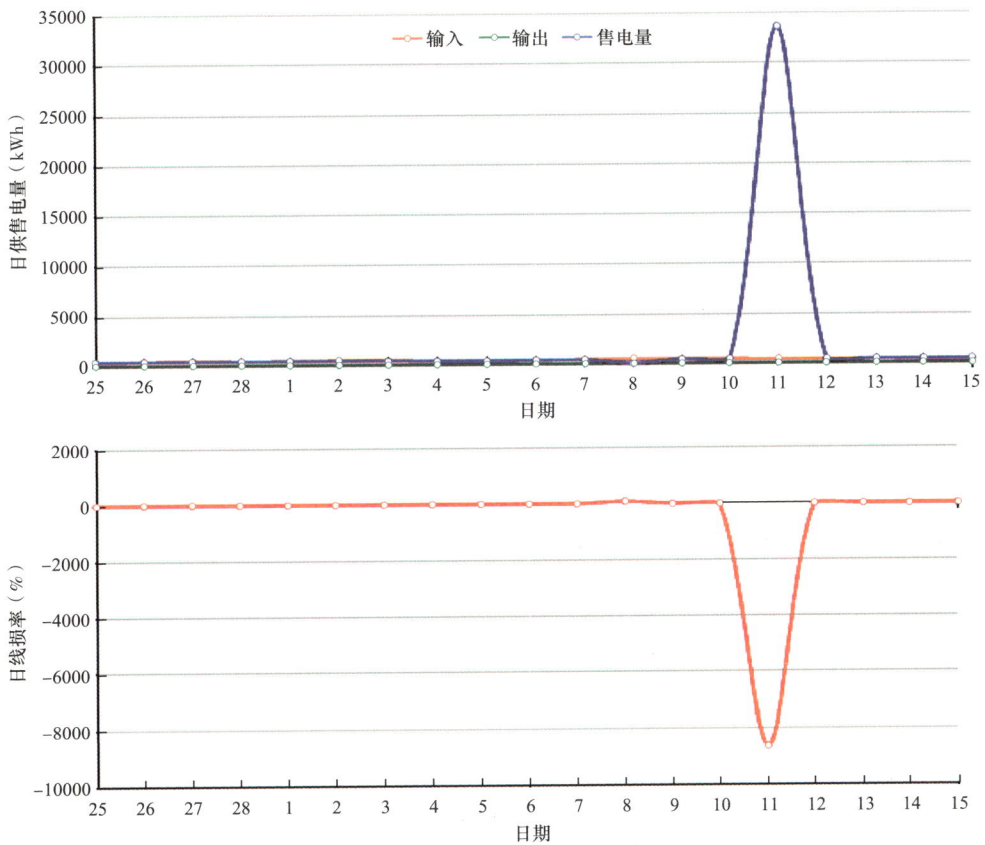

图6-34 台区日受损率

深入分析：通过【线损情况】-【电量明细】模块，查看3月11日该台区下的所有用户电量，发现计量点编号为"825000146××"的用户当日电量达到33233.75kWh，明显异常，如图6-35～图6-37所示。

序号	用户编号	用用	所属台区	日期	用电量（kWh）
1	5533004...	刘区 天才门6号台区		2019年3月11日	33233.75

图 6-35　用户当日电量情况

电能表信息

序号	表号	出厂编号	资产编号	倍率	日期	上表底	下表底
1	231718××	0008316708	010210020000831...	1	2019年3月11日	0.0	4.75
2	231718××	0008316708	010210020000831...	1	2019年3月10日		0.0
3	231718××	0008316708	010210020000831...	1	2019年3月9日		
4	231718××	0008316708	010210020000831...	1	2019年3月8日		
5	231718××	0008316708	010210020000831...	1	2019年3月7日		

图 6-36　该用户表底情况

电能表信息

序号	表号	倍率	出厂编号	资产编号	日期	上表底（kWh）	下表底（kWh）
1	231718××	1	0008316708	01021002000083...	2019年3月11日	0.0	4.75
2	80000020857902××	1	000026299...	51300010000002...	2019年3月11日		4.75

图 6-37　该用户换表记录信息

进一步核实发现，该用户 3 月 11 日在营销 SG186 系统中执行过换表流程，且用采系统中旧表"23171831"的上表底为零，下表底为 4.75，不符合逻辑；新表"80000020857902××"下表底为 4.75，上表底为空。因此下一步，一方面检查换表流程是否规范，另外因核实旧表"231718××"3 月 11 日上表底为零是否真实。

经过现场与系统核实，客户刘某因采集失败，供电所于 3 月 11 日对其表计进行更换（见图 6-38），并严格按照公司相关管理规定，按时在营销 SG186 系统完成换表流程。另外，采集方面严格按照"换表流程完结"–"采集调试"的顺序开展工作。

工作过程

	操作	工作项名称	当前状态	创建时间	完成时间	处理人账号
1		归档（供电局）	完成态	2019年3月11日 16:06:14	2019年3月11日 16:06:59	chenq2975
2		故障差错处理审核	完成态	2019年3月11日 16:05:58	2019年3月11日 16:06:14	chenq2975
3		故障差错处理信息	完成态	2019年3月11日 16:05:14	2019年3月11日 16:05:58	chenq2975
4		拆回设备入库	完成态	2019年3月11日 16:04:42	2019年3月11日 16:05:14	chenq2975
5		装换表_审批	完成态	2019年3月11日 16:04:18	2019年3月11日 16:04:41	chenq2975
6		装换表现场处理	完成态	2019年3月11日 16:02:20	2019年3月11日 16:04:18	liufy2995
7		装换表_出库	完成态	2019年3月11日 16:01:18	2019年3月11日 16:02:20	chenq2975
8		接收装拆任务	完成态	2019年3月11日 16:00:18	2019年3月11日 16:01:13	liufy2995
9		装换表派工	完成态	2019年3月11日 15:59:10	2019年3月11日 16:00:18	chenq2975
10		业务受理	已处理	2019年3月11日 15:57:54	2019年3月11日 15:59:09	
11		业务受理	完成态	2019年3月11日 15:57:53	2019年3月11日 15:59:09	chenq2975

图 6-38　换表流程信息

采集系统 11 日会采集 10 日 24 点的冻结数据作为计算电量的起表码，该户前段时间一直处于采集失败状态见（图 6-39），10 日 24 点并无冻结表码，采集系统 11 日换表后重新下发参数，新表参数代替旧表参数后，11 日 16 时 28 分用电采集系统补采该新表计的表底 0kWh，作为 10 日 24 时的冻结表底，如图 6-40 所示。

图 6-39　采集系统电量采集信息

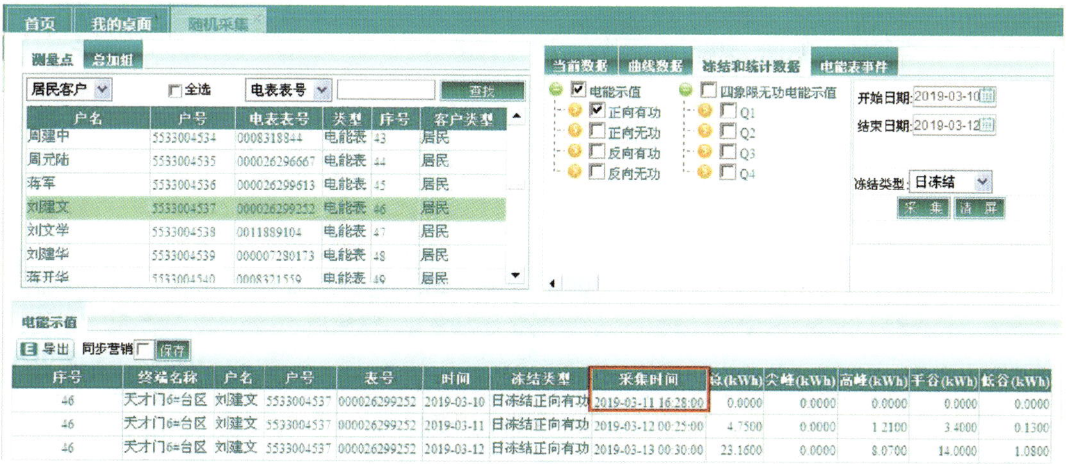

图 6-40　采集系统冻结电量信息

录入系统的装拆示数为 33229.00kWh，新表 11 日的下表底 4.75kWh，计算后该用户 11 日电量为（33229-0）+（4.75-0）=33223.75kWh（旧表止度 - 营销 SG186 系统换表当日冻结上表底）+（新表下表底 -0）。3 月 12 日因采集数据恢复正常，同期线损系统自动恢复正常。1 日表信息如图 6-41 所示。

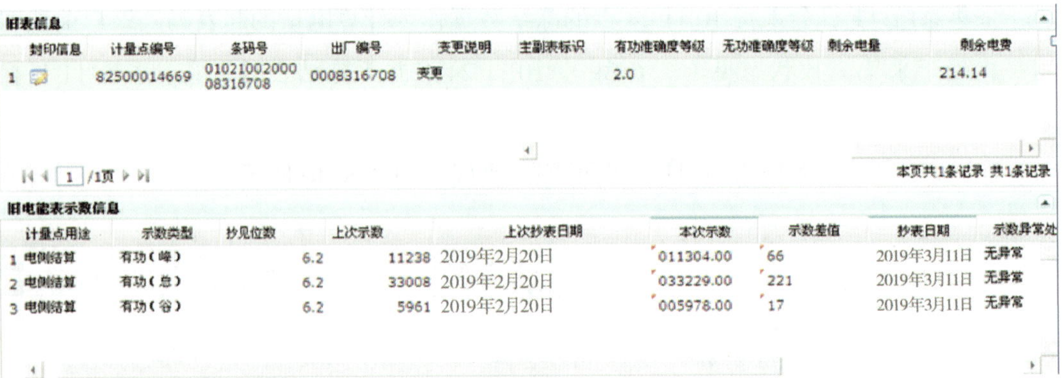

旧表信息

	封印信息	计量点编号	条码号	出厂编号	变更说明	主副表标识	有功准确度等级	无功准确度等级	剩余电量	剩余电费
1		82500014669	0102100200008316708	0008316708	变更		2.0			214.14

1 /1页

本页共1条记录 共1条记录

旧电能表示数信息

	计量点用途	示数类型	抄见位数	上次示数	上次抄表日期	本次示数	示数差值	抄表日期	示数异常处
1	电侧结算	有功（峰）	6.2	11238	2019年2月20日	011304.00	66	2019年3月11日	无异常
2	电侧结算	有功（总）	6.2	33008	2019年2月20日	033229.00	221	2019年3月11日	无异常
3	电侧结算	有功（谷）	6.2	5961	2019年2月20日	005978.00	17	2019年3月11日	无异常

图 6–41　旧表信息

分析心得：当用户因采集失败更换表计后，由于用电信息采集系统有补采机制，会在采集下发新表参数后补采新表表底 0kWh 作为前一天 24 点的冻结表底（前提为换表前一天由于采集失败用户无冻结表码）。结合同期换表流程的取数方式，换表当日就会造成用户电量异常从而引起台区、分区等指标不达标。

五、异常类型：采集数据异常

（1）典型台区：电网 _10kV 门玉线龙门 4 村 8 社台区。

基本情况：该台区线损率一直合格，在 8 月 7 日突然负损，台区近期同期日线损及供售电量情况见表 6–13 和图 6–42 所示。

表 6–13　　台区 8 月 3~10 日线损率情况

时间	输入电量（kWh）	输出电量（kWh）	售电量（kWh）	损失电量（%）	线损率（%）
8 月 3 日	667.8	0	637.91	29.89	4.48
8 月 4 日	790.8	0	754.93	35.87	4.54
8 月 5 日	707.4	0	676.76	30.64	4.33
8 月 6 日	545.7	0	522.56	23.14	4.24
8 月 7 日	0	0	603.49	–603.49	–100
8 月 8 日	1309989.9	0	691.23	1309298.67	99.95
8 月 9 日	713.7	0	682.92	30.78	4.31
8 月 10 日	896.7	0	854.19	42.51	4.74

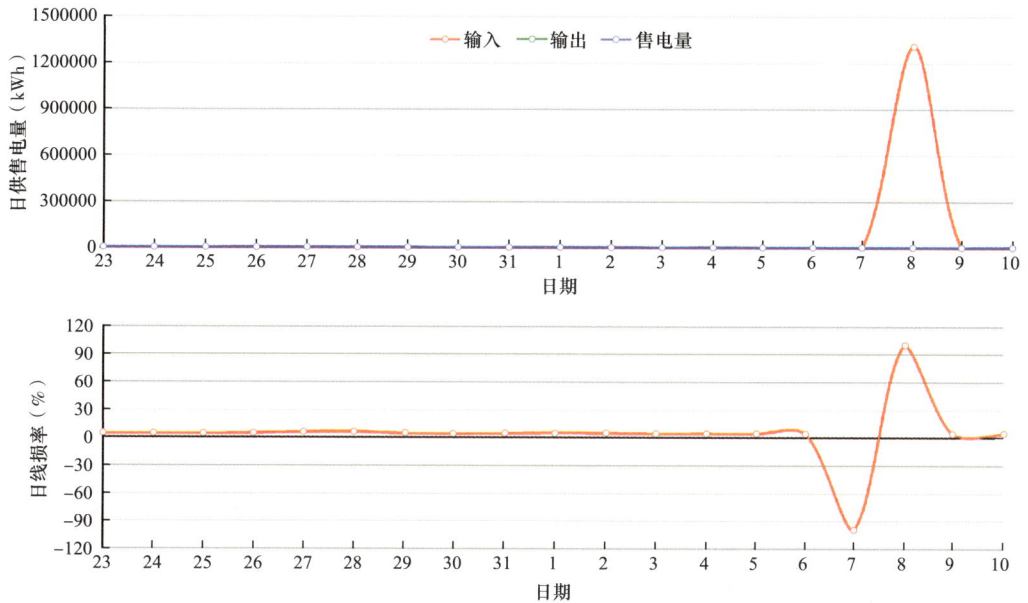

图 6-42　台区 7~8 月供售电量及线损率情况

异常分析：

初步分析：该台区线损率一直正常，8 月 7 日线损率突然为 –100%，供电量变为 0kWh。初步判断为总表计量点异常。查看用采系统后发现中间库表底为 0kWh（见图 6-43），需要到现场查看采集终端、表计设备确认异常原因。

资产号	抄表日期	终端抄表时间	采集入库时间	总	尖
008079697	2019年8月10日	2019年8月11日 00:03:00	2019年8月11日 02:21:02	43720.0100	0.0000
008079697	2019年8月9日	2019年8月10日 00:02:00	2019年8月10日 02:33:57	43690.1200	0.0000
008079697	2019年8月8日	2019年8月9日 00:03:00	2019年8月9日 02:12:22	43666.3300	0.0000
008079697	2019年8月7日	2019年8月8日 00:00:00	2019年8月8日 09:51:27	0.0000	0.0000
008079697	2019年8月6日	2019年8月7日 00:01:00	2019年8月7日 02:12:44	43621.2300	0.0000
008079697	2019年8月5日	2019年8月6日 00:01:00	2019年8月6日 02:39:56	43603.0400	0.0000
008079697	2019年8月4日	2019年8月5日 00:01:00	2019年8月5日 02:18:58	43579.4600	0.0000
008079697	2019年8月3日	2019年8月4日 00:01:00	2019年8月4日 02:24:18	43553.1000	0.0000
008079697	2019年8月2日	2019年8月3日 00:01:00	2019年8月3日 02:12:22	43530.8399	0.0000
008079697	2019年8月1日	2019年8月2日 00:01:00	2019年8月2日 02:12:23	43499.1100	0.0000

图 6-43　用采系统总表计量点表底

深入分析:经过现场检查,发现表计正确运行,采集终端异常(终端为武汉中原电子信息公司 DJGZ22-ZY932 型)。更换终端后台区线损率正常。

分析心得:当台区线损出现 -100% 时,首先对总表表底进行检查,然后再与采集系统进行核对,若采集系统与同期一致,则需到现场检查采集终端与表计采集的情况。同时,每日监控采集情况,可以及时发现并处理采集失败的情况。台区总表表计采集失败及恢复采集后会出现台区大负损和高损依次出现的特征。

(2)典型台区:德胜公中干楼台区。

基本情况:该台区 2019 年 5 月 17 日同期线损系统日线损率如图 6-44 所示。

电量情况(kWh)			
分类	本期	上期	去年同期
输入　输入电量	822.00	876.00	
输出　输出电量	0.00	0.00	
售电量	1467.99	859.85	
损失电量	-645.99	16.15	
线损率	-78.59	1.84	

图 6-44　台区 5 月 17 日线损率

异常分析:

初步分析:从该台区 5 月 14 日至 6 月 1 日台区线损情况来看,台区线损水平较稳定,5 月 17 日出现异常突变,观察供、售电量后发现,供电量均维持在 800kWh 左右,而 17 日当天售电量突增为 1467.99kWh,高于日常水平,导致台区线损变为 -78.59%,初步判断为用户售电量突变造成线损异常,如图 6-45 所示。

深入分析:通过【分台区同期日线损】-【售电量】可查出 5 月 17 日该台区下所有用户电量,如图 6-46 所示,发现户号为 26200097×× 的用户电量达到 643.08kWh,为异常电量。

通过查看该用户用电量和电表底度,可进一步确认该用户于 5 月 17 日售电量异常,如图 6-47 所示。

进一步检查该户采集档案,该用户使用的集中器品牌为光一科技,询问相关人员后得知,该集中器经常出现采集电量波动的情况。因此,通知采集人员更换集中器,将采集集中器更换为南京新联后,该用户电量底度基本正常,台区线损 1% 左右。

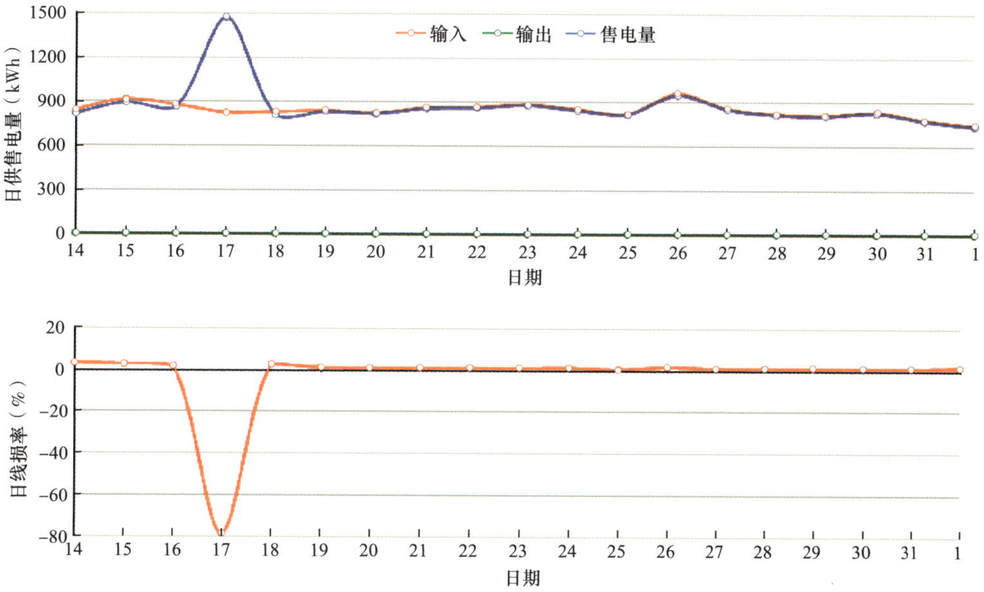

图 6-45 台区近期日线损

序号	用户编号	用户名称	用电地址	所属台区	日期	用电量（kWh）
1	26200097××				2019年5月17日	643.08
2	26200097××				2019年5月17日	16.5
3	26200097××				2019年5月17日	8.5
4	26200097××				2019年5月17日	6.99
5	26200097××				2019年5月17日	5.42
6	26200097××				2019年5月17日	5.16

图 6-46 台区用户售电量

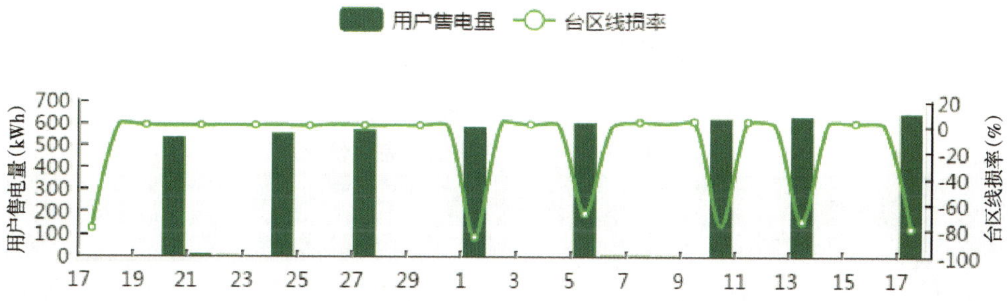

序号	用户编号	用户名称	计量点编号	计量点	日期	电量
1	26200097××	吕×	941151031××	01	2019年5月17日	643.08
2	26200097××	吕×	941151031××	01	2019年5月16日	0.0
3	26200097××	吕×	941151031××	01	2019年5月15日	0.0
4	26200097××	吕×	941151031××	01	2019年5月14日	0.0

图 6-47 异常用户近期电量查询

197

分析心得：对于线损突变的台区，重点观察该台区供售电量的变化情况，从中发现异常情况，确定异常原因。对于集中器经常出现异常的型号，要重点进行监控，对于能够更换的集中器要及时更换，防止出现因为集中器问题导致的用户电量异常。

第三节　计量因素

与采集问题相似，计量问题也是造成台区负损的重要原因之一，主要包含计量错误和计量误差两个方面。并且计量问题也会直接影响电量计算，进而影响分区、分压、分线线损率计算结果。其中，计量错误不仅影响线损计算，同时也存在优质服务和依法治企的风险，更应高度重视。

计量问题产生的原因主要是计量系统竣工验收、运维等不到位，工作责任心不强，造成表计接线错误、接线松动、设备故障灯，引起电量失真；表计、采集器、终端设备缺陷，造成电量不能及时采回。

一、异常类型：总表接线松动

（1）典型台区：10kV 铁碧线邓家咀 1 号公用变压器。

基本情况：该台区同期日线损率及供售电量情况见表 6-14，如图 6-48 所示。

表 6-14　　　　　　　　　5 月 1 日 ~ 5 月 12 日线损完成情况

时间	输入电量 （kWh）	输出电量 （kWh）	售电量 （kWh）	损失电量 （%）	线损率 （%）
5 月 1 日	319.2	0	298.18	21.02	6.59
5 月 2 日	306.8	0	285.74	21.06	6.86
5 月 3 日	283	0	261.5	21.5	7.6
5 月 4 日	311.8	0	286.72	25.08	8.04
5 月 5 日	242.8	0	222.6	20.2	8.32
5 月 6 日	146.8	0	140.28	6.52	4.44

时间	输入电量（kWh）	输出电量（kWh）	售电量（kWh）	损失电量（%）	线损率（%）
5月7日	177.6	0	163.52	14.08	7.93
5月8日	155.2	0	223.26	−68.06	−43.85
5月9日	215	0	222.05	−7.05	−3.28
5月10日	268.6	0	248.61	19.99	7.44
5月11日	300.4	0	276.5	23.9	7.96
5月12日	304.8	0	281.87	22.93	7.52

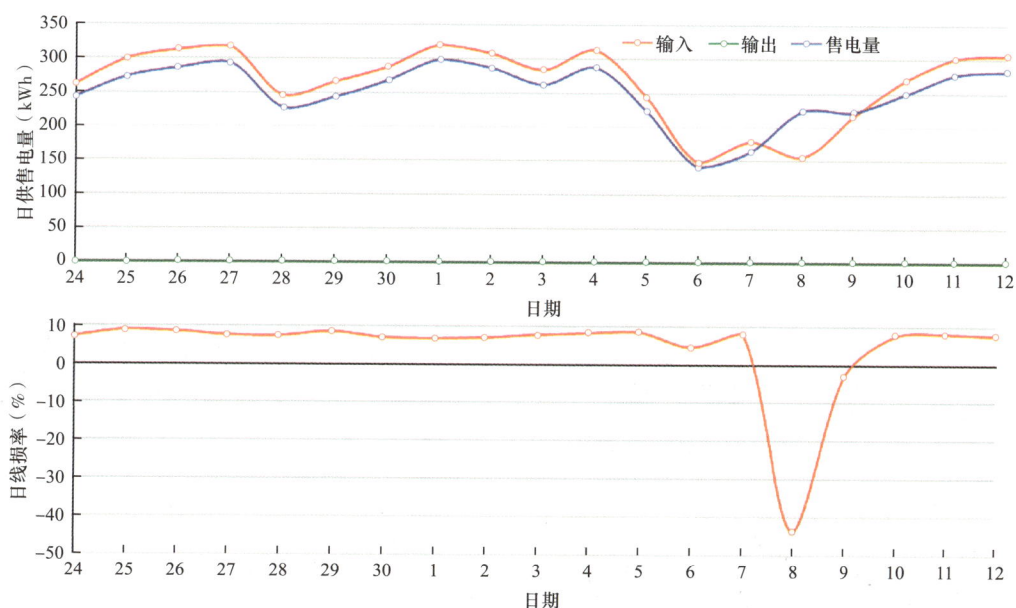

图6-48 台区5月1~12日供售电量及线损率情况

从同期系统分台区同期日线损发现，该台区近一月线损基本正常，5月8、9日连续两日分台区同期日线损呈负损。

异常分析：

初步分析：比对台区历史数据，可以基本排除变户关系错误，怀疑采集设备故障导致台区总表或用户表计计量异常。查看系统采集成功率为100%，从同期系统中"台区智能看板"电量明细中对用户进行逐一核实，未发现该台区用户表计计量异常问题。

因此，总表作为重点检查对象。

深入分析：检查总表数据，对比该台区同期日线损，发现5月8、9日台区总表输入电量环比有明显下降，但售电量维持在正常水平，怀疑总表计量异常。线损管理人员通过用采系统查询到该台区总表电流、电压情况，发现该台区总表B相电压欠压，如图6-49所示。

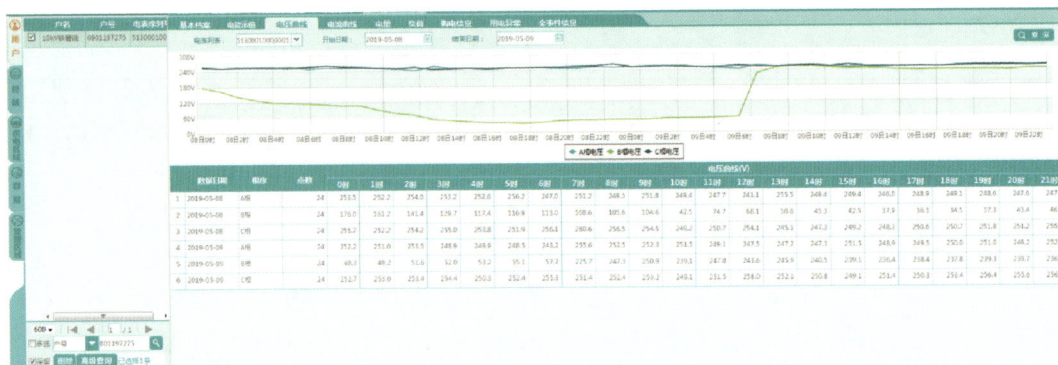

图 6-49　台区总表各相电压情况

开展现场检查，发现该台区总表接线盒老旧且B相螺丝松动，如图6-50所示。

图 6-50　台区总表接线

分析心得：发现台区线损率异常后，通过整理系统数据，分别对供电量、售电量进行比对，可以初步定位异常类型。结合多个系统相关数据可以对异常进行更准确的定位，最后现场进行实地查看和处理。充分利用现有各类系统数据资源，结合正常、异常数据间的对比，可以快速定位异常原因，提升异常分析效率。

（2）典型台区：电网_10kV长鄯线斑竹3村1社公用变压器。

基本情况：该台区 4 月同期日线损及供售电量情况见表 6-15。

表 6-15　　　　　2019 年 4 月 8~11 日，4 月 23~29 日线损完成情况

时间	输入电量（kWh）	输出电量（kWh）	售电量（kWh）	损失电量（%）	线损率（%）
2019 年 4 月 8 日	237.20	0	228.16	9.04	3.81
2019 年 4 月 9 日	205.60	0	144.2	61.40	29.86
2019 年 4 月 10 日	137.60	0	178.84	−41.24	−29.97
2019 年 4 月 11 日	221.60	0	213.84	7.76	3.5
2019 年 4 月 23 日	232.4	0	220.40	12.00	5.16
2019 年 4 月 24 日	213.20	0	204.84	8.36	3.92
2019 年 4 月 25 日	210.40	0	135.26	75.14	35.71
2019 年 4 月 26 日	154.00	0	211.36	−57.36	−37.25
2019 年 4 月 27 日	258	0	132.23	125.77	48.75
2019 年 4 月 28 日	138	0	250.43	−112.43	−81.47
2019 年 4 月 29 日	227.20	0	218.68	8.52	3.75
2019 年 4 月 30 日	208.80	0	199.69	9.11	4.36

异常分析：

初步分析：从该台区的日线损走势来看，4 月除 9、10、25~28 日以外，线损率基本保持在 3%~6% 之间（见图 6-51 和图 6-52），但线损率不达标 6 天中，台区供电量较其余时间段波动较大，因此初步判断该台区营配关系未出现较大变化，台区台户关系正确，总表计量可能存在异常，并以此作为重点查找方向。

深入分析：通过"同期线损管理"下的"分台区同期日线损"模块线损情况，获得该台区每天的采集成功率都是 100%，如图 6-53 所示。

在 4 月 9、10 日线损不合格时，台区管理单位判断是集中器出现问题导致采集数据不准确，随即更换了集中器，线损正常；但是时隔 14 天（4 月 25 日）后又出现了同样的问题，并且采集率都是 100%。通过核实系统倍率与现场倍率一致，台—户关系正确且贯通。台区管理单位再次到现场对考核表的出线和接线盒二次侧接线进行仔细检查，发现接线盒二次侧连接线松动，接触不良，导致供电量异常，使得台区线损时正

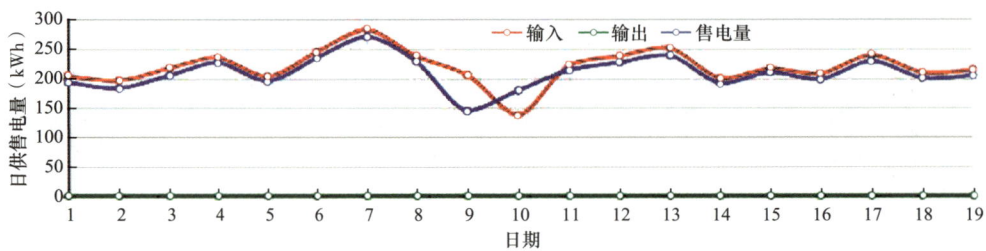

图 6-51　台区 4 月供售电量及线损率情况

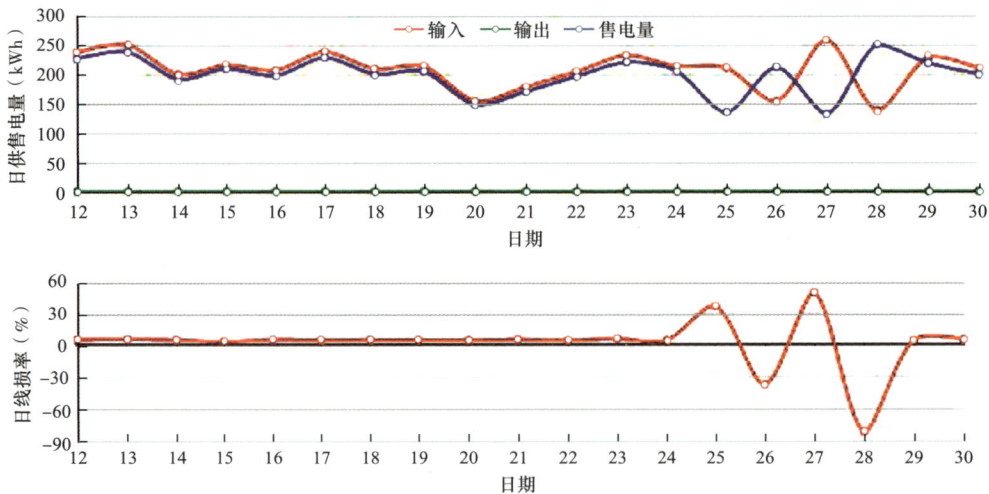

图 6-52　台区 4 月日线损

时负。现场人员对考核表出线及接线盒二次侧连接线端子进行了紧固，之后台区线损率就处于合格范围，并且一直持续。

分析心得：针对台区线损异常应进行完整的分析，先排查源端系统相关数据，提供佐证素材，一步一步进行筛查，最后逐步将异常范围缩小，提升异常分析效率。同时因为外界环境的复杂性，也可能造成连接线松动，所以台区管理人员在日常巡视时要特别注意检查一下接线是否松动。

图 6-53 台区 4 月采集情况

二、异常类型：采集终端故障

典型台区：10kV 营水线河堰村 7 社西月湖公用变压器。

基本情况：该台区 5 月同期日线损率及供售电量情况见表 6-16，如图 6-54 所示。

表 6-16 　　　　　　　　　　　　5 月 1~22 日线损完成情况

时间	输入电量（kWh）	输出电量（kWh）	售电量（kWh）	损失电量（%）	线损率（%）
5 月 1 日	129.60	0	125.20	4.4	3.40%
5 月 2 日	106.80	0	110.64	−3.84	−3.60%
5 月 3 日	132.20	0	125.74	6.46	4.89%
5 月 4 日	127.40	0	126.12	1.28	1.00%
5 月 5 日	117.60	0	115.65	1.95	1.66%
5 月 6 日	119.20	0	109.92	9.28	7.79%
5 月 7 日	119.80	0	124.03	−4.23	−3.53%
5 月 8 日	127.20	0	127.06	0.14	0.11%
5 月 9 日	127.20	0	129.07	−1.87	−1.47%
5 月 10 日	125.60	0	88.24	37.36	29.75%

时间	输入电量 （kWh）	输出电量 （kWh）	售电量 （kWh）	损失电量 （%）	线损率 （%）
5 月 11 日	127.60	0	138.92	−11.32	−8.87%
5 月 12 日	131.00	0	134.68	−3.68	−2.81%
5 月 13 日	116.20	0	116.43	−0.23	−0.20%
5 月 14 日	122.00	0	111.24	10.76	8.82%
5 月 15 日	130.20	0	141.88	−11.68	−8.97%
5 月 16 日	134.80	0	100.98	33.82	25.09%
5 月 17 日	139.40	0	146.86	−7.46	−5.35%
5 月 18 日	141.40	0	140.20	1.2	0.85%
5 月 19 日	131.80	0	119.43	12.37	9.39%
5 月 20 日	120.80	0	135.12	−14.32	−11.85%
5 月 21 日	133.80	0	134.74	−0.94	−0.70%
5 月 22 日	129.60	0	134.73	−5.13	−3.96%

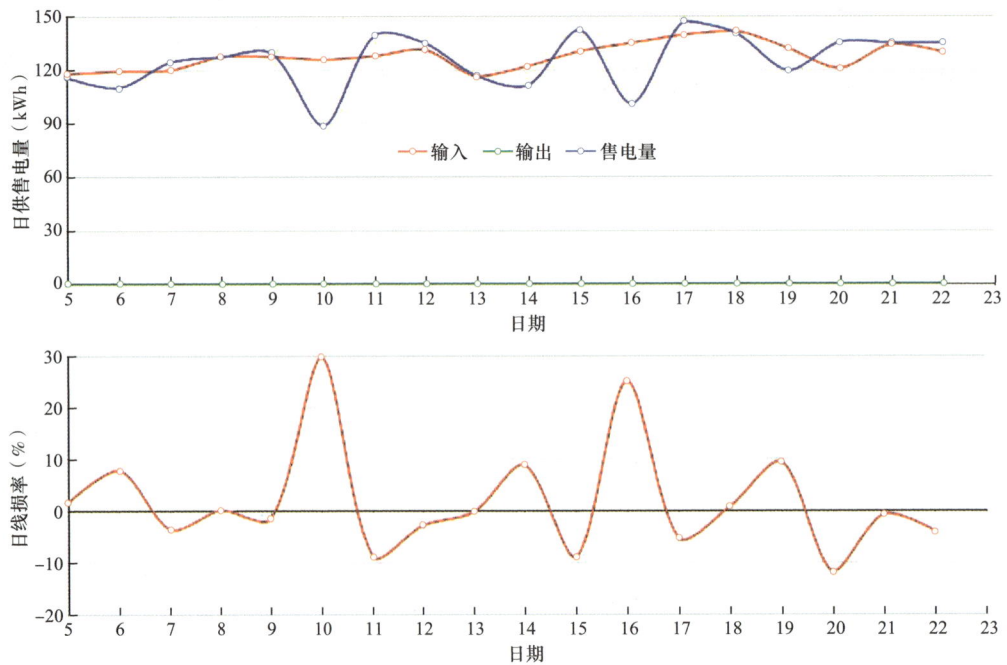

图 6-54　台区 5 月 23~26 日线损完成情况

异常分析：

初步分析： 5 月以来，该台区日线损率共出现负损 11 次，高损 5 次（见图 6-55）核实采集系统和同期系统数据一致，初步判定为采集终端故障或时钟超差、一次和二次接线松动等导致电量失真，造成线损率正负波动。

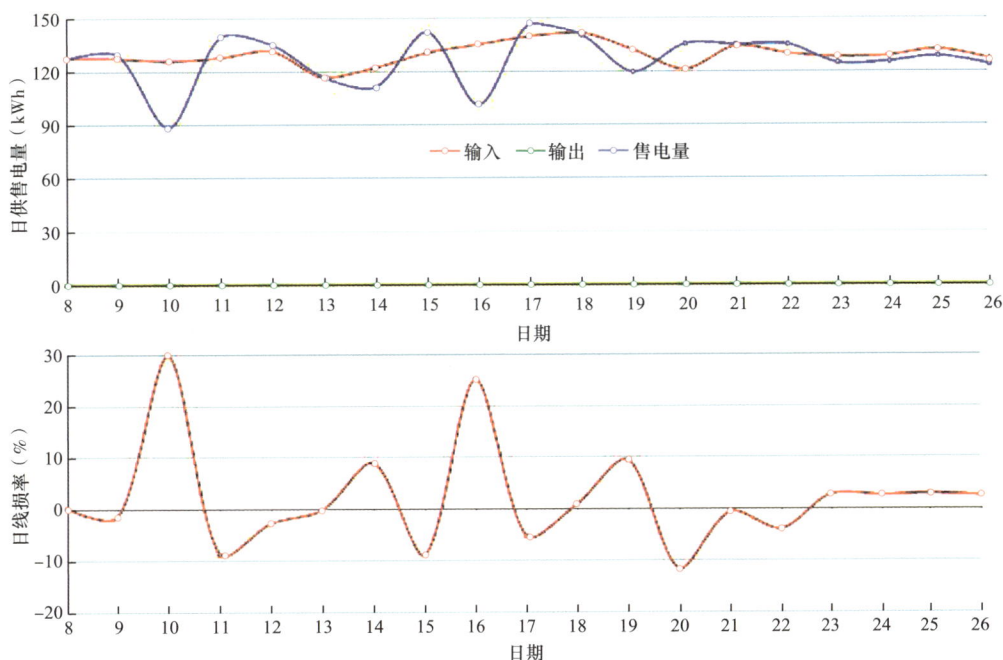

图 6-55　台区 5 月 23~26 日供售电量及线损率情况

深入分析： 首先核实电量真实性。同期线损管理系统中供电量的变化与气温变化大致相同，因此初步怀疑该台区售电量采集有异常。在 5 月 22 日对该台区采集终端进行更换。

更换采集终端后，该台区线损率稳定于 3% 左右，见表 6-17。

表 6-17　　　　　　　　　　　　　5 月 1~22 日线损完成情况

时间	输入电量（kWh）	输出电量（kWh）	售电量（kWh）	损失电量（%）	线损率（%）
2019 年 5 月 23 日	127.8	0	124.43	3.37	2.64
2019 年 5 月 24 日	128.4	0	125.13	3.27	2.55
2019 年 5 月 25 日	131.8	0	128.08	3.72	2.82
2019 年 5 月 26 日	126.6	0	123.43	3.17	2.50

分析心得：多个数据均有异常时候，需考虑终端问题。收集部分终端的家族型缺陷，有利于对该类终端的台区进行异常初步判断。本案例中，该台区采集终端型号DJTZ23-KD100TG，经常会出现表底突变，冻结数据异常、采集不成功等错误情况。对采集错误率高的终端逐步进行校正、更换，且避免使用该类型号设备，有利于台区线损率的管理。

三、异常类型：互感器故障

典型台区：电网_双凤医院公用变压器。

基本情况：该台区近期同期月线损率及供售电量情况见表6-18。

表6-18　　　　　　2018年10月～2019年6月月线损完成情况

时间	输入电量（kWh）	输出电量（kWh）	售电量（kWh）	损失电量（%）	线损率（%）
2018年10月	52324.80	0.00	49325.63	2999.17	5.73
2018年11月	60232.00	0.00	57364.38	2867.62	4.76
2018年12月	84232.00	0.00	79196.84	5035.16	5.98
2019年1月	93004.80	0.00	90819.34	2185.46	2.35
2019年2月	85081.60	0.00	81172.87	3908.73	4.59
2019年3月	60244.80	0.00	58808.13	1436.67	2.38
2019年4月	48029.60	0.00	48434.46	−404.86	−0.84
2019年5月	49936.80	0.00	48828.83	1107.97	2.22
2019年6月	55252.80	0.00	53121.48	2131.32	3.86

异常分析：

初步分析：从该台区同期月线损率的变化情况来看，2019年4月以前台区线损率相对稳定，4月台区出现负损。经核查发现：该台从4月14日开始线损率连续为负。在同期线损系统中4月13日、14日该台区下用户均为496户且采集成功；台区下用户电量计量未见异常，初步判断台区总表计量问题。该台区月供售电量及月线损率情况如图6-56所示，日供售电量及日线损率情况如6-57所示。

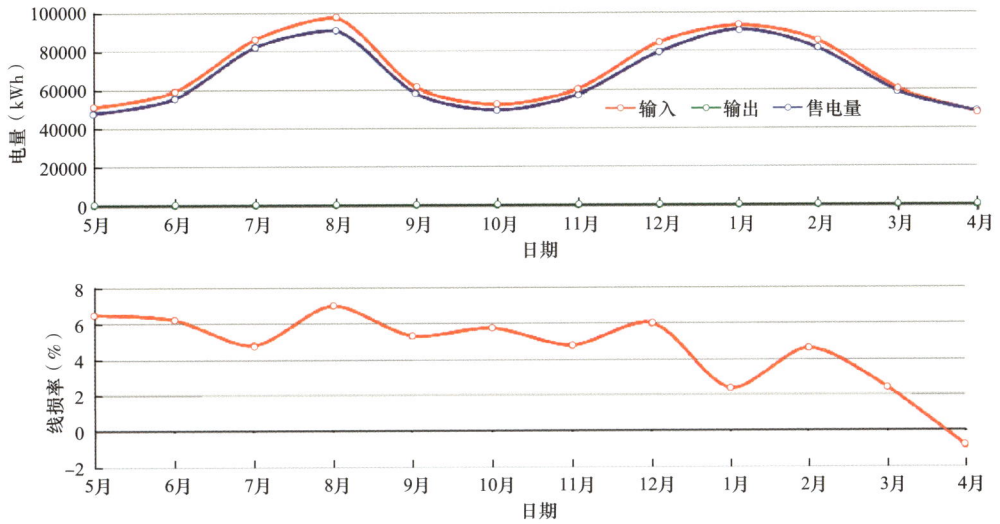

图 6-56　台区月度线损率情况

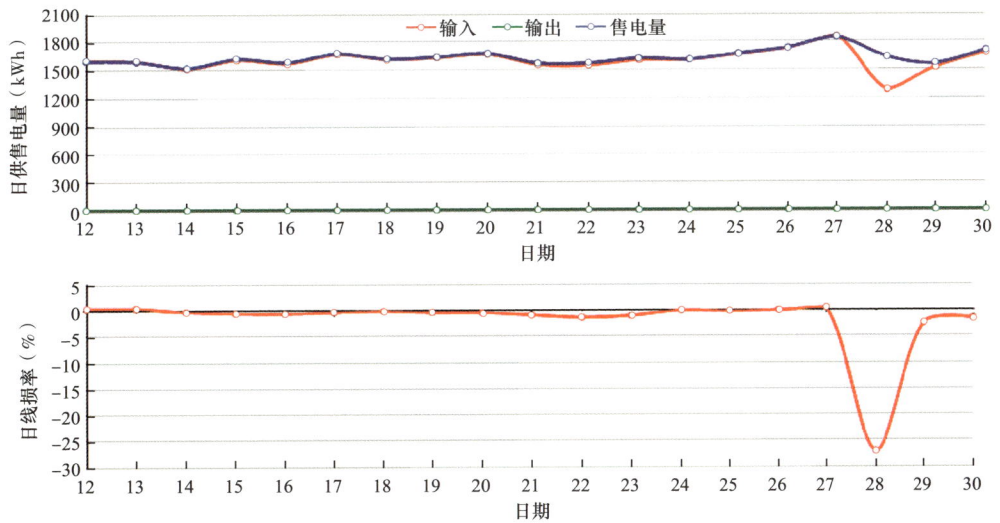

图 6-57　台区供售电量及线损率情况

深入分析：首先通过导出同期系统该台区下用户用电信息，到现场进行比对，发现系统与现场户变关系挂接无误。经现场核查计量回路接线无误，校验表计计量无误，用钳形表测量互感器计算一次和二次电流存在误差，确定为互感器故障。于 5 月 8 日更换互感器后，5 月 9 日台区线损率已恢复到 4.64% 的合格水平，如图 6-58、图 6-59 所示。

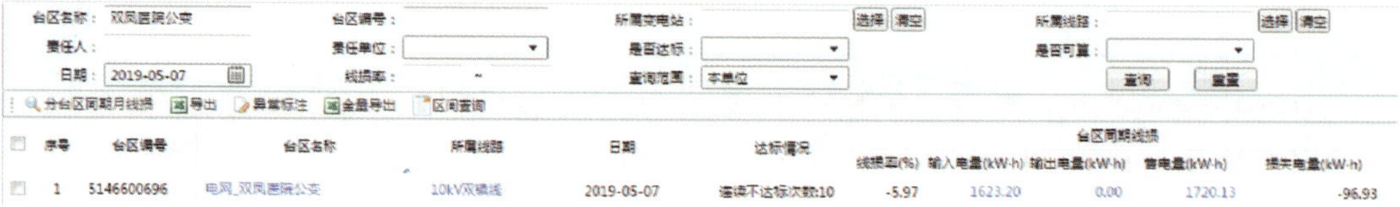

图 6-58 换互感器前台区同期日线损

图 6-59 换互感器后台区同期日线损

分析心得：对负损台区的治理，针对户变关系已核对正确和采集成功率100%的负损台区，一方面检查台区下用户是否存在计量错误；另一方面核查台区总表的计量装置，是否存在计量回路问题和互感器倍率与现场不符，互感器一次与二次计量误差。

四、异常类型：电能表故障

（1）典型台区：10kV 木长线场镇 4 号台区变压器。

基本情况：该台区同期日线损率及供售电量情况见表 6-19，如图 6-60 所示。

表 6-19　　　　　　　　　　2019 年 5 月 6～15 日线损完成情况

时间	供电量 （kWh）	售电量 （kWh）	损耗电量 （kWh）	损耗率 （%）	成功率 （%）
2019 年 5 月 6 日	675.6000	653.1900	22.4100	3.300	100.000
2019 年 5 月 7 日	702.0000	678.5600	23.4400	3.300	100.000
2019 年 5 月 8 日	630.0000	608.2000	21.8000	3.500	100.000
2019 年 5 月 9 日	624.6000	604.1500	20.4500	3.300	100.000
2019 年 5 月 10 日	569.4000	549.9700	19.4300	3.400	100.000

时间	供电量（kWh）	售电量（kWh）	损耗电量（kWh）	损耗率（%）	成功率（%）
2019 年 5 月 11 日	517.8000	496.5700	21.2300	4.100	100.000
2019 年 5 月 12 日	514.2000	518.5900	−4.3900	−0.900	99.582
2019 年 5 月 13 日	640.8000	650.9400	−10.1400	−1.600	100.000
2019 年 5 月 14 日	596.4000	822.1400	−225.7400	−37.900	100.000
2019 年 5 月 15 日	515.4000	820.2700	−304.8700	−59.200	100.000

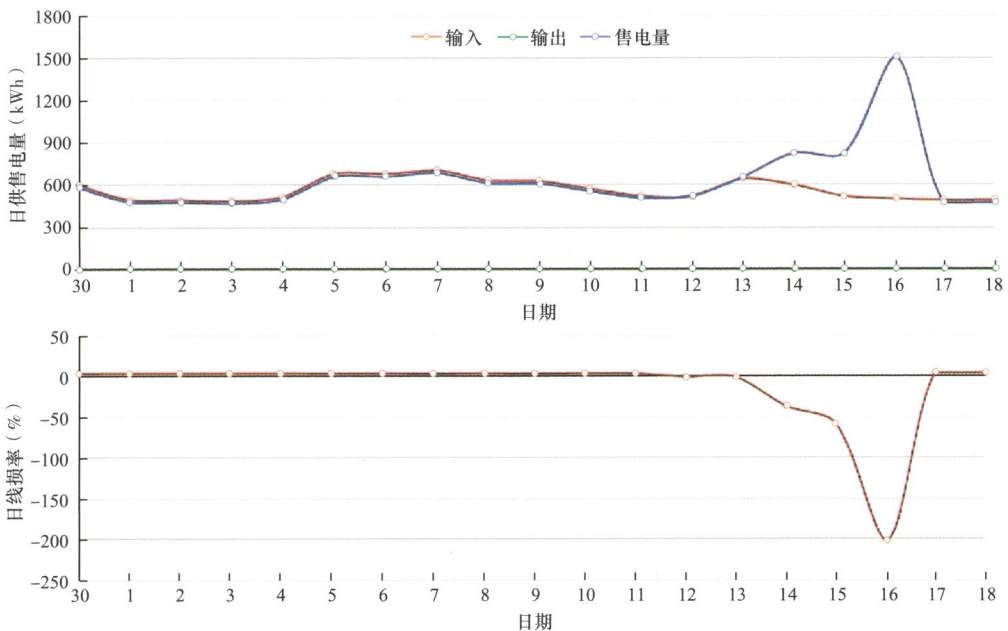

图 6-60　台区 5 月日线损情况

异常分析：

初步分析：该台区从建立初至今线损一直正常，从 5 月 12 日开始出现负损。供售电量方面，供电量保持相对稳定，但售电量却陡增（见图 6-61），导致出现负损。初步判定是用户侧计量故障引起。

深入分析：该台区 12 日开始出现负损，且 14 日至 16 日负损值逐渐增大。从售电量来看，长坪学校单日用电量环比异常升高，5 月 13 日达到 84.72kWh，5 月 14 日达到 299.24kWh，5 月 15 日达到 354.53kWh，远超该用户 50kWh 的正常用电水平，怀疑其电量数据失真，如图 6-62 所示。

序号	用户编号	用户名称	用电地址	所属台区	日期	用电量（kWh）
101	9501191088	长坪学校	四川省南充市南部县长坪镇天桥村村委会天桥村天桥村长坪一村	10kV木长线场镇#4台变	2019年5月14日	299.24
102	9501190945	学校	四川省南充市南部县长坪镇天桥村村委会天桥村天桥村长坪一村	10kV木长线场镇#4台变	2019年5月14日	47.24
103	9501191100	学校1单元	四川省南充市南部县长坪镇天桥村村委会天桥村天桥村长坪一村	10kV木长线场镇#4台变	2019年5月14日	28.32
104	9501191099	学校2单元	四川省南充市南部县长坪镇天桥村村委会天桥村天桥村长坪一村	10kV木长线场镇#4台变	2019年5月14日	19.53
105	9501191098	学校	四川省南充市南部县长坪镇天桥村村委会天桥村天桥村长坪一村	10kV木长线场镇#4台变	2019年5月14日	14.0
106	9501190931	周善平	四川省南充市南部县长坪镇天桥村村委会天桥村天桥村长坪一村	10kV木长线场镇#4台变	2019年5月14日	8.64
107	9501191142	周国	四川省南充市南部县长坪镇天桥村村委会天桥村天桥村长坪一村	10kV木长线场镇#4台变	2019年5月14日	7.02
108	9501196676	周国林	四川省南充市南部县长坪镇天桥村村委会天桥村天桥村长坪一村	10kV木长线场镇#4台变	2019年5月14日	6.67
109	9501190934	李秀芳	四川省南充市南部县长坪镇天桥村村委会天桥村天桥村长坪一村	10kV木长线场镇#4台变	2019年5月14日	6.53
110	9501190899	周昌富	四川省南充市南部县长坪镇天桥村村委会天桥村天桥村长坪一村	10kV木长线场镇#4台变	2019年5月14日	6.05
111	9501191094	周仕军	四川省南充市南部县长坪镇天桥村村委会天桥村天桥村长坪一村	10kV木长线场镇#4台变	2019年5月14日	5.91
112	9501191091	周勤善	四川省南充市南部县长坪镇天桥村村委会天桥村天桥村长坪一村	10kV木长线场镇#4台变	2019年5月14日	4.91
113	9501191144	周昌礼	四川省南充市南部县长坪镇天桥村村委会天桥村天桥村长坪一村	10kV木长线场镇#4台变	2019年5月14日	4.79
114	9501185732	杨超	四川省南充市南部县长坪镇天桥村村委会天桥村天桥村长坪一村	10kV木长线场镇#4台变	2019年5月14日	4.58

图 6-61　用户电量明细

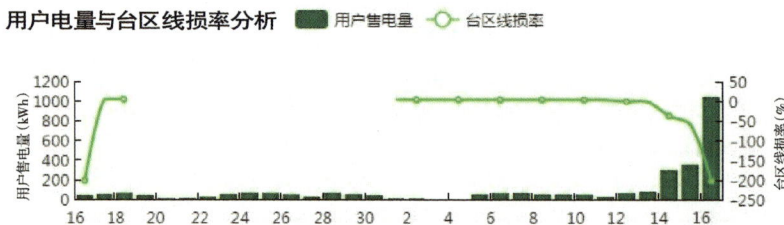

图 6-62　异常用户电量情况

序号	用户编号	用户名称	计量	计量点名称	日期	电量(kWh)
23	9501191088	长坪学校	...	长坪学校	2019年5月8日	54.01
24	9501191088	长坪学校	...	长坪学校	2019年5月9日	58.88
25	9501191088	长坪学校	...	长坪学校	2019年5月10日	47.72
26	9501191088	长坪学校	...	长坪学校	2019年5月11日	30.92
27	9501191088	长坪学校	...	长坪学校	2019年5月12日	64.44
28	9501191088	长坪学校	...	长坪学校	2019年5月13日	84.72
29	9501191088	长坪学校	...	长坪学校	2019年5月14日	299.24
30	9501191088	长坪学校	...	长坪学校	2019年5月15日	354.53
31	9501191088	长坪学校	...	长坪学校	2019年5月16日	1047.340000000...

图 6-62　异常用户电量情况

　　5月16日通过现场核实，发现该用户进线已经严重烧坏，但电表显示屏正常工作（见图 6-63），烧坏的电表错误的计量导致了该台区的负损情况，发现后当日对该电表进行了更换，从次日起该台区线损恢复正常，目前稳定在 4% 左右。

　　分析心得：针对以往一直稳定合格台区，出现突然的异常数据一定要高度重视，及时查找故障点进行消缺。这种情况通常是计量问题，而计量问题有可能是电表烧坏引起的，如果不及时处理很有可能引发火灾，给用户的生命财产带来损失。比如本案例中的长坪学校，当我们的工作人员到大现场时电表基本烧化，处于着火的边缘，如果再晚一会都有可能着火引发火灾，该用户又是学校这种人员密集区域，一旦发生火灾后果将不堪设想。

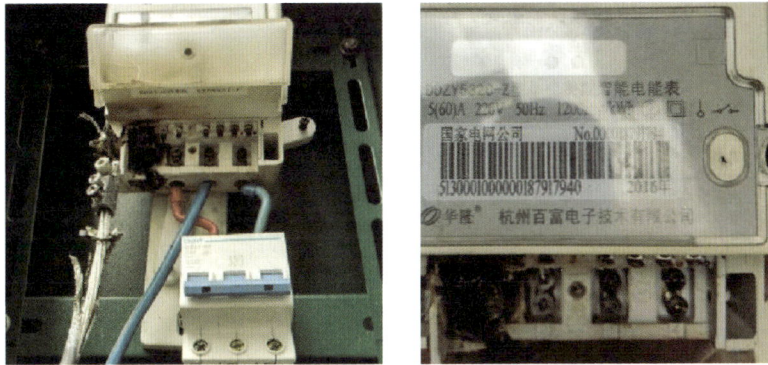

图 6-63 现场设备情况

（2）典型台区：电网 _10kV 魏蒲线 953 路五开发支线场镇 092 号公用变压器。

基本情况： 该台区近期同期月线损率及供售电量情况如图 6-64 所示。

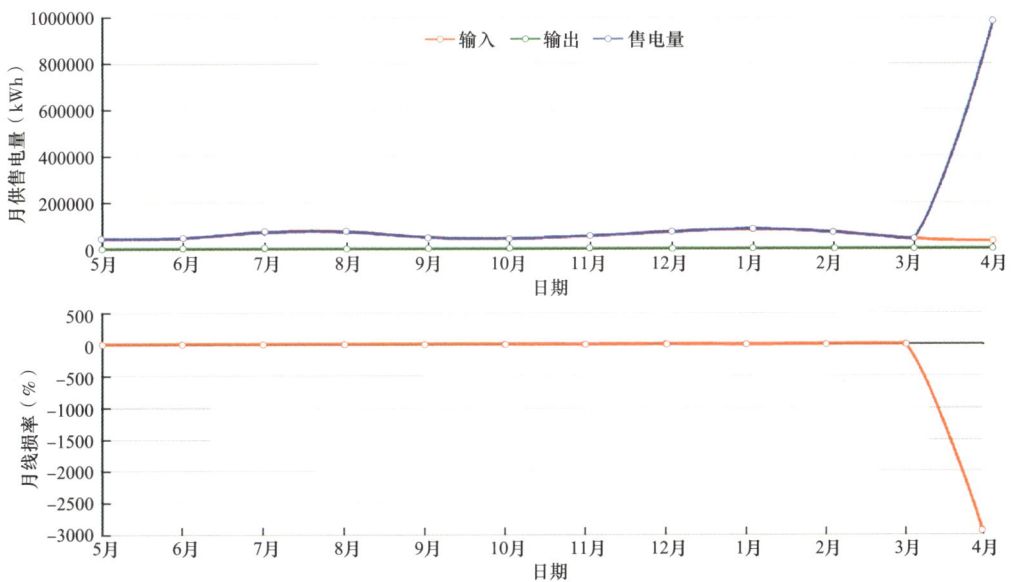

图 6-64 2018 年 5 月～2019 年 4 月台区供售电量及线损率情况

异常分析：

初步分析： 从该台区一年来同期月线损率月度走势来看，台区线损率在 2%~3% 波动，2019 年 4 月线损率为 -2940.77%，出现严重负损。从供售电量情况可初步判断，4 月该台区售电量高达 978031.99kWh，已经严重背离了正常水平，因此可从售电量方面入手，重点检查是否有用户串台、表底突变等问题。

深入分析： 同期线损系统中 2019 年 3 月和 4 月台区低压用户明细一致，排除变—户档案异常。

通过检查台区下用户电量明细，发现用户罗××4月电量高达 946628.93kWh（上表底为 3044.02kWh，下表底为 949672.95kWh），从而可判断该台区线损异常原因为表底发生突变。造成表底突变的原因主要有三种：①采集设备在采集失败的情况下"造数"，向数据库传输虚假表底；②互感器故障导致电压或电流异常，从而导致表计走字异常；③表计故障导致表底异常。

经现场核实，为表计故障导致表计表底异常，5 月 5 日现场更换表计后，台区线损恢复正常，稳定在 3% 左右。

分析心得： 台区日线损率突发大负损，一般是低压用户电量突变导致。其中，用户表底突变是造成低压用户电量突变的主要原因，主要是由终端软件版本低、自动造数或通道异常等因素引起，升级软件或更换终端即可解决。通过比对正常、异常线损时用户电量明细，可快速发现异常电量。

五、异常类型：台区总表接线错误

（1）典型台区：林清路清水乡艺丰 5 号台区。

基本情况： 该台区近期同期日线损率及供售电量情况见表 6-20，如图 6-65 所示。

表 6-20　　　2019 年 4 月 15 日～2019 年 5 月 3 日日线损完成情况

时间	输入电量 （kWh）	输出电量 （kWh）	售电量 （kWh）	损失电量 （kWh）	线损率 （%）
4 月 15 日	21.40	0.00	24.86	−3.46	−16.17
4 月 16 日	18.80	0.00	19.85	−1.05	−5.59
4 月 17 日	20.60	0.00	21.94	−1.34	−6.50
4 月 18 日	21.40	0.00	22.11	−0.71	−3.32
4 月 19 日	21.20	0.00	27.06	−5.86	−27.64
4 月 20 日	24.20	0.00	28.56	−4.36	−18.02
4 月 21 日	32.00	0.00	35.99	−3.99	−12.47
4 月 22 日	25.60	0.00	31.16	−5.56	−21.72
4 月 23 日	26.00	0.00	29.57	−3.57	−13.73
4 月 24 日	21.40	0.00	25.55	−4.15	−19.39

时间	输入电量 （kWh）	输出电量 （kWh）	售电量 （kWh）	损失电量 （kWh）	线损率 （%）
4 月 25 日	26.40	0.00	30.58	-4.18	-15.83
4 月 26 日	23.80	0.00	28.00	-4.20	-17.65
4 月 27 日	22.60	0.00	29.28	-6.68	-29.56
4 月 28 日	19.80	0.00	24.95	-5.15	-26.01
4 月 29 日	17.80	0.00	21.70	-3.90	-21.91
4 月 30 日	26.80	0.00	27.74	-0.94	-3.51
5 月 1 日	29.80	0.00	28.36	1.44	4.83
5 月 2 日	31.80	0.00	30.34	1.46	4.59
5 月 3 日	27.60	0.00	26.21	1.39	5.04

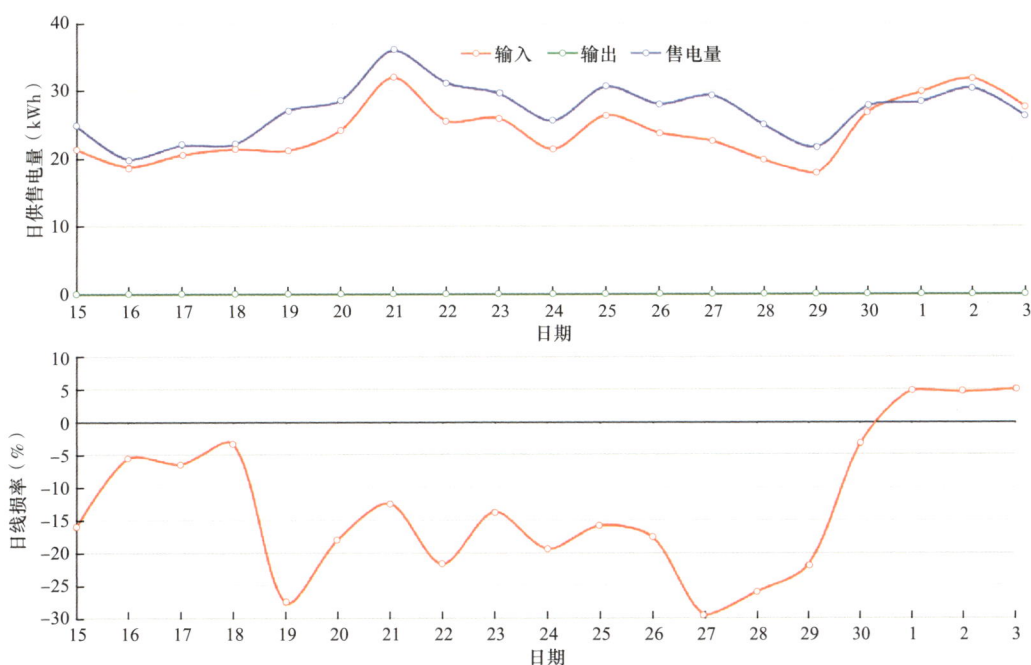

图 6-65　台区供售电量及线损率情况

异常分析：

初步分析： 从该台区同期日线损率的变化情况来看，该台区自 2019 年 4 月 9 日投运起，台区线损一直负损。初步判断，该台区可能总表故障或台区下存在居民光伏用户造成供电量少计，或存在着营配贯通问题，台户关系可能挂接错误，分析的重点应该放在台区总表计量准确性认定、台户关系清理、贯通数据治理、数据同步等方面。

同时，观察三相电流发现该台区总表 A 相电流间断为负（见图 6-66），同期功率因数曲线异常（见图 6-67），因此，怀疑总表计量出现问题，应重点检查总表计量接线情况。

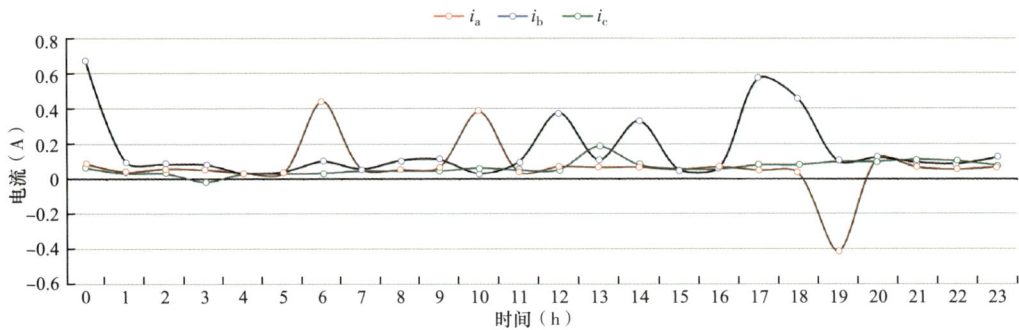

图 6-66　台区三相电流情况

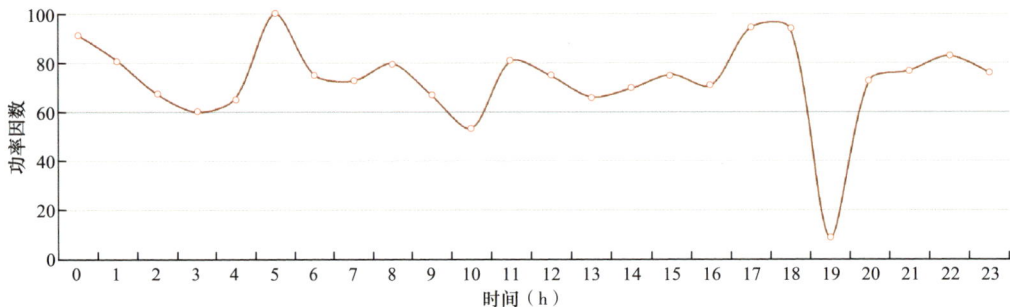

图 6-67　台区功率因数情况

深入分析：安排台区经理现场核实用户贯通数据，经现场核实，该台区下无居民光伏用户；该台区实际用户数 20 户，现场与系统对应，不存在因农网改造后用户挂接错误情况，贯通数据无异常，且用户无电量突变情况。因此，重点排查总表计量问题。

台区计量装置核实情况：该台区为 2018 年农网改造项目，计量装置标准配置，采用电流互感器接入，安装变比为 100/5 电流互感器一组，经现场测量，低压二次电流大多时间小于 0.1A，最高时仅为 0.4A，基本处于轻负荷运行状态。对台区计量接线进行检查，发现台区总表接线出现问题，电流线与电压线不对应，电流接线为 I_a、I_b、I_c，而电压接线为 U_b、U_a、U_c，导致总表计量不准确。4 月 30 日对总表接线进行处理后，台区日线损率达标。

分析心得：对于负损台区，首先可对台区下是否存在居民光伏用户及贯通数据进行核实，同时，结合台区线损数据（是否线损率稳定、是否有电量、线损率突变等），快速确定异常原因，重点核对台区总表计量装置是否异常。

（2）典型台区：10kV 石水二线场镇 4 号公用变压器。

基本情况：该台区近期同期月线损率及供售电量情况见表 6-21。

表 6-21 2019 年 2 月 ~ 2019 年 4 月月线损完成情况

时间	输入电量 （kWh）	输出电量 （kWh）	售电量 （kWh）	损失电量 （kWh）	线损率 （%）
2019 年 2 月	8946.00	0.00	34579.44	−25633.44	−286.54
2019 年 3 月	21129.60	0.00	31697.71	−10568.11	−50.02

异常分析：

初步分析：该台区为 2019 年 1 月 24 日新上台区，从该台区同期月线损率的变化情况来看，该台区总表供电量小于挂接用户售电量，初步分析台区考核存在计量装置接线问题、台户关系可能挂接错误。

深入分析：通过同期系统与采集系统、营销 SG186 系统档案比对，用户档案挂接一致。通过"同期线损管理"下的"分台区同期日线损"模块"线损情况"，获得该台区 3 月 27 日（该天可随机选择，只需保证该天总表电量采集成功）供电量为110.40kWh，线损率为 −796.02%，通过同期系统"分台区同期日线损"中"台区智能看板"发现该台区总表 A、C 相电流为负，B 相为正（见图 6-68），可初步判断该台区存在计量装置接线问题。

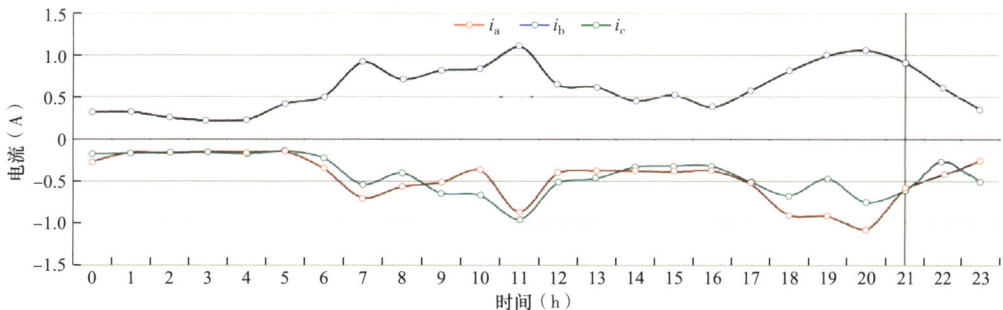

图 5-68 场镇 4 号公用变压器电流曲线

经现场初步检查，台区总表显示逆相序，且 A、C 相电流为负，怀疑电流、电压不同相。停电检查发现 A、C 相电压接线错误，现场整改送电后，总表不再显示逆相序，且 A、C 相电流显示正常。3 月 30 日后，该台区线损率稳定于 2% 左右。

分析心得： 充分利用现有系统数据资源，快速定位异常原因，提升异常分析效率。

（3）典型台区：10kV 迎黄线龙家 9 社台区变压器。

基本情况： 该台区于 2019 年 1 月新投，1~3 月台区均负损见表 6-22，如图 6-69 所示。

表 6-22　　　　　　　　　　　　2019 年 1~3 月线损完成情况

时间	输入电量（kWh）	输出电量（kWh）	售电量（kWh）	损失电量（kWh）	线损率（%）
2019 年 1 月	1424	0	1754.56	−330.56	−23.21
2019 年 2 月	1385.8	0	1806.19	−420.39	−30.34
2019 年 3 月	1619.2	0	1625.98	−6.78	−0.42

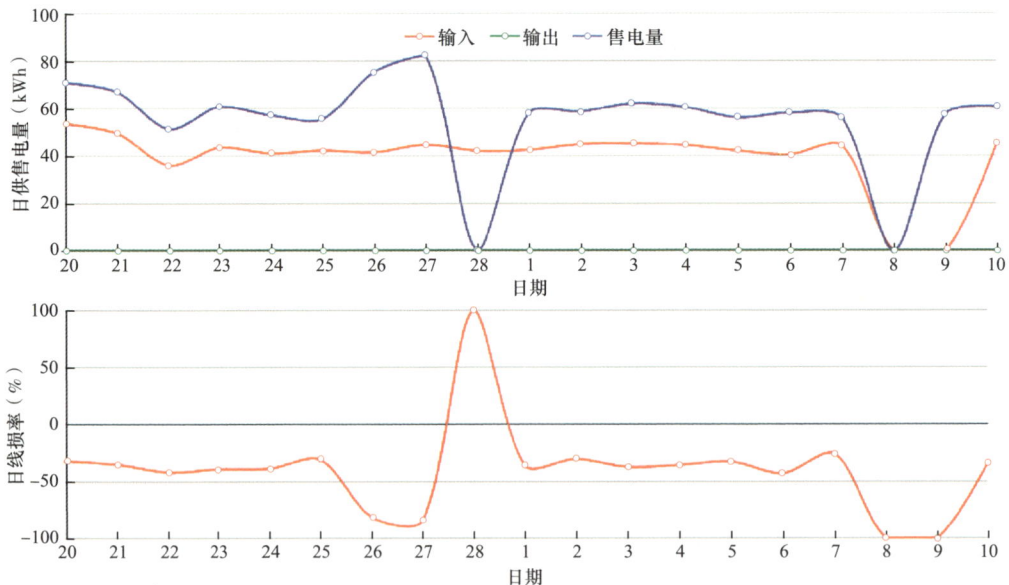

图 6-69　台区 2 月 20 日~3 月 10 日供售电量及线损率情况

异常分析：

初步分析： 从该台区的线损走势来看，新投后线损率一直不合格，且基本处于负损状态。初步怀疑计量点倍率档案错误、其他台区用户错误接入、供电量少接入、现场设备异常等情况。由于是新投台区，且无充分的历史线损率数据做分析比对，因此应先在现场对倍率档案、台户关系、接线情况等进行检查。

深入分析：查看数据时，发现输入输出电量变化趋势较为一致，更确认了是倍率档案、接线异常等问题，基本排除台户关系异常的问题。通过现场检查，发现总表接线错误，更正后台区线损率正常，如图 6-70 所示。

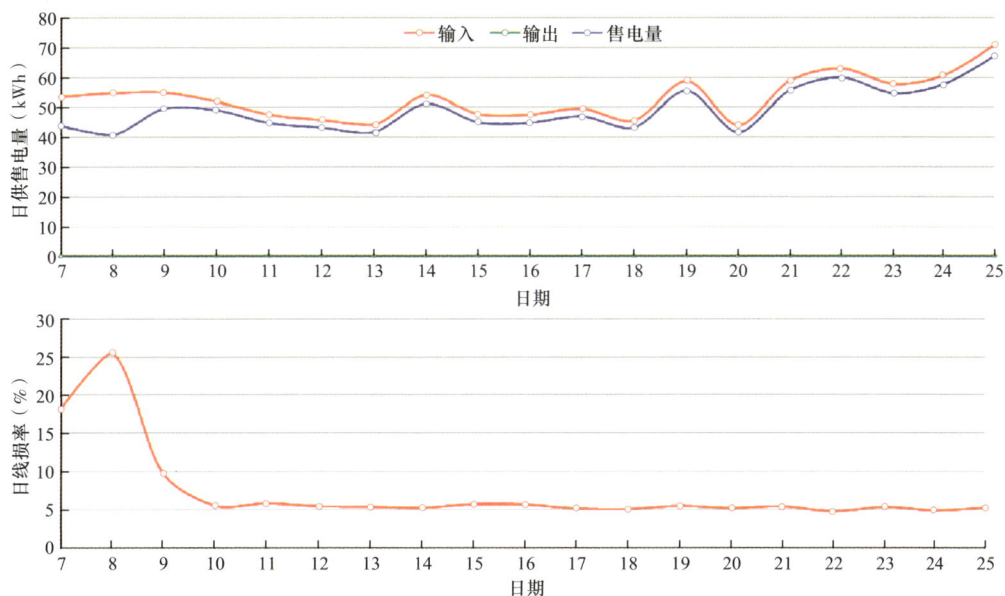

图 6-70 台区 2 月 20 日～3 月 10 日供售电量及线损率情况

分析心得：对于输入输出电量变化趋势基本一致的台区，用户错误接入的可能性较小，而计量点倍率错误、总表接线错误的可能性较大。

六、异常类型：台区总表计量箱桩头故障

典型台区：玉林北街公用变压器。

基本情况：该台区近期同期日线损率及供售电量情况如图 6-71 所示。

异常分析：

初步分析：从该台区同期日线损率的变化情况来看，该台区日线损一直为较大负损，低压用户采集成功率 100%，初步判断可能存在台区总表、台户关系问题。

深入分析：进一步利用同期系统"台区智能看板"中该台区的三相电压和电流情况，可初步判定计量问题还是台户关系问题。经查看发现，该用户三相电压正常，但是 B

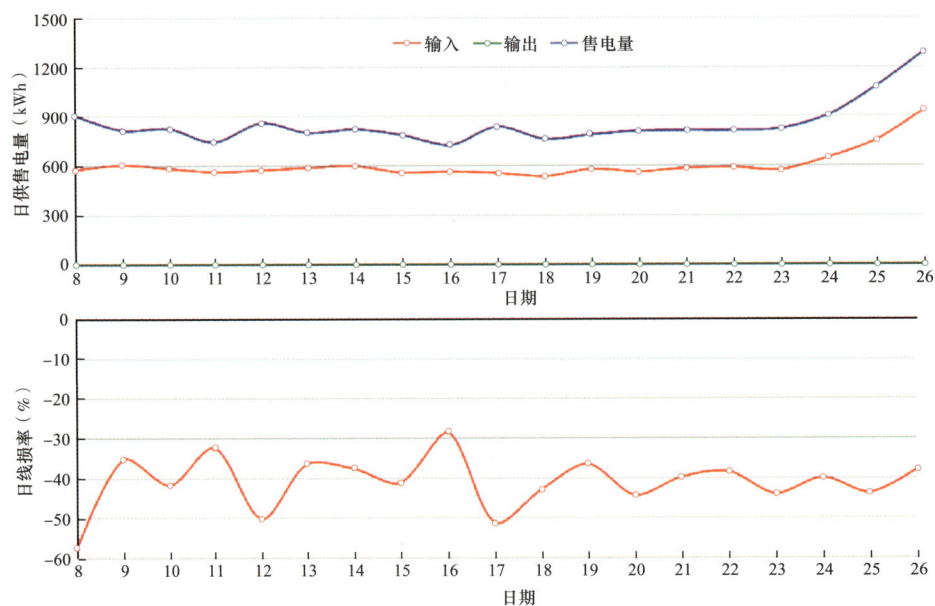

图 6-71　台区电量、日线损率情况

相电流一直为 0A（见图 6-72），由此可判定为台区总表故障可能是造成台区线损率为较大负损的主要原因之一。

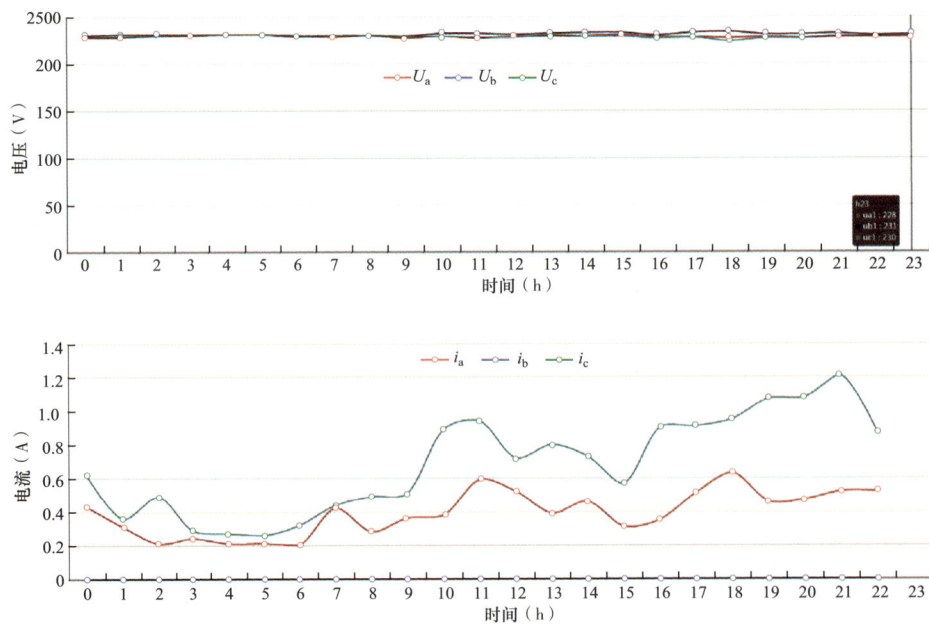

图 6-72　电压、电流曲线

经供电所人员现场核实，台区计量箱 B 相桩头烧坏，导致 B 相无电流如图 6-73 所示。

图 6-73　计量箱现场照片

分析心得：对于负损较大的台区而言，可利用同期系统中"台区智能看板"中的三相电压和电流情况，快速定位台区总表计量异常问题，提高异常分析效率。

七、异常类型：终端缺陷造成电量失真

典型台区：电网 _10kV 新纸路星光村 5 号配电变压器。

基本情况：该台区近期同期供售电量、日线损率如图 6-74 所示。

异常分析：

初步分析：台区线损率一直稳定在 7% 左右。但 5 月 5、6 日线损率突变。观察 5~6 日供售电量数据，供电量发生突变，但自 7 日起，又恢复正常，因此，怀疑 5、6 日台区总表采集出现异常。

深入分析：经现场核实，该台区总表电量通过武汉中原 09 版终端采集，5 月 5 日因上级变电站全站设备维护检修，早上 8 点 14 分停电后，武汉中原终端死机（设备问题，该类终端在停电事件后必须重新进行系统数据初始化，重新进行下发参数，才能恢复正常采集），一直保存的停电前的表底。第二天人工处理后，表底恢复正常，但造成 5 日电量偏小，6 日电量偏大。

分析心得：对于台区日线损突变后又能够自动恢复的情况，要配合供售电量的变

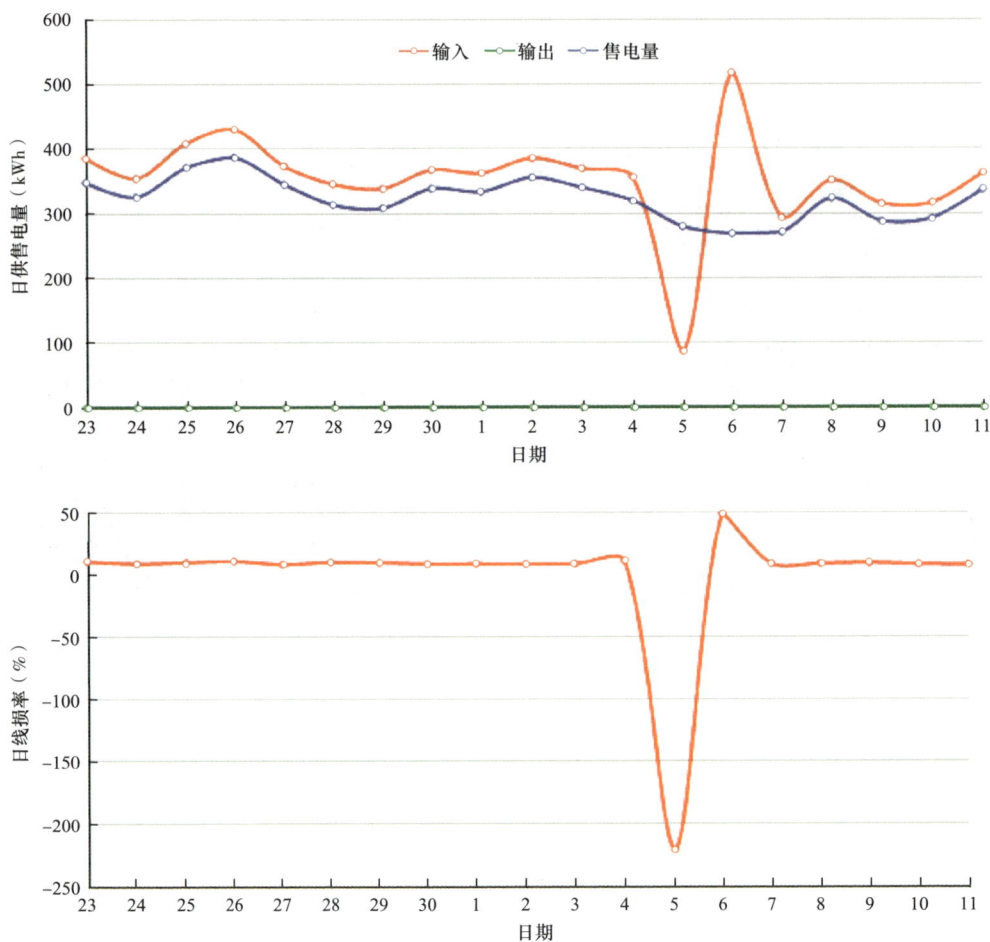

图 6-74　台区日电量、线损率变化情况

比情况，并把突变日当天台区或台区所在配线的工作作为分析的突破口，及时发现管理或设备缺陷。

八、异常类型：考核表互感器接线盒螺丝松动

典型台区：先锋 5 号台区。

基本情况：该台区日线损率在 –15%～–12% 之间。

异常分析：

初步分析：户表电量之和每天比考核表多 2～9kWh，日线损率在 –15%～–12% 之间。通过现场走访与核实，排除了营配贯通档案、考核表综合倍率、考核表及户表接线相序等问题，更换互感器及考核表均无效果，最后将问题的焦点集中在互感器硬件缺陷

方面。

深入分析：工作人员用钳形电流表检测一次侧线路的电流并读取电表二次侧电流，计算发现 A、C 相电流互感器的倍率与铭牌倍率基本吻合，但 B 相互感器的倍率明显偏大，因此考核表少计电量，暂时将 B 相互感器故障确定为台区线损率为负的原因。更换 B 相互感器后，经检测 B 相倍率仍然偏大，因此排除互感器故障这一可能。在检测 B 相互感器倍率时，属于 B 相负荷的对面农户家打米机开始运作，此时互感器的倍率继续增大，工作人员得出结论：考核表 B 相互感器的倍率随着负荷的增大而增大，导致了考核表计量偏少。

工作人员进一步检查了线路，确认正确无误后，再次确认了电表和互感器设备正常，最后将目光转移到一直未打开的接线盒（厂家自带），发现接线盒连接螺丝松动，拧紧螺丝后，B 相互感器的倍率立即变到接近铭牌倍率。台区线损此后扭负为正，如图 6–75 所示。

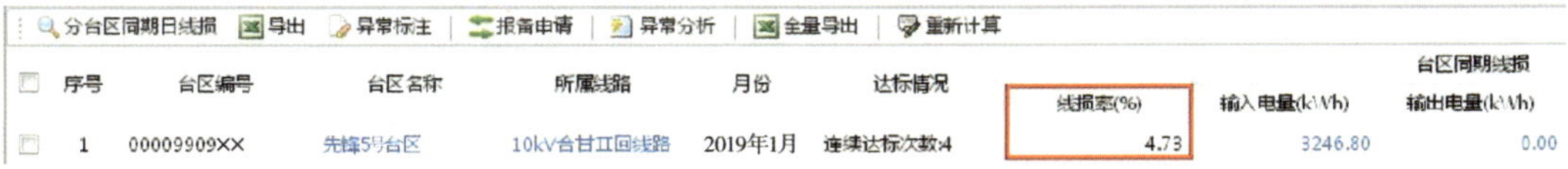
分台区同期日线损 | 导出 | 异常标注 | 报备申请 | 异常分析 | 全量导出 | 重新计算

序号	台区编号	台区名称	所属线路	月份	达标情况	线损率(%)	台区同期线损 输入电量(kWh)	输出电量(kWh)
1	00009909XX	先锋5号台区	10kV合甘工回线路	2019年1月	连续达标次数:4	4.73	3246.80	0.00

图 6–75　治理后台区线损率

分析心得：导致台区负损的可能性非常多，厂家自带设备有缺陷这一点容易被忽略。本案例从基本台账清理—接线核查—电流测量—发现 B 相倍率偏大—更换互感器—核查接线盒步步为营，最终发现台区负损的真实原因，实现对台区负损的治理。

九、异常类型：计量表计测量误差

典型台区：黄桷井农贸市场 2 号公用变压器。

基本情况：该台区 2018 年 2 月 ~2019 年 2 月同期月线损率情况见表 6–23。

表 6–23　　2018 年 1 月 ~ 2019 年 2 月月线损完成情况

时间	输入电量（kWh）	输出电量（kWh）	售电量（kWh）	损失电量（kWh）	线损率（%）
2018 年 1 月	6913.2	0	6437.24	475.96	6.88
2018 年 2 月	6063.6	0	0	6063.6	100
2018 年 3 月	482300	0	0	482300	100

时间	输入电量（kWh）	输出电量（kWh）	售电量（kWh）	损失电量（kWh）	线损率（%）
2018 年 4 月	5757.6	0	5772.6	−15	−0.26
2018 年 5 月	6380.4	0	6393	−12.6	−0.2
2018 年 6 月	6945.6	0	6952.8	−7.2	−0.1
2018 年 7 月	6506.4	0	6510	−3.6	−0.06
2018 年 8 月	6075.6	0	6082.2	−6.6	−0.11
2018 年 9 月	6813.6	0	6817.8	−4.2	−0.06
2018 年 10 月	6931.2	0	6942.6	−11.4	−0.16
2018 年 11 月	6540	0	6556.2	−16.2	−0.25
2018 年 12 月	6667.2	0	6687.6	−20.4	−0.31
2019 年 1 月	7218	0	7248	−30	−0.42
2019 年 2 月	5985.6	0	6013.2	−27.6	−0.46

异常分析：

初步分析： 该台区台区关系非常简单，台区下只接带两个低压用户，台区关口表与 2 块客户表的距离 3~4m，因此不存在营配贯通问题。但自 2018 年 3 月台户关系和档案清理正确后，从 2018 年 4 月 ~ 2019 年 2 月同期线损中月线损率在 −0.06%~−0.46% 波动，线损异常。排除档案问题后，怀疑该台区可能因表计故障、时钟超差等原因导致负损。

深入分析： 经现场核查，该台区表计接线正确，时钟准确，采集数据正常。至此，软硬件原因都已排除，下面只能考虑是否由于计量误差导致小负损。经现场校验，该台区关口表计量误差约为 +0.081%，2 块用户计量表计计量误差分别约为 +0.220%、+0.210%，均满足国家相关计量技术标准。但由于用户表计的计量正误差大于总表的正误差，将导致线损电量的计算整体呈现负误差，从而导致台区负损。

分析心得： 对于小负损台区，在排除了设备故障、时钟超差、营配贯通异常等软硬件原因外，计量设备的正常测量误差也是台区负损的重要原因之一。理论上来说，低压计量中，0.2（S）、0.5（S）级的电能表国家允许的正常负荷情况下的测量误差应控制在 ±0.2%、±0.5% 以内，在不考虑互感器误差和合成误差的情况下，台区线损率在 −1% 以内都是合理的。

第四节 换表因素

换表因素造成负损是纯粹的管理问题，产生的原因主要是工作责任心不强，或对相关流程不熟悉，造成换表后电量计算失真。

一、异常类型：旧表无表底

典型台区：电网 _10kV 柳杨线杨家 8 村 2 号台区变压器。

基本情况：对 4 月 10 日 400V 分压同期日线损监控，发现河舒所 400V 分压指标为负，通过查找该所不达标台区找到大负损台区。台区损耗情况见表 6-24 和图 6-76 所示。

表 6-24　　　　　　　　2019 年 4 月 5~15 日线损完成情况

时间	供电量（kWh）	售电量（kWh）	损耗电量（kWh）	损耗电量（kWh）	损耗率（%）
4 月 5 日	165.27	0	154.41	10.86	6.57
4 月 6 日	154.57	0	141.51	13.06	8.45
4 月 7 日	204.85	0	184.34	20.51	10.01
4 月 8 日	183.28	0	166	17.28	9.43
4 月 9 日	117.01	0	101.87	15.14	12.94
4 月 10 日	126.43	0	6262.2	−6135.77	−4853.1
4 月 11 日	115.97	0	106.15	9.82	8.47
4 月 12 日	108.11	0	100.2	7.91	7.32
4 月 13 日	126.12	0	116.1	10.02	7.94
4 月 14 日	126.85	0	116.17	10.68	8.42
4 月 15 日	138.08	0	125.9	12.18	8.82

异常分析：

初步分析：从该台区的日线损走势来看，4 月除 10 号以外，线损率基本保持在 8.6% 左右，台区供电量变化不大，但台区售电量却突然发生突变，初步判定营配关系未变化，且台区所挂接的用户关系正确，售电量存在问题。

深入分析：通过台区用户明细找出用电量突变客户，发现两个用户 10 号电量数据

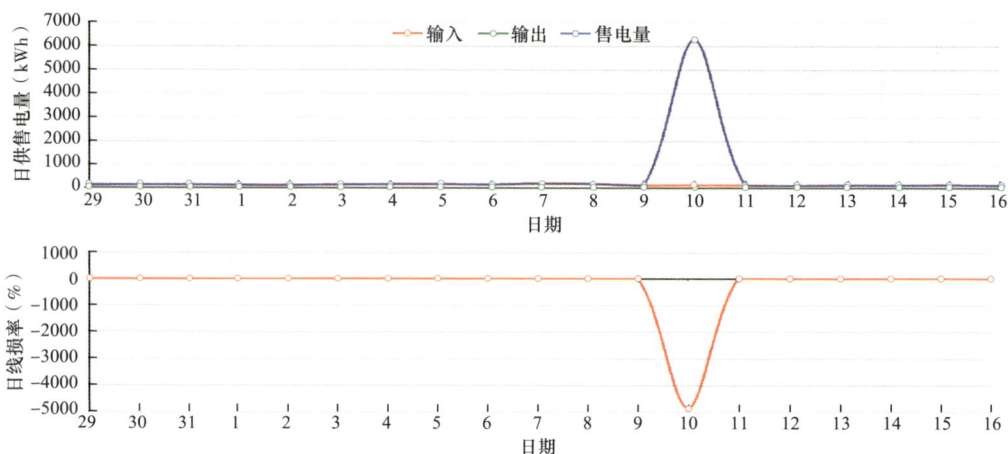

图 6-76 台区 4 月供售电量及线损率情况

突变，但该台区下其余用户电量数据正常，因此，重点工作是查明该两户电量突变原因。同时，根据用户编码登录用采系统核实用户数据一致，说明数据传输无问题。经观察，发现该两个用户 10 号后表底很小，怀疑是由换表引起的线损异常。登录营销 SG186 系统查看该用户换表流程及换表时间。经核实：杨家 8 村 2 号变压器用户罗某家于 4 月 9 号晚发生火灾，烧坏自家及罗明家电表，10 日 0 点无冻结数据。供电所于 10 日走流程更换表计，并采集到新表表计保存，即为 10 日冻结数据。而换表流程时间为 10 日，同期系统默认换表当日电量即旧表止码，出现电量异常。该台区用户电量明细及表底情况如图 6-77 和图 6-78 所示。

营销 SG186 系统用户计量点换表记录如图 6-79 所示。

图 6-77 同期系统用户电量明细情况

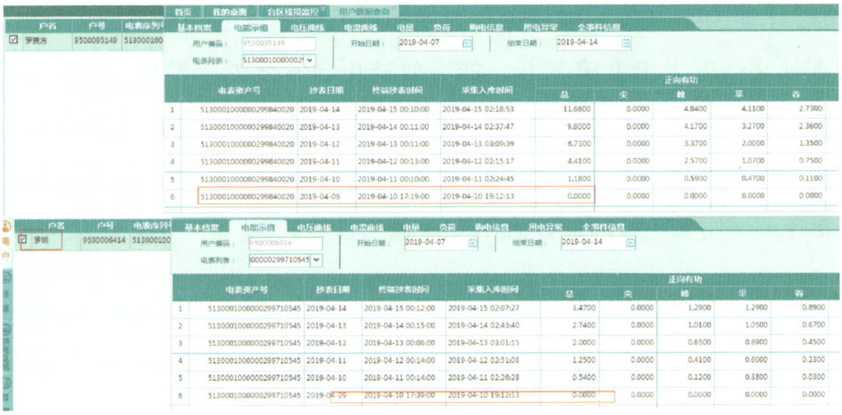

图 6-78　用户用采表底情况

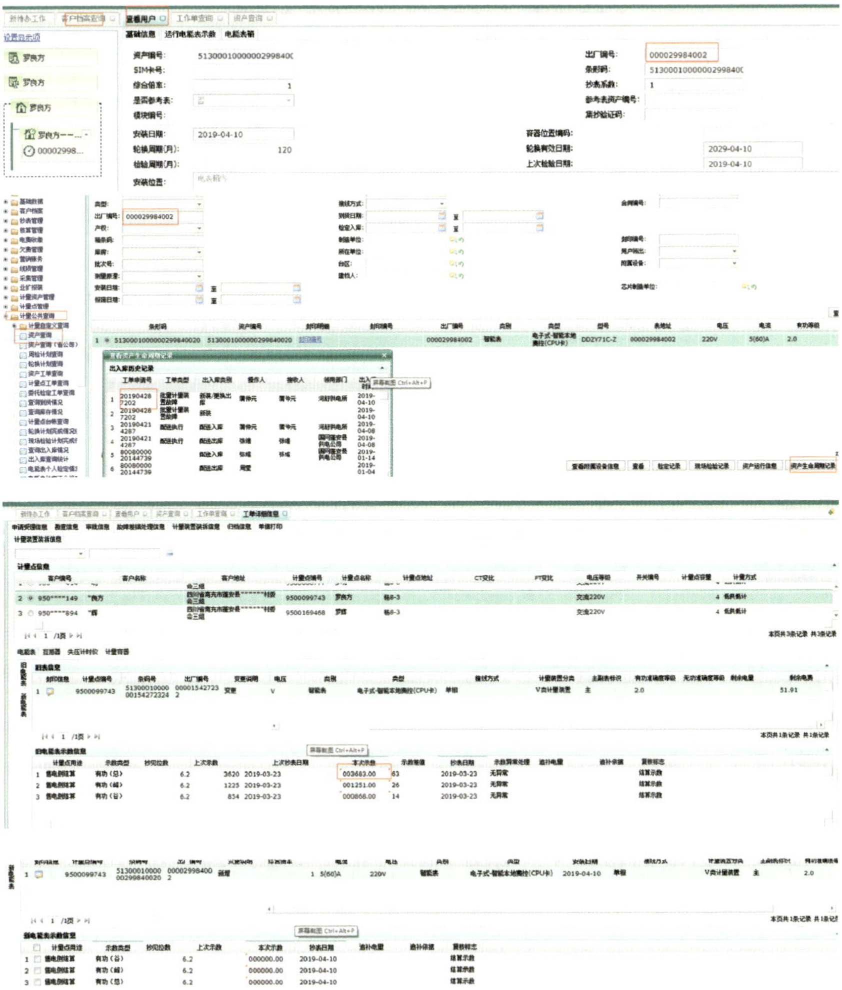

图 6-79　营销 SG186 系统用户计量点换表记录

分析心得：同期日线损因换表流程时间不规范引起电量异常，是常常出现的问题。我们要根据换表情况做出准确判断，能有效避免异常线损率发生。如果是正常换表，前一天采集系统已有冻结数据，换表时间、现场装拆表、流程时间为当天，同期系统不会出现异常电量。同时在执行换表流程中应当保证新旧表计表底填写正确、时间填写正确，并在调试用采系统时候注意不要覆盖当日表底。

二、异常类型：换表日期错误

（1）典型台区：电网 _10kV 水长线何家湾 1 号公用变压器。

基本情况：该台区近期同期日线损率及供售电量情况见表 6-25。

表 6-25　　　　　　　　　2019 年 4 月 5~15 日线损完成情况

时间	输入电量（kWh）	输出电量（kWh）	售电量（kWh）	损失电量（kWh）	线损率（%）
2019 年 4 月 1 日	898.8	0	873.87	24.93	2.77
2019 年 4 月 2 日	913.2	0	861.98	51.22	5.61
2019 年 4 月 3 日	943.2	0	3140.01	−2196.81	−232.91
2019 年 4 月 4 日	922.8	0	227900	−226977.2	−24596.58
2019 年 4 月 5 日	930	0	2943370.63	−2942440.63	−316391.47
2019 年 4 月 6 日	918	0	895.93	22.07	2.4
2019 年 4 月 7 日	907	0	885.86	21.34	2.35
2019 年 4 月 8 日	892.8	0	869.02	23.78	2.66
2019 年 4 月 9 日	886.6	0	864.82	20.78	2.35
2019 年 4 月 10 日	902.4	0	879.87	22.53	2.50
2019 年 4 月 11 日	840	0	819.72	20.28	2.41

异常分析：

初步分析：从该台区的日线损走势来看，4 月除 3~5 日以外，线损率基本保持在 2.5% 左右，台区供电量变化不大，初步判定营配关系未出现变化，且台区所挂接的用户关系正确，售电量存在问题。

深入分析：通过"同期线损管理"下的"分台区同期日线损"模块"线损分析"界面的图形走势（见图 6-80）可知，4 月 4~6 日，台区售电量突变，因此要着重核实

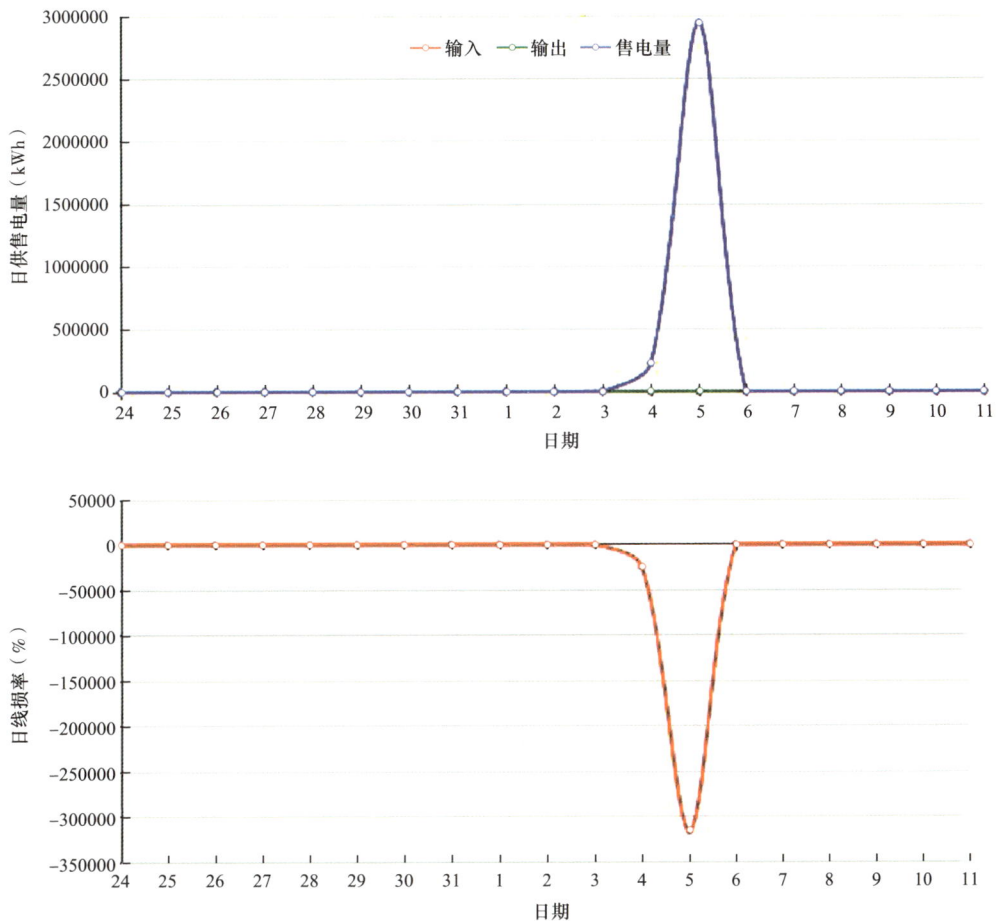

图 6-80　台区供售电量及线损率情况

售电量情况。点击"分台区同期日线损"查询界面下的"台区日售电量"，穿透查询 4 月 4 日台区售电量明细，发现台区下的多个用户售电量异常。大量用户电量异常，可能存在硬件和软件两方面的问题：①硬件方面，采集终端对采集不成功的用户自动造数，或表码错位，都可能导致电量异常；②软件方面，换表后换表流程执行不规范，也可能导致电量异常。考虑到终端自动造数、换表流程不规范一般只影响 1~2 天，表码错位则电量将长期错误的表象，结合电量突变用户下表底接近零的情况，首先怀疑该异常是由于换表流程不规范造成。

　　以计量点编号"825000173××"用户为例进行查询，通过用采系统的表底显示，该用户已于 4 月 3 日更换新表，但营销 SG186 系统中的换表流程显示该用户是于 4 月 4 日换表。根据换表记录中的新旧表上下表底及换表时间，计算 4 月 4 日该用户的日电量为（12271.00–1.13）+（5.35–0）=12275.22kWh［（旧表止度 – 营销 SG186 系统换表当日冻结上表底）+（新表下表底 –0）］，计算结果与同期系统电量一致，因此可以判定换表流程不规范是导致台区售电量突变的根本原因。用户突变表底情况及换表记录如图 6-81 和图 6-82 所示。

图 6-81　电量突变用户表底

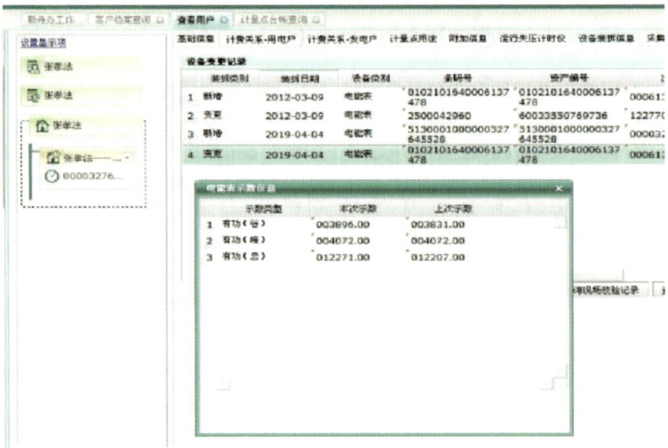

图 6-82　换表记录信息

经与鼎屏供电所核实，2019 年 4 月 3~5 日，该台区批量更换用户电表，供电所线损专责未将规范的换表流程传达到营业前台工作人员，导致营销 SG186 系统换表流程的表计拆装日期未能正确维护。

分析心得：定时抽查台区日线损情况，对解决异常背后的问题有深刻的意义。本次换表流程不规范引起的售电量突变，反映出了业务规范化不足，现场实际数据与系统数据一致率的问题存在盲区。营销 SG186 系统中换表流程的默认换表日期为流程当天，不一定是真实的换表日期。针对此情况，公司需要通过管理手段，加强换表流程管理，要求换表处理工单必须及时传递，尽量当日完成营销 SG186 系统中换表流程。换表后 3 日内走流程时，必须修改安装日期。同时，加强业务技能培训，加强系统操作培训，提高规范化工作的意识，确保电量计算准确、真实。

（2）典型台区：新村 5 社 3 号公用变压器。

基本情况：该台区近期同期日线损率及供售电量情况如图 6-83 所示。

台区编号	台区名称	所属线路	日期	达标情况	台区同期线损				
					线损率(%)	输入电量(kWh)	输出电量(kWh)	售电量(kWh)	损失电量(kWh)
68903369XX	新村5社3号公用变压器	10kV城末Ⅱ回	2019年3月15日	连续不达标次数:1	-2264.33	277.80	0.00	6568.12	-6290.32

图 6-83　2019 年 3 月 15 日线损情况

异常分析：

初步分析：3 月 15 日，该台区线损率 –2264.33%，台区售电量变化大（见图 6-84），初步判定户表换表流程不规范或表底突变，导致售电量存在问题。

深入分析：经分析，户号为"51480038××"的电量异常。通过查询用采系统的表底显示，该用户于 2019 年 3 月 13 日更换新表后表底开始重新走字（即 3 月 13 日已经现场换表），但营销 SG186 系统中的换表流程显示该用户是 3 月 15 日换表。现场换表后，系统中换表日期不准确，导致电量异常。

分析心得：本次换表流程不规范引起的售电量突变，反映出了业务规范化不足，现场换表与系统填报时间不一致的问题。营销 SG186 系统中换表流程的默认换表日期为流程当天，不一定是真实的换表日期，对此，需要通过管理手段，加强换表流程管理，要求换表处理工单必须及时传递，尽量当日完成营销 SG186 系统中换表流程。换表后走流程时，必须修改安装日期。同时，加强业务技能培训，加强系统操作培训，提高规范化工作的意识，对于台区线损治理有重要作用。

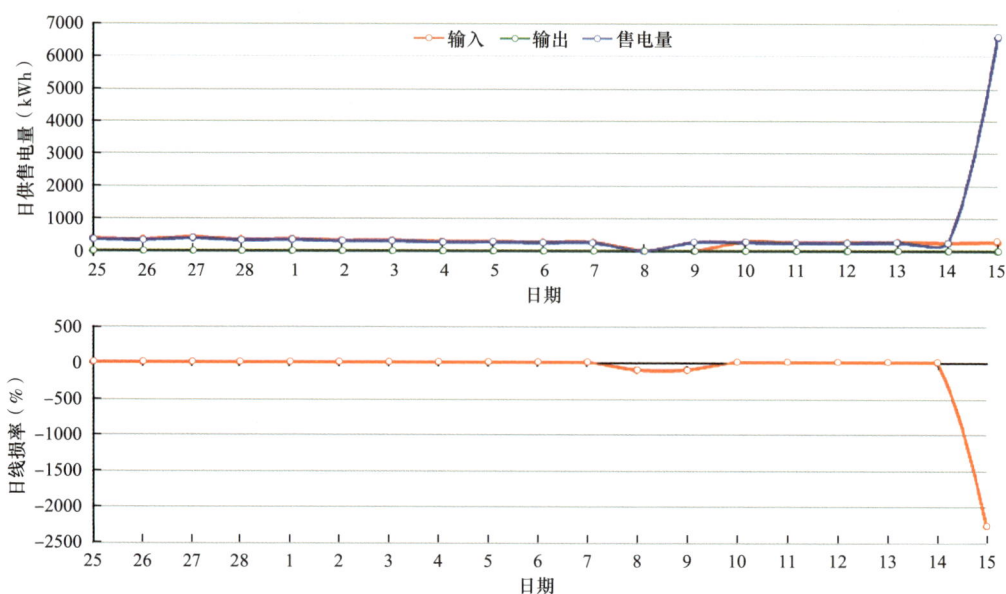

图 6-84　台区供售电量及线损率情况

三、异常类型：换表后旧表止度填写错误

典型台区：电网 _10kV 东山线新华村三台区。

基本情况：该台区 2018 年 5 月 1~19 日同期日线损率情况如图 6-85 所示。

异常分析：

初步分析：该台区除 5 月 14~15 日外，其余时间日线损率基本稳定在 10% 左右，因此可初步排除台户关系变化造成的线损率异常。观察 14、15 日台区线损率异常时，台区售电量环比变化不大，供电量突变，因此，初步判断该异常由供电量引起。

深入分析：首先分析供电量异常原因。点击"分台区同期日线损"查询界面结果中的"输入电量"，穿透查询台区总表电量明细。由明细可见，台区总表表底在 14 日突变（见图 6-86），同时，该总表计量点下有表号不同的两块表，由此可判断该台区总表换过表。结合台区线损率异常时间为 14、15 日两天，与台区总表表底突变时间吻合，下一步重点分析线损率异常是否由换表引起。

查询台区总表换表记录，发现换表流程中的旧表拆表示数为 9894kWh，较同期线损管理系统中最大的表底 58263.93kWh 相差甚远。同时，从表底判断，换表时间应为 5 月 14 日，但营销 SG186 系统中却显示为 5 月 15 日，相差一天，从而造成 5 月 14 日下表

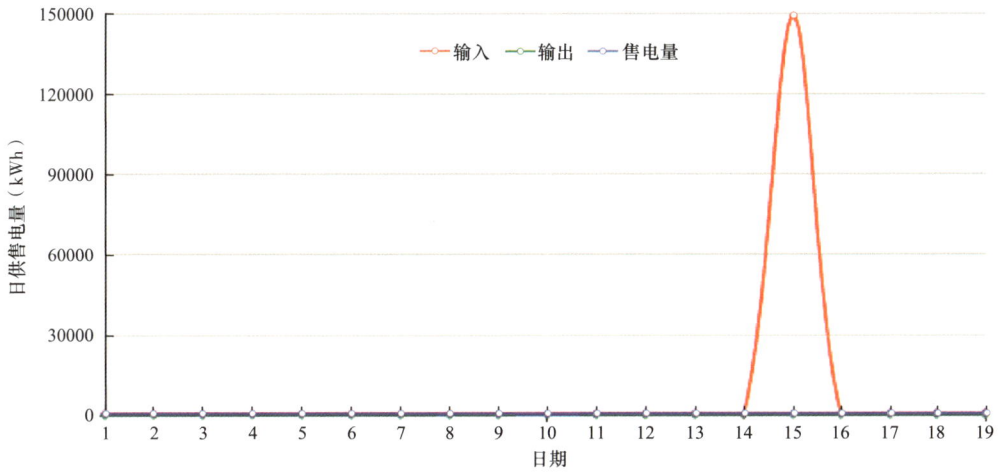

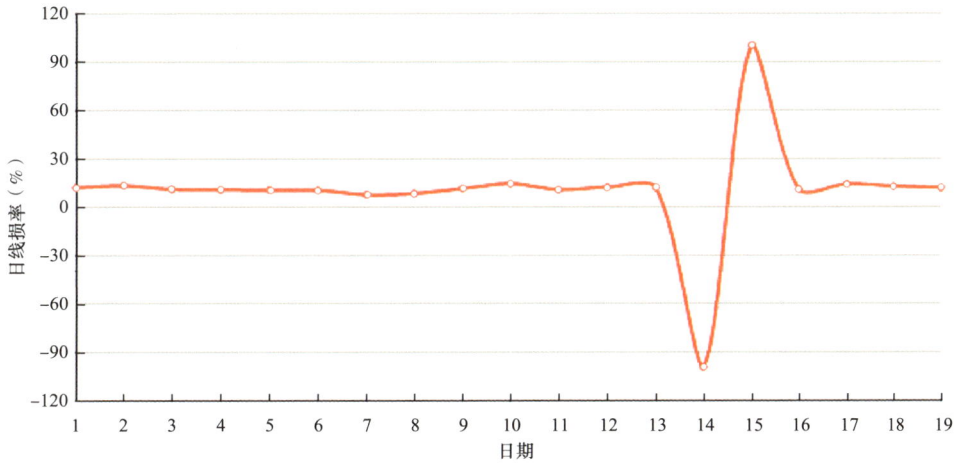

图 6-85 台区供售电量及线损率情况

序号	台区编号	台区名称	所断单位	计量点编号	计	总表表号	日期	正向电量（kWh）	反向电量（kWh）	上表底（kWh）	下表底（kWh）
1	1400001435	电网_10kV东山线新华村三台区	四1东	00000939796	将	22800000208082…	2018年5月11日	405.15	0		
2	1400001435	电网_10kV东山线新华村三台区	四1东	00000939796	将	22800000208082…	2018年5月12日	419.25	0		
3	1400001435	电网_10kV东山线新华村三台区	四1东	00000939796	将	22800000208082…	2018年5月13日	420.75	0		58263.93
4	1400001435	电网_10kV东山线新华村三台区	四1东	00000939796	将	22800000208082…	2018年5月14日	0	0	58263.93	19.18
5	1400001435	电网_10kV东山线新华村三台区	四1东	00000939796	将	22800000208082…	2018年5月15日	148725.9	0	19.18	40.24
6	1400001435	电网_10kV东山线新华村三台区	四1东	00000939796	将	22800000208082…	2018年5月16日	546	0	40.24	76.64
7	1400001435	电网_10kV东山线新华村三台区	四1东	00000939796	将	22800000208082…	2018年5月17日	522	0	76.64	111.44
8	1400001435	电网_10kV东山线新华村三台区	四1东	00000939796	将	22800000208082…	2018年5月18日	473.7	0	111.44	143.02
9	1400001435	电网_10kV东山线新华村三台区	四1东	00000939796	将	2222897201	2018年5月11日	405.15	0	58180.92	58207.93
10	1400001435	电网_10kV东山线新华村三台区	四1东	00000939796	将	2222897201	2018年5月12日	419.25	0	58207.93	58235.88
11	1400001435	电网_10kV东山线新华村三台区	四1东	00000939796	将	2222897201	2018年5月13日	420.75	0	58235.88	58263.93
12	1400001435	电网_10kV东山线新华村三台区	四1东	00000939796	将	2222897201	2018年5月14日	0	0	58263.93	19.18
13	1400001435	电网_10kV东山线新华村三台区	四1东	00000939796	将	2222897201	2018年5月11日	148725.9	0	19.18	40.24
14	1400001435	电网_10kV东山线新华村三台区	四1东	00000939796	将	2222897201	2018年5月11日	546	0	40.24	76.64
15	1400001435	电网_10kV东山线新华村三台区	四1东	00000939796	将	2222897201	2018年5月11日	522	0	76.64	111.44
16	1400001435	电网_10kV东山线新华村三台区	四1东	00000939796	将	2222897201	2018年5月11日	473.7	0	111.44	143.02

图 6-86 台区总表电量

底小于上表底，无法计算日电量；5 月 15 日日电量偏差大 [总表计量倍率为 15，（9894–19.18）× 15+40.24 × 15=148725.9]。换表信息如图 6-87 所示。

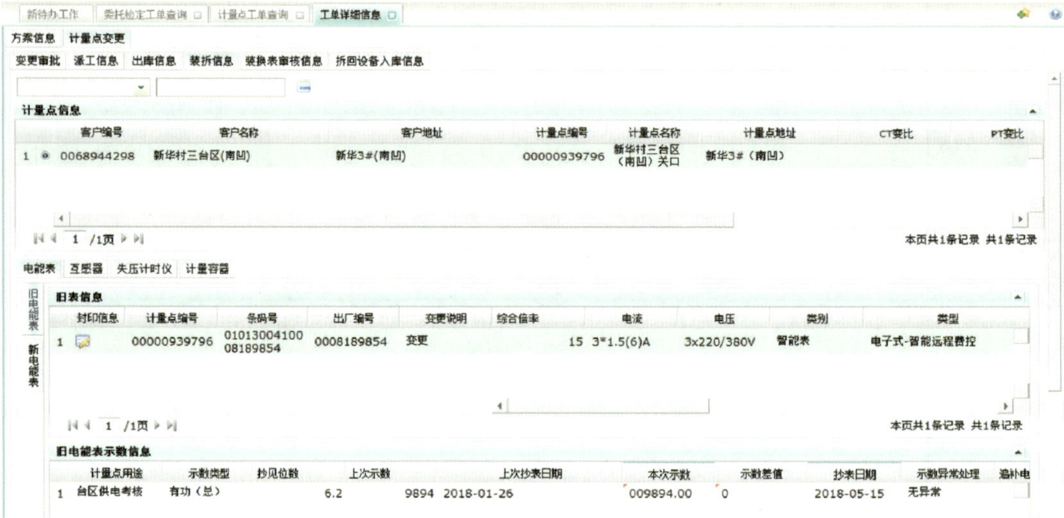

图 6-87　换表信息

经现场核实，实际情况和上述分析一致：5 月 14 日，因台区关口表时钟超差，工作人员对该台区关口表进行了更换，旧表拆除时的实际有功总示数为 58283.03kWh。在营销 SG186 系统进行台区关口表"计量点变更"流程中，录入旧表的"本次示数"时，工作人员未按照旧表实际示数进行录入，而是将旧表在营销 SG186 系统中的"上次示数"9894 作为"本次示数"录入，造成日电量计算失真。

分析心得：换表流程执行的质量和效率直接影响日电量的计算结果。对于内部考核表，因不涉及电费结算，在执行相关流程时的各项管控措施往往疏于形式。同时，还未建立根据同期台区日线损进行校核的常态机制，以至于不能及时发现异常并整改。

第五节　其他因素

一、异常类型：台区总表倍率错误、偷窃电

典型台区：电网 _ 洛城寨村 D 变压器。

基本情况： 该台区近期同期日线损率及供售电量情况如图6-88所示。

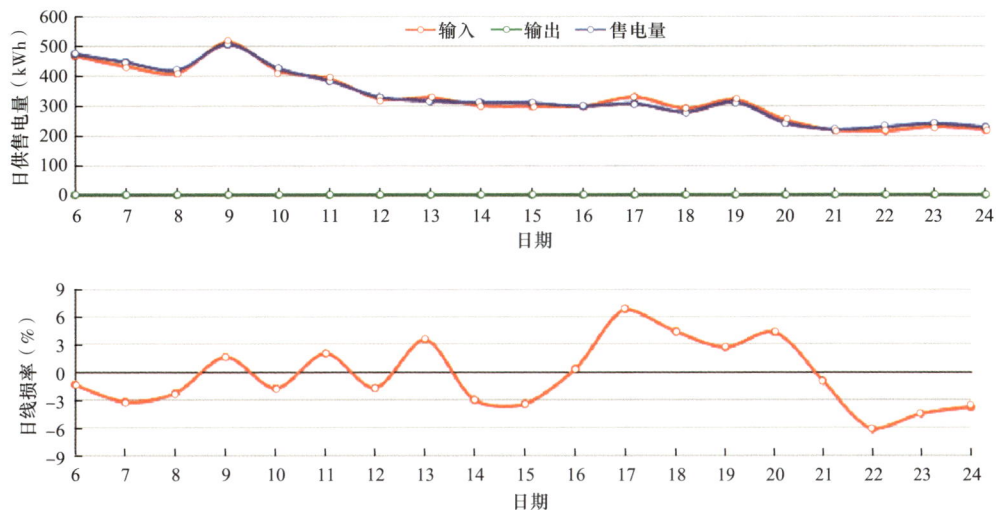

图6-88 台区3月日线损情况

异常分析：

初步分析： 该台区属2018年供区划分后新接管台区，至接管以来台区线损一直为高损台区，但2019年以来同期月线损率间断出现负损，初步判断计量装置接线错误和贯通档案异常造成台区线损不合格。

深入分析： 3月27日同期系统台区线损与采集系统差异较大（同期系统线损率 –11.30%，采集系统 –157.20%），进一步核实同期系统营销与营配不一致计量点共计12处，经现场核实，发现考核计量装置总表接线错误，但未对系统互感器倍率与系统核查，并有营配贯通错误用户，在进行更正后，台区线损仍然呈负损。4月2日再次现场核查，发现考核互感器倍率与系统不一致，现场核实是250/5，系统为200/5，是导致台区线损率一直呈负损的主要原因。同时，对低压户表运行情况进行检查，查处偷窃电7户，三线交叉隐患2处，电力通道树障隐患4处，是导致该台区线损不合格重要原因。通过治理该台区在4月3日台区线损率8.30%，治理合格。

现场检查情况如图6-89所示。

台区4月供售电量及线损率情况如图6-90所示。

分析心得： 很多台区线损异常并非由单一原因造成，需结合各系统间的数据比对、现场核查等多种手段进行综合分析评判，才可以准确查找出台区线损波动的主要原因，

图 6-89　现场检查情况

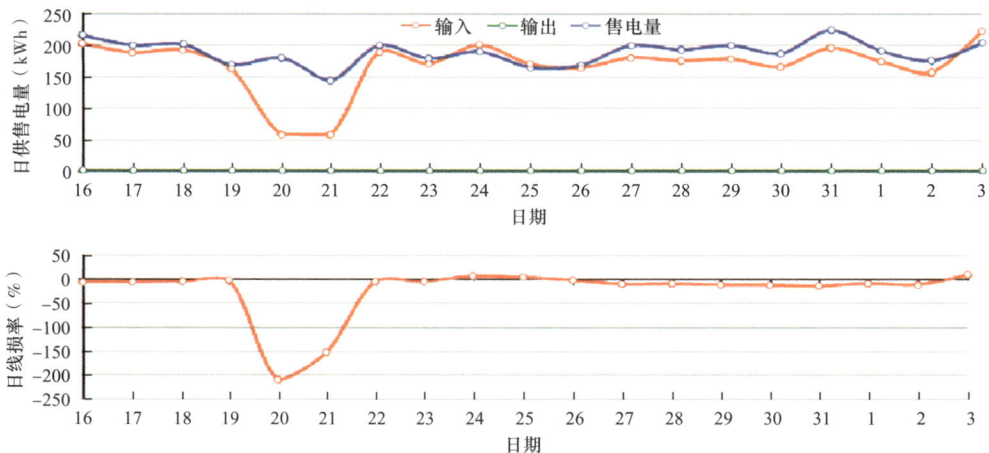

图 6-90　台区 4 月供售电量及线损率情况

达到精准施策的目的。

二、异常类型：台区总表倍率错误、总表接线错误、台户关系错误

典型台区： 赶场镇公园公用变压器。

基本情况： 该台区近期同期日线损率及供售电量情况如图 6-91 所示。

异常分析：

初步分析： 该台区近期日同期线损率为负，初步判断可能存在台户关系错误问题。

深入分析： 该台区变压器容量为 200kVA，总表倍率为 80（即 400/5），互感器的配置偏大，若为计量误差，不可能达到 -25% 的水平，因此排除轻载导致的计量误差。通过"台区运行数据"中的"功率曲线"平均值与当日输入电量平均值比较，发现互

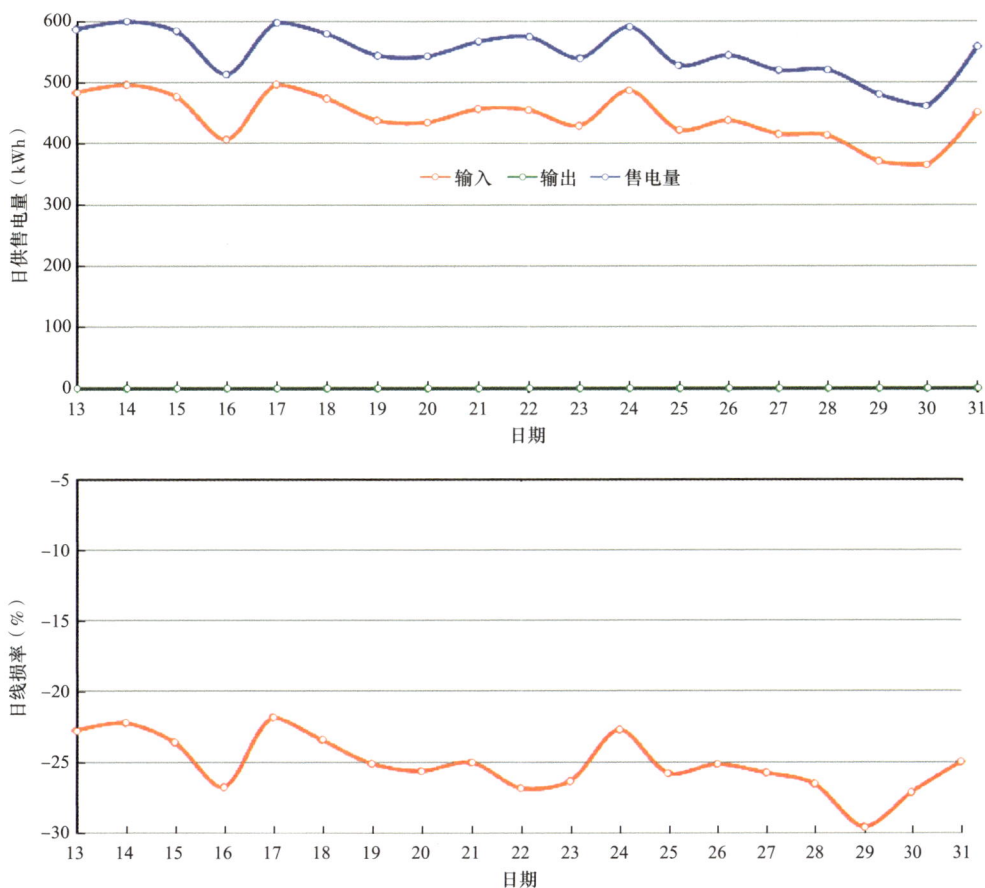

图6-91 台区供售电量及线损率情况

感器配置不合理引起的差异率约为2.82%，说明营销SG186系统中的"在用电流变比"与"综合倍率"数据一致（但不能排除系统档案倍率与现场不一致）。通过查看"台区运行数据"中的"三相电流平衡"（见图6-92），发现C相电流部分时段反向，说明总表C相有部分时段功率为负。可能的原因有低压过补偿、分布式电源上网或者接线错误。该台区无分布式电源并网，因此怀疑台区总表存在接线错误，导致电量少计和计量功率反向的异常。

至此，通过系统分析，在不排除台户关系错误的情况下，应重点开展总表检查。经现场排查，总表倍率错误，现场总表倍率为60倍，互感器电流变比为300/5，与200kVA的主变压器容量正好匹配，倍率错误导致台区输入电量多计。同时，总表B、C相电压接入错误，电流电压不同相，加之C相电流极性接反，导致台区输入电量少计。此外，用户（户号"10280056××"）因供电线路故障，已改至另一台区供电，但

235

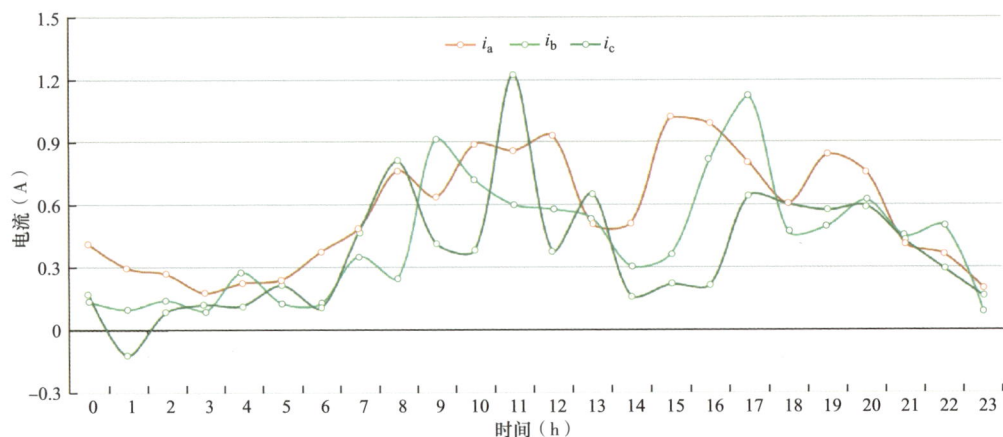

图 6-92　三相电流情况

GIS 系统中仍未调整台户关系，造成售电量多计。上述三因素综合造成台区线损率为负。

现场接线情况如图 6-93 所示。

分析心得： 在台区改造或新建时，一般选择的总表电流互感器的额定电流与台区变压器额定电流相匹配，否则可能出现"大马拉小车"或"小马拉大车"的情况，导致互感器轻载或过载，增大测量误差。因此，对于互感器与台区容量不匹配的情况，可将其作为异常核查点之一进行现场核实。同时，除了电量之外，电流、功率因数、电压等指标也能够反映总表接线问题，因此通过相应的曲线数据，也能够及时发现异常，提升台区分析效率。

图 6-93　接线情况

典型台区：10kV 十园 II 线（新市）老虎嘴村 4 社。

基本情况：该台区近期同期月线损率及供售电量情况见表 6-26，如图 6-94 所示。

表 6-26　　　　　2018 年 1 月 ~ 2019 年 4 月同期月线损完成情况

时间	输入电量（kWh）	输出电量（kWh）	售电量（kWh）	损失电量（kWh）	线损率（%）
2018 年 1 月	2013.12	0.00	1956.78	56.34	2.80
2018 年 2 月	1772.83	0.00	1724.94	47.89	2.70
2018 年 3 月	1544.91	0.00	1492.37	52.54	3.40
2018 年 4 月	1286.84	0.00	1241.12	45.72	3.55
2018 年 5 月	1307.71	0.00	1260.68	47.03	3.60
2018 年 6 月	1369.71	0.00	1322.58	47.13	3.44
2018 年 7 月	1745.57	0.00	1690.41	55.16	3.16
2018 年 8 月	2134.56	0.00	2068.71	65.85	3.08
2018 年 9 月	1596.49	0.00	1541.85	54.64	3.42
2018 年 10 月	1383.49	0.00	1334.31	49.18	3.55
2018 年 11 月	1263.78	0.00	1219.54	44.24	3.50
2018 年 12 月	4142.88	0.00	22104.72	−17961.84	−433.56
2019 年 1 月	21421.20	0.00	45469.03	−24047.83	−112.26
2019 年 2 月	34443.60	0.00	46461.24	−12017.64	−34.89
2019 年 3 月	61974.60	0.00	61840.51	134.09	0.22
2019 年 4 月	44295.00	0.00	44194.38	100.62	0.23

异常分析：

初步分析：从该台区一年来同期月线损率的变化情况来看，该台区 2018 年 12 月之前月线损一直合格，初步判断该台区 12 月前台户关系、营配贯通、计量正确，但从 2018 年 12 月开始，月线损出现超大负损。进一步了解，在 12 月 17 日该台区新装一只动力用户"简阳市五友种畜有限公司"后台区呈现负线损，该台区原考核表属于三相四线

237

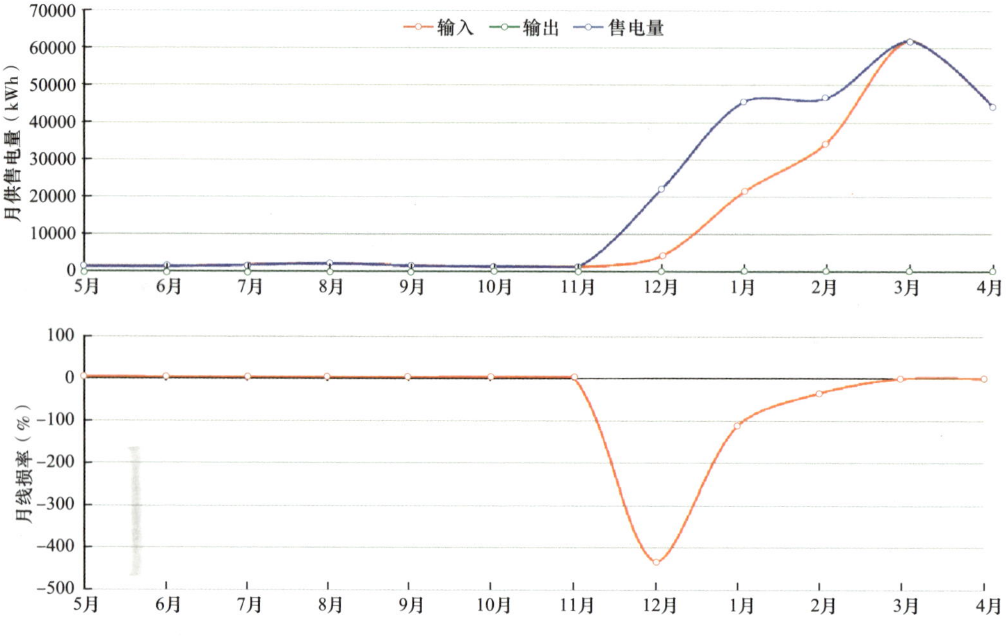

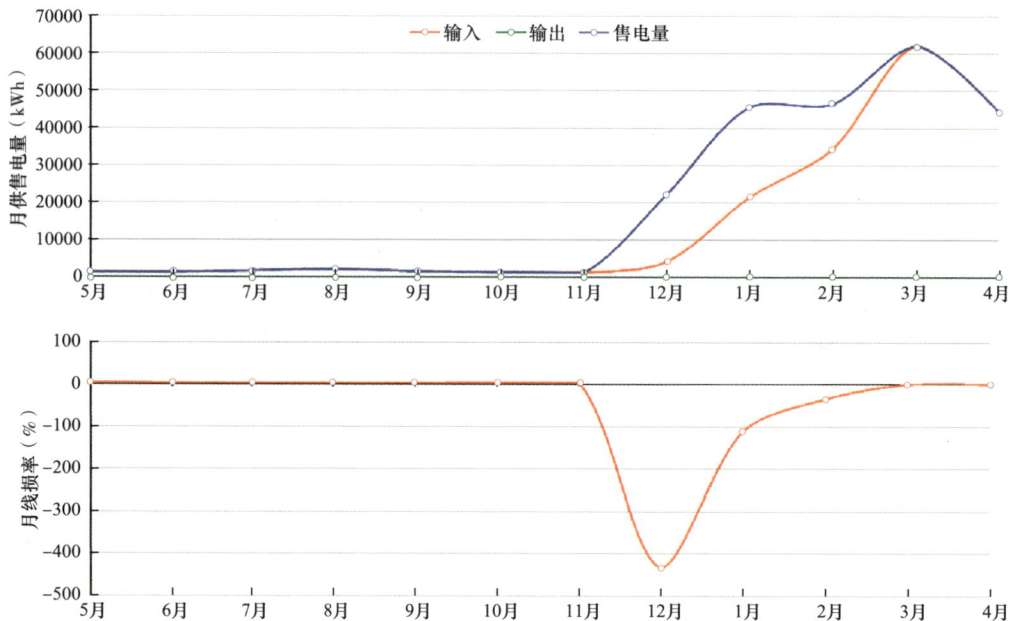

图 6-94　台区供售电量、线损率变化情况

直通表计，新投该用户后台区考核表配备 300/5 低压互感器。因此，分析的重点应放在新投用户和异动的台区考核表，如用户档案贯通、用户采集异常、计量装置接线等方面。

深入分析：通过观察同期售电量明细，新投用户电量已计入售电量明细，说明该低压用户档案已贯通。通过观察台区供售电量变化情况，发现 2018 年 12 月该台区售电量增幅远远大于供电量增幅，经核实台区售电量环比增量 20885.18kWh，和新投用户12 月售电量 20252.8kWh 相近，因此，可初步判断该台区售电量相对真实（见图 6-95），负损极有可能是供电量统计问题导致。

图 6-95　用户月电量情况

238

从采集系统观察台区考核表电压、电流正常，并未存在断压断流或电流值为负数现象，说明台区考核表采集数据正常。经现场核实，新装用户表计接线在台区考核表计量前端，与台区考核表成并列关系，故该台区总表输入电量未统计到新投用户电量，造成该台区售电量大于输入电量，台区线损呈负线损。1月，重新将新装用户"简阳市五友种畜有限公司"进线由台区考核表互感器进线侧改接到台区考核表互感器出线侧搭接，使该客户用电经过台区考核表计量。但该台区2月线损仍为负。经分析台区考核表新装电流互感器，有可能会出现互感器接线错误。工作人员再次到现场检查发现为台区考核表电流互感器A、C相电流线接反，进行了改接错误接线。从3月开始，该台区恢复正常。

分析心得：对于有新投、异动低压用户的台区，台区线损由合格，突变为不合格台区，首先要分析该台区新投、异动的用户档案是否正确，若档案正确，则重点分析采集异常因素。采取系统数据与现场排查结合，可快速判别出采集异常原因。

第七章

不可算台区典型案例分析

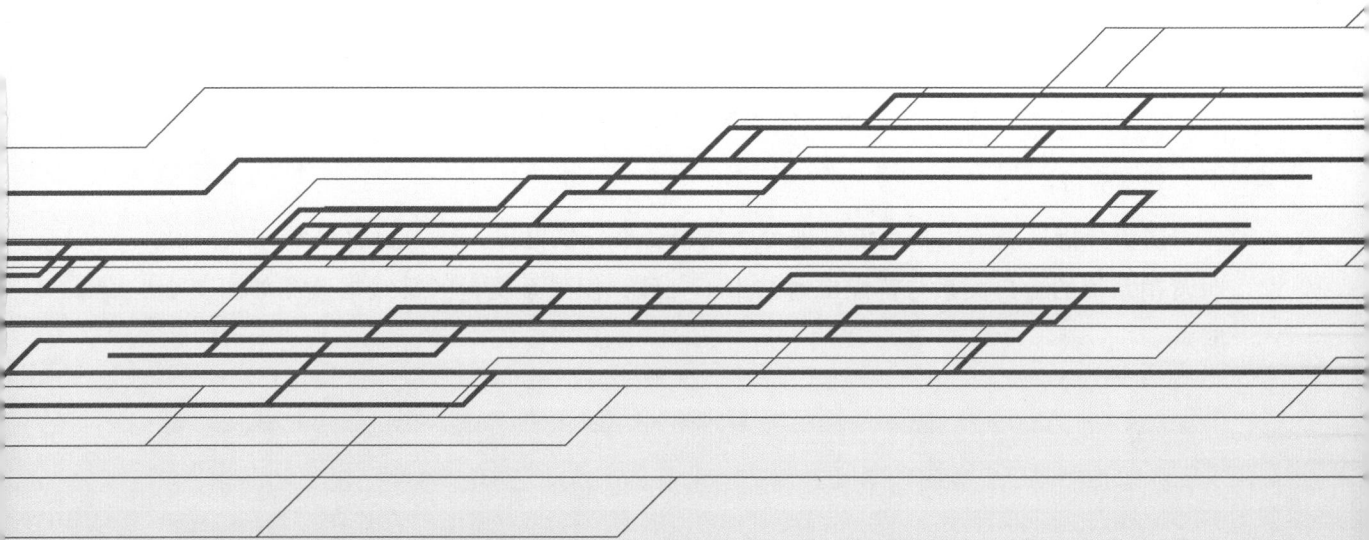

第一节 档案因素

档案问题是造成台区不可算的重要原因之一，主要包含设备新投异动不规范、营配贯通错误、模型配置问题等四个方面。其中：设备新投异动不规范、营配贯通问题不仅影响台区线损率，同时也将造成分区、分压及 10kV 分线线损率计算结果失真。

一、异常类型：新投异动后档案更新不及时

典型台区：电网 _10kV 石元线包谷梁村 1 社 99 号台区变压器。

基本情况：通过同期系统 7 月 14 日线损监控发现：电网 _10kV 石元线包谷梁村 1 社 99 号台区变压器有供电量无售电量，低压用户数 0 个，线损率 100%，台区不可算，监测情况如图 7-1 所示。初步判断：该台区为新建台区，存在营配贯通问题，属新投异动更新不及时引起台区线损异常。

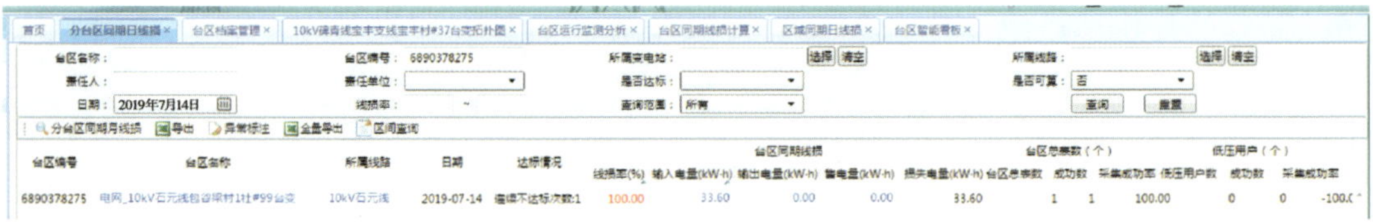

图 7-1　台区 7 月 14 日线损率

异常分析：

初步分析：登录用采系统发现台区线损合格，供电量一致，售电量不一致，说明营销系统的台户关系与营配贯通结果不一致，用采系统台区日线损监测如图 7-2 所示。

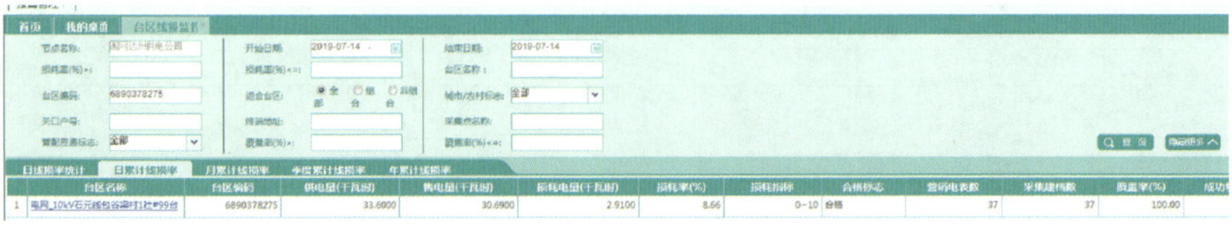

图 7-2　用采系统台区 7 月 14 日线损监测

深入分析：从用采系统中台区总表日冻结表底来看，7月10日开始有冻结表底，且表底仅为0.16，说明台区可能为7月10日投运，同时，通过日线损计算结果可看出台区低压用户数量为0个，加之初步分析中确定的营销系统的台户关系与营配贯通结果不一致，可判断出该台区不可算的原因为新投异动后档案更新不及时。用采系统台区总表底如图7-3所示。

图7-3　台区总表用采日冻结表底

经营配贯通后，该台区拓扑关系正确，7月17日开始台区线损率在合格范围波动，台区低压用户数由0户变为36户。

整改后同期系统台区低压拓扑图如图7-4所示。

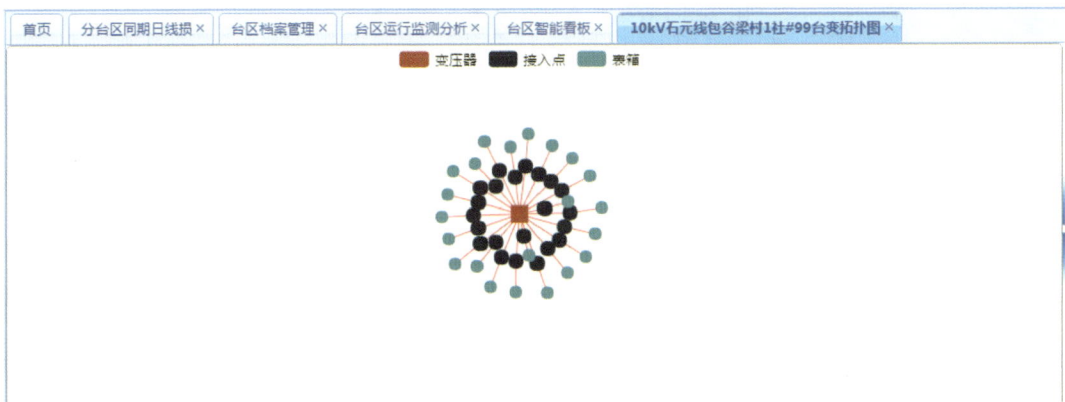

图7-4　整改后同期系统台区低压拓扑图

整改后同期系统台区 7 月 17 日线损率如图 7-5 所示，台区 7 月供售电量及线损率情况如图 7-6 所示。

图 7-5　整改后同期系统台区 7 月 17 日线损率

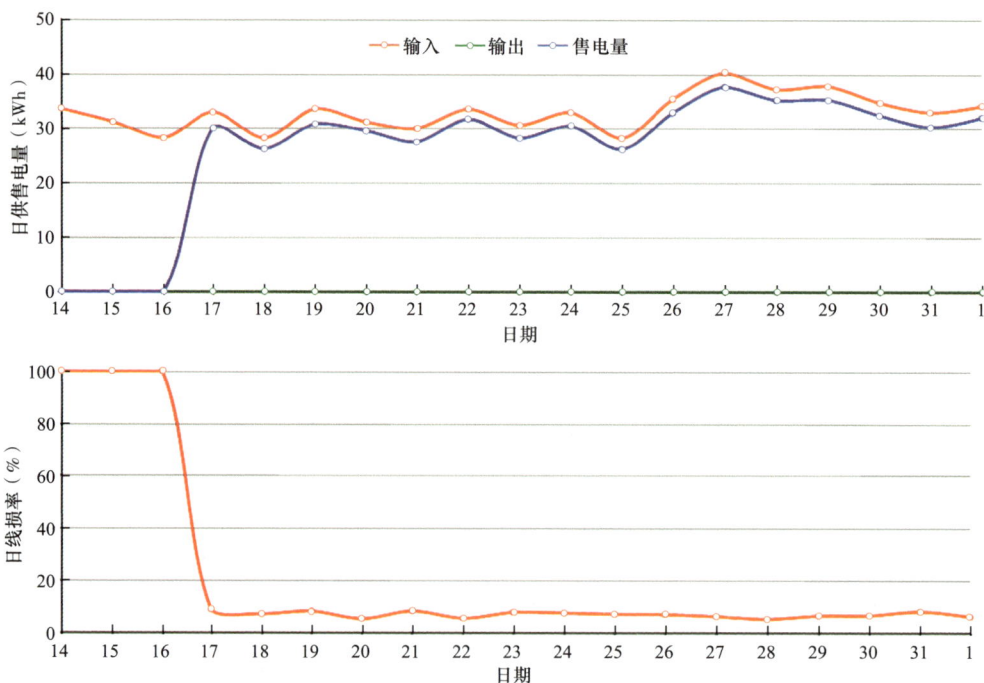

图 7-6　台区 7 月供售电量及线损率情况

分析心得： 新投运台区出现不可算，首先考虑的因素就是档案更新不及时。受制于目前营配贯通影响因素较多、新投异动档案管理不够规范，且同期系统与营配贯通系统数据不是实时同步，导致部分台区在投运初期出现不可算。应加强新投台区档案管理，力争"投运一个、合格一个"，同时加强新投台区的监测分析，避免不可算。

二、异常类型：营配贯通问题（台户关系丢失）

典型台区： 电网 _10kV 碑青线宝丰支线宝丰村 37 号台区变压器。

基本情况：该台区日线损率在 2% 左右波动，8 月 22 日起，其售电量突变为 0kWh，线损率变为 100%。台区供售电量及线损率情况如图 7-7 所示。

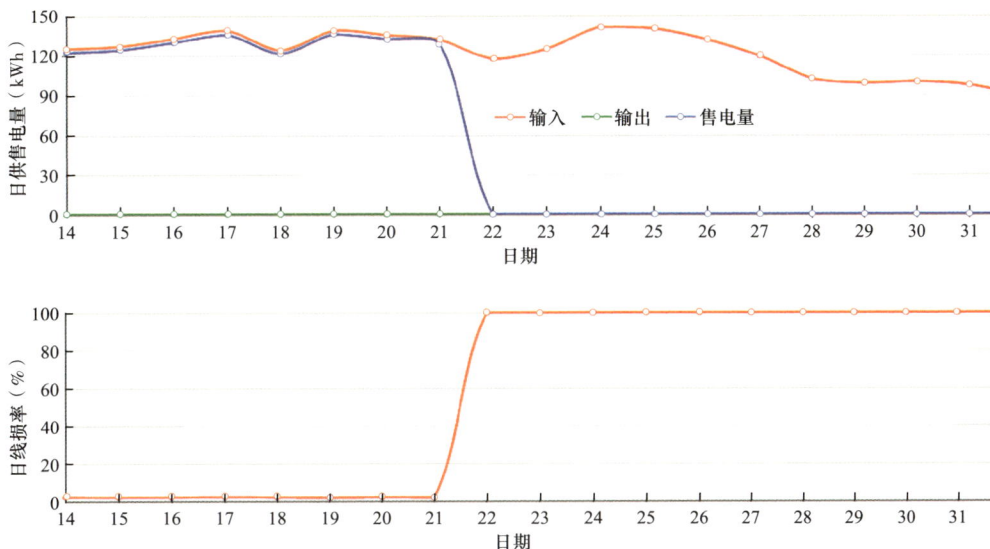

图 7-7　台区供售电量及线损率

异常分析：

初步分析：该台区日均供售电量在 90~150kWh 波动，但从 8 月 22 日起售电量突变为 0，供电量仍在正常区间，从数据来看，该台区并未停运，初步怀疑营配贯通异常导致低压用户不贯通，售电量未计入。同期系统台区低压用户数如图 7-8 所示。

深入分析：查询营销 SG186 系统和用电信息采集系统，该台区可以正常计算线损，到电网 GIS 系统、同期线损管理系统的"台区档案管理"中查看拓扑，发现该变压器下方并无表箱挂接，同期日线损计算结果中，该台区低压用户数为 0 个。

图 7-8　台区日线损低压用户数

通知相关人员进行整改，整改后台区拓扑关系正常。整改后同期系统台区低压拓扑关系如图 7-9 所示。

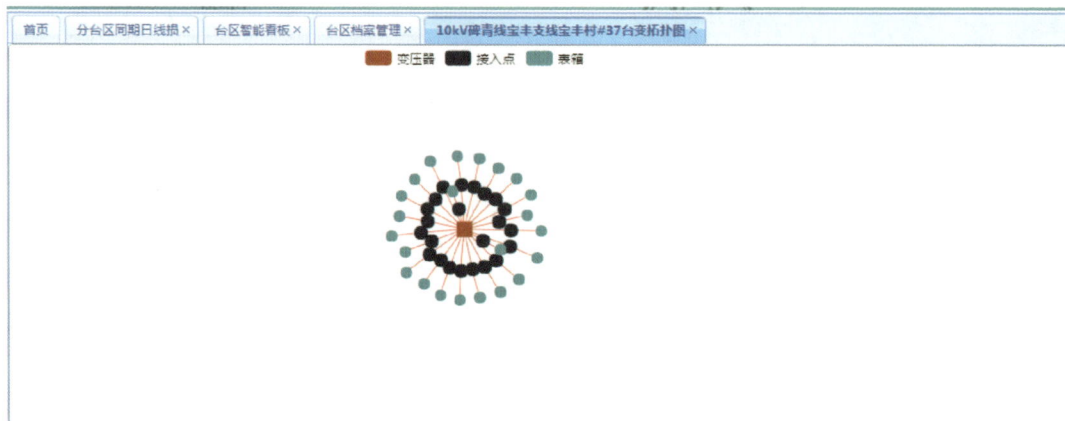

图 7-9　整改后台区拓扑图

整改后 9 月 18 日售电量恢复正常，台区线损率由 100% 恢复至 2% 左右。整改后台区供售电量及线损率情况如图 7-10 所示。

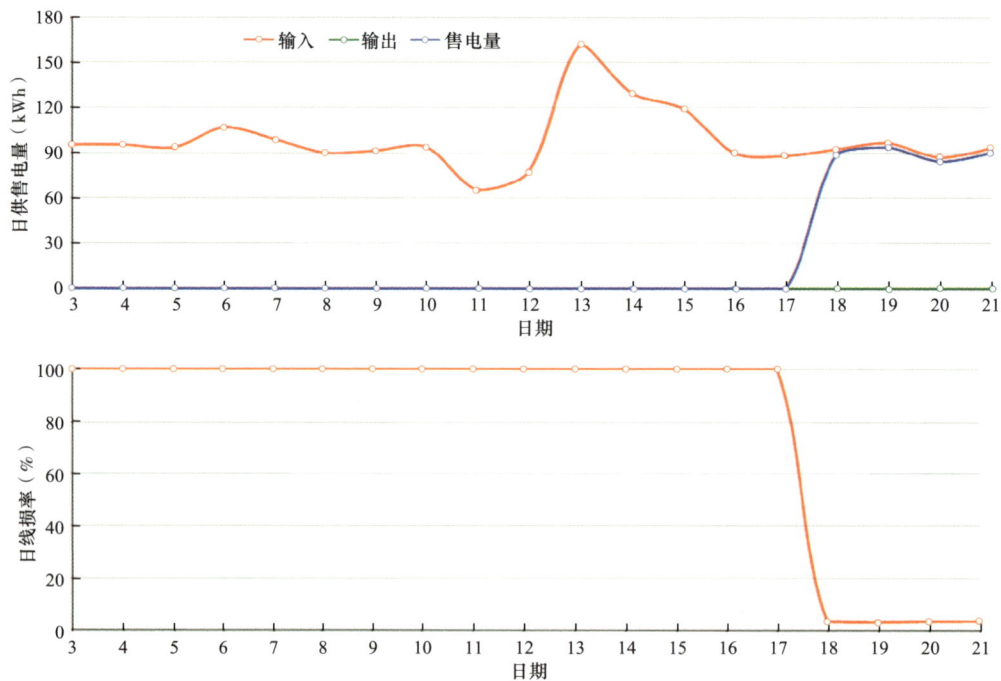

图 7-10　整改后台区供售电量及线损率情况

分析心得：通过台区同期日线损分析，及时监测线损率异常波动，通过分析供电量、售电量数据，判断出营配贯通导致的线损异常。营配贯通是导致台区无售电量的主要原因，应首先查看营销 SG186 系统中台区所属变压器信息、台户关系，再看 GIS 系统图形绘制情况和 PMS 系统计算数据间的逻辑关系，充分利用现有系统数据资源，快速定位异常原因，提升异常分析效率。

三、异常类型：模型配置错误

典型台区：电网 _10kV 长鄢线鄢家 3 村 4 社公用变压器。

基本情况：该台区 9 月 12 日投运档案同步后同期日线损一直是 –100%。9 月 17~22 日台区同期线损监测情况见表 7–1.

表 7–1 9 月 17～22 日同期线损异常情况

时间	输入电量（kWh）	输出电量（kWh）	售电量（kWh）	损失电量（kWh）	线损率（%）
9 月 17 日	0	42.21	39.1	–81.31	–100
9 月 18 日	0	42.44	39.22	–81.66	–100
9 月 19 日	0	48.63	45.15	–93.78	–100
9 月 20 日	0	46.26	43.01	–89.27	–100
9 月 21 日	0	56.67	53.02	–109.69	–100
9 月 22 日	0	77.18	72.62	–149.8	–100

9 月台区同期线损监测情况如图 7–11 和图 7–12 所示。

异常分析：

初步分析：从该台区的日线损情况来看，9 月 17 日档案完全同步后，同期日线损率一直是 –100%，台区供电量为 0kWh，且显示没有总表，初步怀疑为台区总表计量点未同步到同期系统或采集系统无采集。

深入分析：同期线损系统中该台区总表缺失，于是查询该台区总表在销售 SG186 系统档案中是否有计量点，发现计量点档案正确，如图 7–13 所示。查询采集系统，该计量点在用采系统中表底与现场表底完全一致，采集无误，台区总表采集情况如图 7–14 所示。于是查询台区关口模型配置情况，发现台区总表配在"台区模型损耗输出"中，立即修改了配置，如图 7–15 和图 7–16 所示。

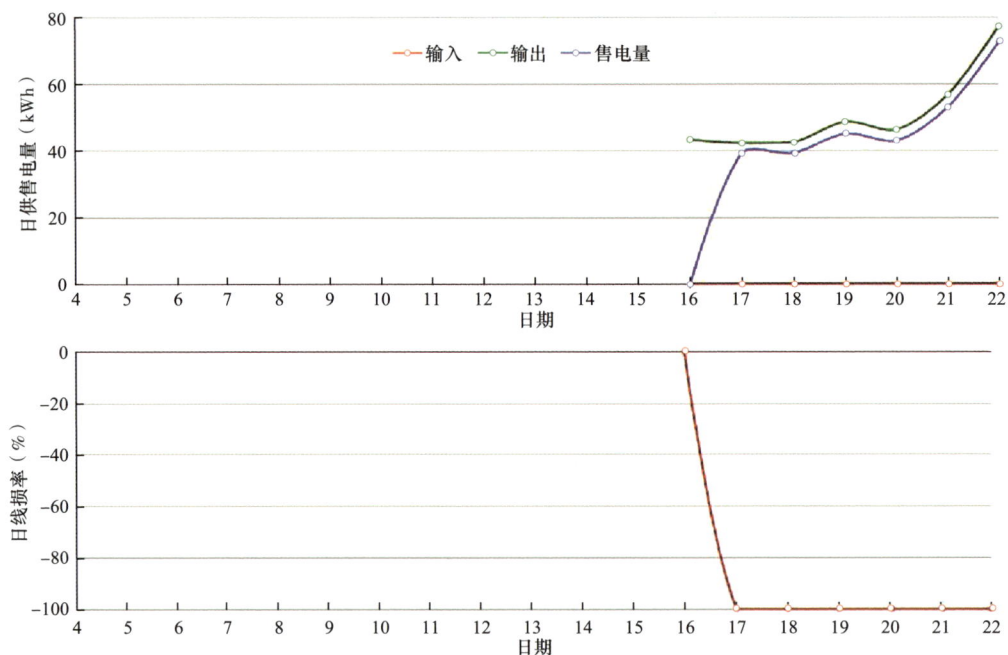

图 7-11 台区 9 月同期日线损情况

图 7-12 台区同期日线损采集情况

图 7-13 台区计量点档案

基本档案　电能示值　电压曲线　电流曲线　电单　负荷　购电信息　用电异常　全事件信息

用户编号： 1185078620　开始日期： 2019年9月12日　结束日期： 2019年9月23日
电表资产： 513000100000021↓

	电表资产号	抄表日期	终端抄表时间		采集入库时间		正向有功				
							总	尖	峰	平	谷
1	513000100000296053942	2019年9月23日	2019年9月24日	00:03:00	2019年9月24日	02:28:53	596.9500	0.0000	236.2900	186.8200	173.8300
2	513000100000296053942	2019年9月22日	2019年9月23日	00:03:00	2019年9月23日	02:47:52	516.5400	0.0000	205.3000	159.7100	151.5300
3	513000100000296053942	2019年9月21日	2019年9月22日	00:03:00	2019年9月22日	02:18:40	439.3600	0.0000	175.0100	133.3100	131.0400
4	513000100000296053942	2019年9月20日	2019年9月21日	00:03:00	2019年9月21日	02:25:33	382.6900	0.0000	155.9900	111.8500	114.8500
5	513000100000296053942	2019年9月19日	2019年9月20日	00:03:00	2019年9月20日	02:17:56	336.4300	0.0000	137.8700	98.8600	99.7000
6	513000100000296053942	2019年9月18日	2019年9月19日	00:03:00	2019年9月19日	02:30:50	287.8000	0.0000	118.6600	85.2300	83.9000
7	513000100000296053942	2019年9月17日	2019年9月18日	00:03:00	2019年9月18日	02:19:37	245.3600	0.0000	102.1500	71.5800	71.6300
8	513000100000296053942	2019年9月16日	2019年9月17日	00:03:00	2019年9月17日	02:29:05	203.1500	0.0000	84.9200	59.8700	58.3400
9	513000100000296053942	2019年9月15日	2019年9月16日	00:03:00	2019年9月16日	02:27:04	159.9400	0.0000	68.5800	46.8700	44.6900
10	513000100000296053942	2019年9月14日	2019年9月15日	00:03:00	2019年9月15日	02:25:21	121.5900	0.0000	54.1500	33.8400	33.6000
11	513000100000296053942	2019年9月13日	2019年9月14日	00:03:00	2019年9月14日	02:19:36	79.3100	0.0000	38.6100	19.1300	21.5600
12	513000100000296053942	2019年9月12日	2019年9月13日	00:03:00	2019年9月13日	02:22:30	19.9800	0.0000	16.8700	0.0000	3.1100

图 7-14　台区总表用采系统采集情况

台区模型配置

保存　新增输入　新增输出　输入删除　输出删除　分布式电源配置

线损管理单位： 胜观供电所　　　　责任单位： 国网南充市高坪供电公1
责任人：　　　　　　　　　　　联系电话：
计算日同期线损： 是　　　　　　计算月同期线损： 是
生效日期： 2015-01-01　　　　失效日期：

台区模型损耗输入
	序号	电能表标识	计量点编号	计量点名称	倍率	计算关系	正向	反向

台区模型损耗输出
	序号	电能表标识	计量点编号	计量点名称	倍率	计算关系	正向	反向
	1	22800000208724...	00033425113	鄂豪3村4社公变	1	加	☑加 □减	□加 □减

图 7-15　整改前台区模型情况

台区模型配置

保存　新增输入　新增输出　输入删除　输出删除　分布式电源配置

线损管理单位： 胜观供电所　　　　责任单位： 国网南充市高坪供电公1
责任人：　　　　　　　　　　　联系电话：
计算日同期线损： 是　　　　　　计算月同期线损： 是
生效日期： 2015-01-01　　　　失效日期：

台区模型损耗输入
	序号	电能表标识	计量点编号	计量点名称	倍率	计算关系	正向	反向
	1	228000002087...	00033425113	鄂豪3村4社公变	1	加	☑加 □减	□加 □减

台区模型损耗输出
	序号	电能表标识	计量点编号	计量点名称	倍率	计算关系	正向	反向

图 7-16　整改后台区模型情况

按照整改后的台区模型，利用表底计算还原得到 9 月 17~22 日台区线损情况见表 7-2。

表 7-2　　　　　　　　　　　9 月 17~22 日同期线损异常情况

时间	输入电量（kWh）	输出电量（kWh）	售电量（kWh）	损失电量（kWh）	线损率（%）
9 月 17 日	42.21	0	39.1	3.11	7.37
9 月 18 日	42.44	0	39.22	3.22	7.59
9 月 19 日	48.63	0	45.15	3.48	7.16
9 月 20 日	46.26	0	43.01	3.25	7.03
9 月 21 日	56.67	0	53.02	3.65	6.44
9 月 22 日	77.18	0	72.62	4.56	5.91

分析心得： 在计量点档案正确、现场采集正常、采集系统数据正常且营配贯通无误而同期线损系统无电量的情况下，应重点怀疑系统模型配置是否正确。将台区模型进行正确配置后，手工计算该台区日线损。

第二节　采集因素

一、异常类型：台区总表采集失败

典型台区： 电网 _10kV 碑北线江兴大支线新农村 78 号台压变压器。

基本情况： 该台区日线损率在 8% 左右波动，自 9 月 8 日起，其供电量电量突变为 0kWh，线损率变为 -100%。同期系统台区供售电量及线损率情况如图 7-17 所示。

异常分析：

初步分析： 该台区线损率突变后，售电量仍在正常范围（见图 7-18），故判断出供电量存在问题。

深入分析： 检查同期系统中台区输入电量模型配置正确，台区日线损计算中台区总表采集成功率为 0%（见图 7-19），进一步检查台区总表表底，发现该台区总表 9 月 8、9 日无下表底（见图 7-20），导致 9 月 8~10 日未计算出台区总表电量，导致供电量为 0kWh，无法计算台区线损率。核实用采系统中，台区总表 9 月 8、9 日无冻结表底（截

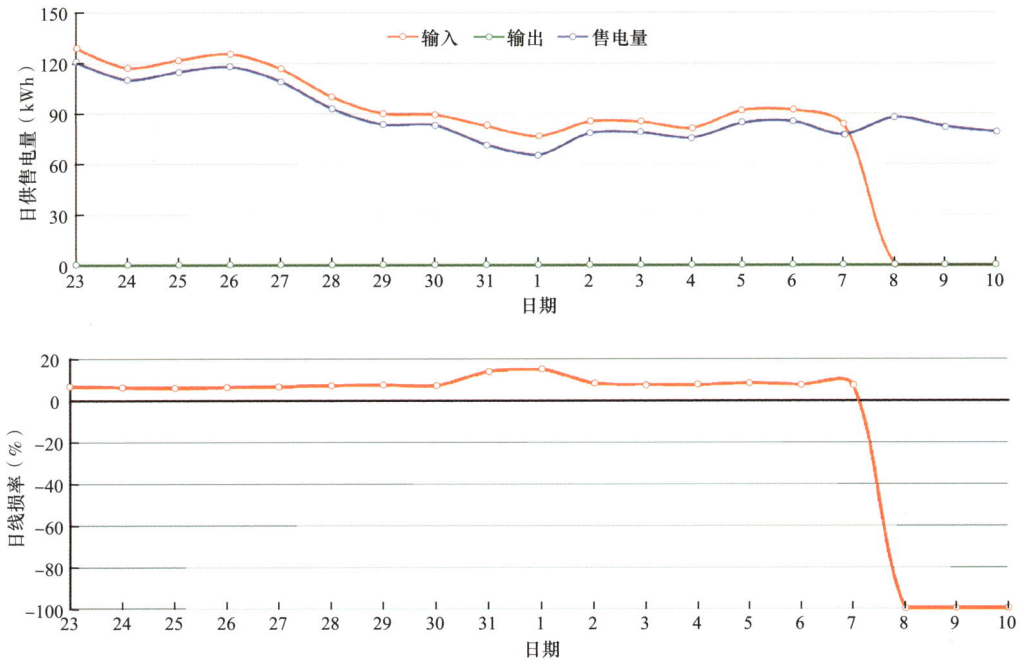

图 7-17　台区供售电量及线损率情况

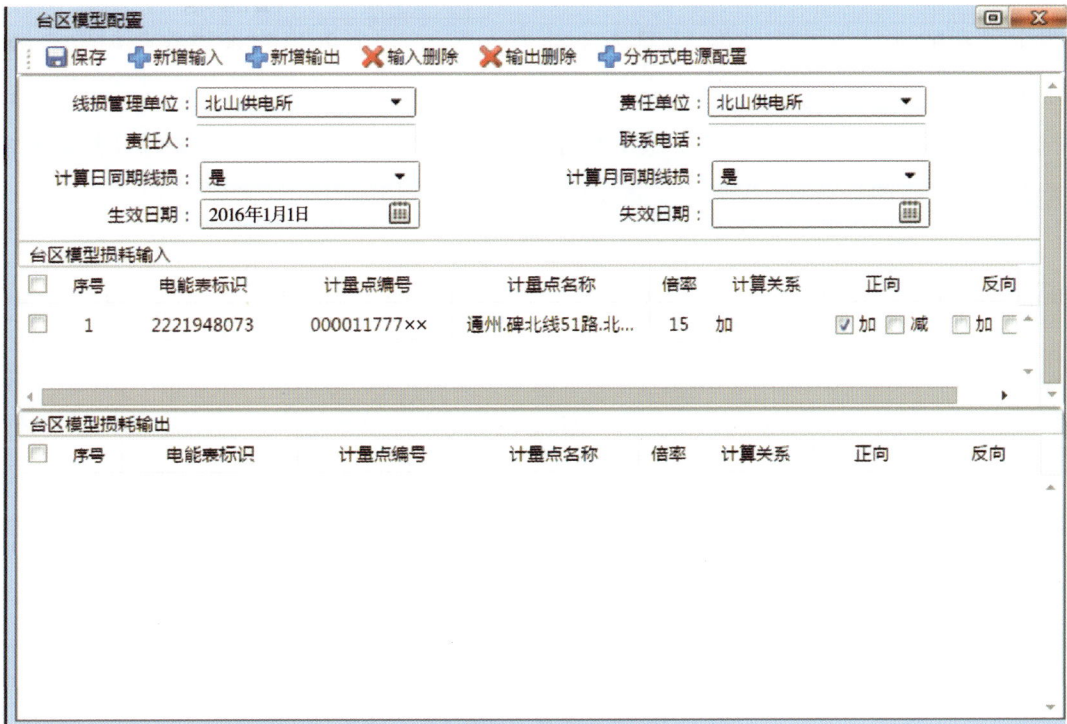

图 7-18　台区模型配置

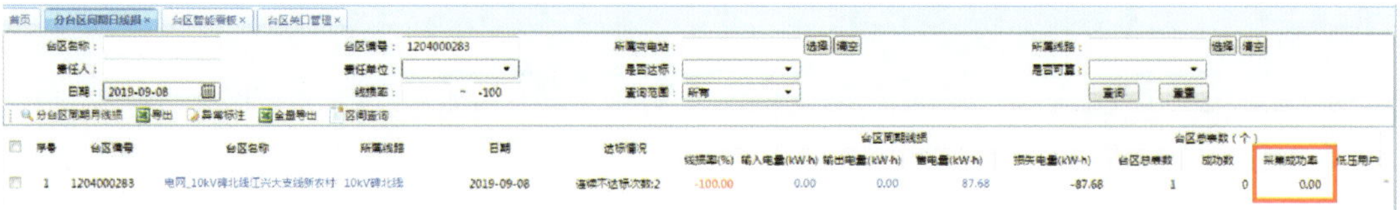

图 7-19　台区日线损低压用户数

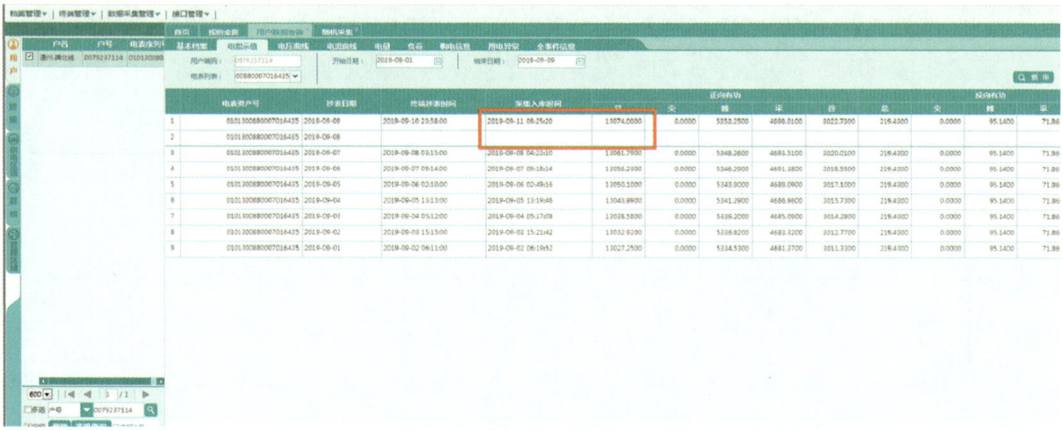

图 7-20　用采系统冻结表底

图中显示的 9 日冻结表底为 11 日人工补采入库），可判断出为采集故障导致表底缺失。

9 月 10 日现场调试采集后，表底冻结恢复正常，台区线损率由 –100% 恢复至 8% 左右，调试后用采系统台区总表采集表底如图 7-21 所示。

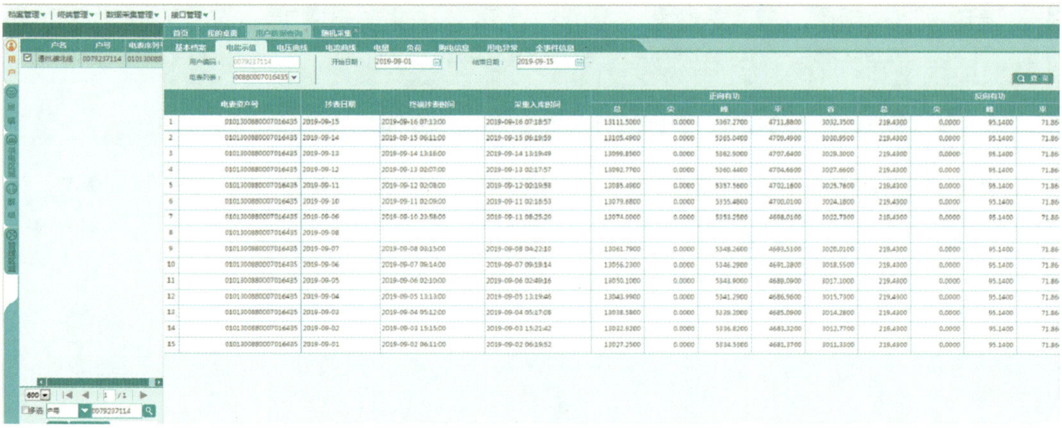

图 7-21　用采系统台区总表采集表底

整改后同期系统台区供售电量及线损率情况如图 7-22 所示。

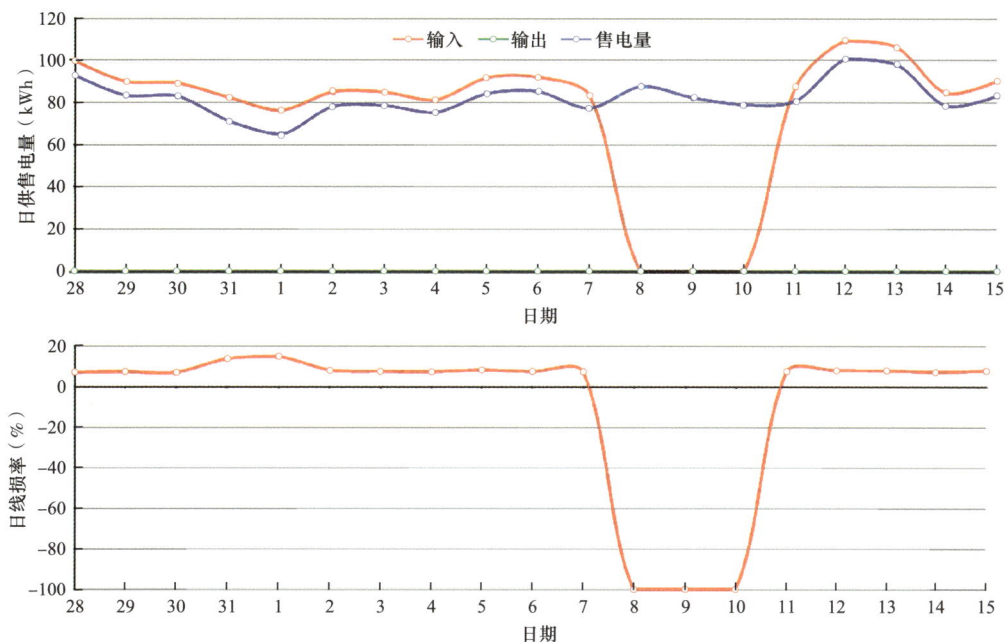

图 7-22　整改后同期系统台区供售电量及线损率情况

分析心得：通过台区同期日线损分析，及时监测线损率异常波动，通过分析供电量、售电量数据，判断出线损率异常是否为采集因素导致的。采集因素导致的台区线损不可算大多为供电量采集失败，也有少数情况为集中器异常导致整个台区售电量表底采集失败。应开展日线损监测，及时发现、及时处理、减小影响。

二、异常类型：集中器故障导致台区用户采集失败

典型台区：10kV 太城二线 970 路职中 2#006 号公用变压器。

基本情况：该台区日线损率在 7% 左右波动，自 8 月 27 日起，其售电量突变为 0kWh，线损率变为 100%。同期系统台区供售电量及线损率情况如图 7-23 所示。

异常分析：

初步分析：该台区线损率突变后，供电量仍在正常范围，售电量突变为 0kWh，同期系统中低压用户数未发生变化，但低压用户采集成功率为 0，初步判断为用户采集发生异常。同期系统台区低压用户采集监测情况如图 7-24 和图 7-25 所示。

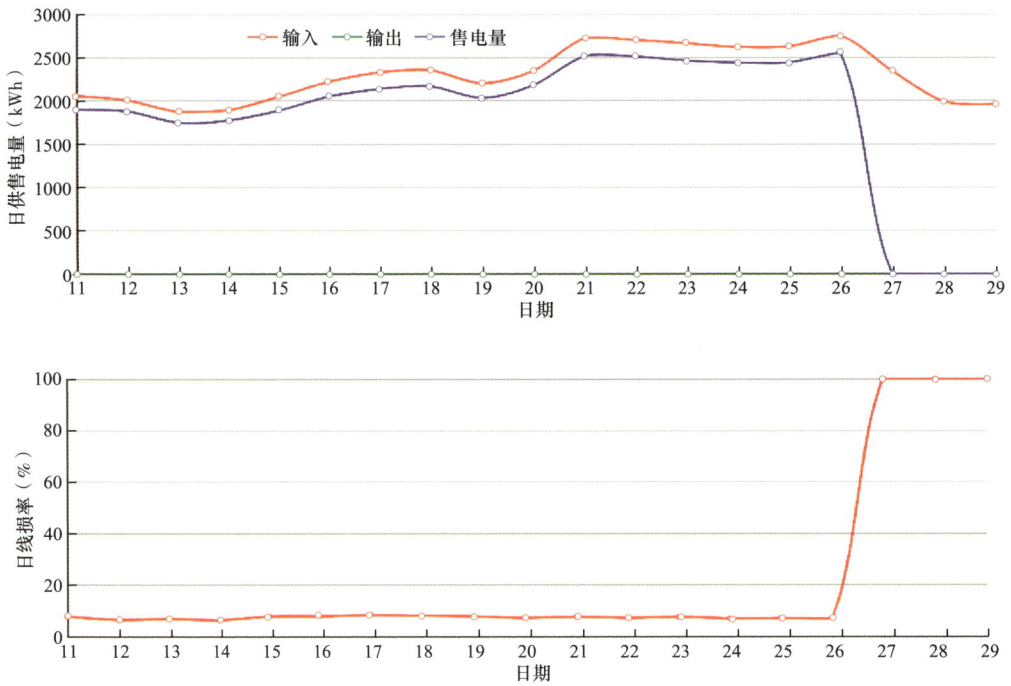

图 7-23　同期系统台区供售电量及线损率情况

图 7-24　台区日线损低压用户采集成功率

序号	用户名称	计量点编号	计量点名称	表号	出厂编号	资产编号	倍率	上表底	下表底	本期电量	上期电量	售电量占比(%)
1	刘代权	00000075324	01	800000...	000021202...	51011010000002...	1	4257.85		0.00	9.47	0.00
2	吴桂平	00000091014	01	800000...	000021204...	51011010000002...	1	3306.35		0.00	2.01	0.00
3	刘万权	00000280521	01	800000...	000016653...	51000010000001...	1	2472.18		0.00	2.33	0.00
4	程辉碧	00000252893	01	33421481	0000446733	51300010000003...	1	3909.42		0.00	0.60	0.00
5	王武元	00000292757	01	800000...	000032762...	51300010000003...	1	359.80		0.00	1.33	0.00
6	付华利	00000415612	付华利	800000...	000016653...	51000010000001...	1	3769.63		0.00	2.07	0.00
7	杨健华	00000435687	01	800000...	000016653...	51300010000003...	1	4624.97		0.00	9.88	0.00
8	刘永安	00000435066	01	800000...	000016655...	51000010000001...	1	3229.47		0.00	3.87	0.00
9	唐仁富	00000435629	01	800000...	000001559...	51300010000003...	1	58662.04		0.00	57.91	0.00
10	刘代松	00000435771	01	800000...	000021201...	51011010000002...	1	4165.85		0.00	4.68	0.00
11	魏红春	00000604118	01	800000...	000016652...	51000010000001...	1	7925.68		0.00	14.00	0.00
12	陈洪伟	94020051372	01	19023854	000205970	01013017300020...	1	0.00		0.00	0.00	0.00
13	曾庆彭	94020051375	01	21402650	0006243417	01021089900062...	1	21631.55		0.00	13.72	0.00
14	鲁开慧	94020051376	01	800000...	000025296...	51011010000002...	1	3799.59		0.00	9.13	0.00
15	童定明	94020051377	01	21402040	0006242807	01021089900062...	1	15259.05		0.00	10.97	0.00
16	曹永美	94020051378	01	21402412	0006243179	01021089900062...	1	34058.36		0.00	12.48	0.00
17	谭绵元	94020051386	01	21401584	0006242351	01021089900062...	1	99042.30		0.00	34.59	0.00
18	郭勇	94020051391	01	31617560	0006240099	51300010000000...	1	19365.85		0.00	0.00	0.00
19	李奇店	94020051392	01	33266765	000044676...	51300010000000...	1	5239.25		0.00	14.29	0.00

图 7-25　台区日线损电量明细

深入分析：检查同期系统中台区电量明细，发现该台区用户有上表底，无下表底，说明采集系统未推送数据，进入采集系统–用户表码数据查询发现所有用户均提示异常，由此进一步推断该台区集中器发生故障，导致用户数据冻结失败，电量无法计算。用采系统台区低压用户采集情况如图 7–26 所示。更换集中器后，用户数据采集恢复正常，用采系统台区低压用户采集情况如图 7–27 所示。

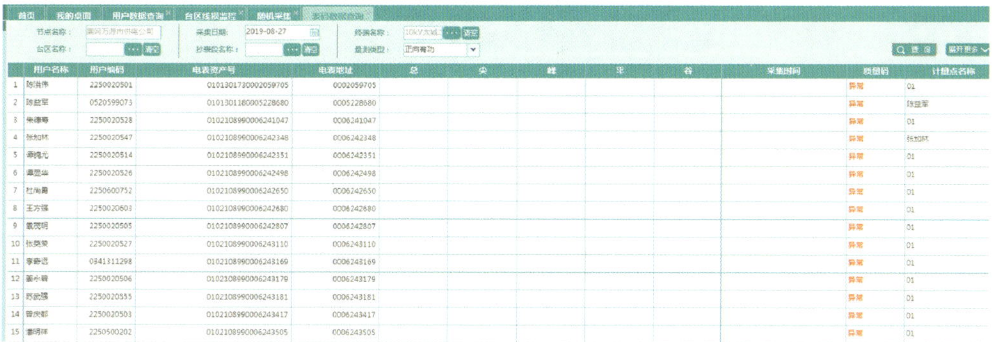

	用户名称	用户编码	电表资产号	电表地址	总	尖	峰	平	谷	采集时间	质量码	计量点名称
1	陈洪伟	2250020501	0101301730002059705	0002059705							异常	01
2	陈益军	0520599073	0101301180005228680	0005228680							异常	陈益军
3	朱德寿	2250020528	0102108990006241047	0006241047							异常	01
4	张加林	2250020547	0102108990006242348	0006242348							异常	张加林
5	谭锦光	2250020514	0102108990006242351	0006242351							异常	01
6	谭登华	2250020526	0102108990006242498	0006242498							异常	01
7	杜尚勇	2250600752	0102108990006242650	0006242650							异常	01
8	王方强	2250020603	0102108990006242680	0006242680							异常	01
9	袁茂明	2250020505	0102108990006242807	0006242807							异常	01
10	张昊荣	2250020527	0102108990006243110	0006243110							异常	01
11	李奇远	0341311298	0102108990006243169	0006243169							异常	01
12	蔡永碧	2250020506	0102108990006243179	0006243179							异常	01
13	苏武强	2250020555	0102108990006243181	0006243181							异常	01
14	曾庆都	2250020503	0102108990006243417	0006243417							异常	01
15	潘明祥	2250500202	0102108990006243505	0006243505							异常	01

图 7–26　用采系统台区低压用户采集情况

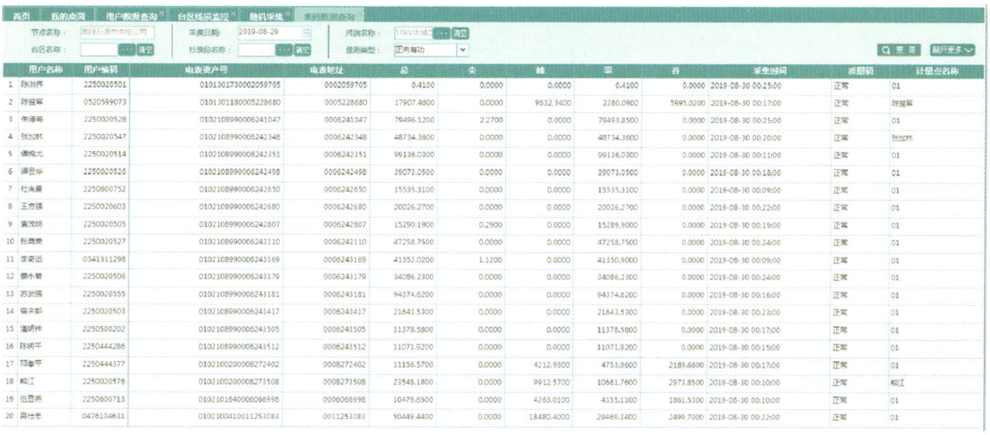

	用户名称	用户编码	电表资产号	电表地址	总	尖	峰	平	谷	采集时间	质量码	计量点名称
1	陈洪伟	2250020501	0101301730002059705	0002059705	0.4100	0.0000	0.0000	0.4100	0.0000	2019-08-30 00:25:00	正常	01
2	陈益军	0520599073	0101301180005228680	0005228680	17907.4600	0.0000	9632.3400	2280.0900	5995.0200	2019-08-30 00:17:00	正常	陈益军
3	朱德寿	2250020528	0102108990006241047	0006241047	79496.1200	2.2700	0.0000	79493.8500	0.0000	2019-08-30 00:25:00	正常	01
4	张加林	2250020547	0102108990006242348	0006242348	48734.3600	0.0000	0.0000	48734.3600	0.0000	2019-08-30 00:20:00	正常	张加林
5	谭锦光	2250020514	0102108990006242351	0006242351	99136.0300	0.0000	0.0000	99136.0300	0.0000	2019-08-30 00:11:00	正常	01
6	谭登华	2250020526	0102108990006242498	0006242498	39073.0500	0.0000	0.0000	39073.0500	0.0000	2019-08-30 00:18:00	正常	01
7	杜尚勇	2250600752	0102108990006242650	0006242650	15535.3100	0.0000	0.0000	15535.3100	0.0000	2019-08-30 00:09:00	正常	01
8	王方强	2250020603	0102108990006242680	0006242680	20026.2700	0.0000	0.0000	20026.2700	0.0000	2019-08-30 00:22:00	正常	01
9	袁茂明	2250020505	0102108990006242807	0006242807	15290.1900	0.2900	0.0000	15289.9000	0.0000	2019-08-30 00:19:00	正常	01
10	张昊荣	2250020527	0102108990006243110	0006243110	47258.7500	0.0000	0.0000	47258.7500	0.0000	2019-08-30 00:24:00	正常	01
11	李奇远	0341311298	0102108990006243169	0006243169	41352.0200	1.1200	0.0000	41350.9000	0.0000	2019-08-30 00:09:00	正常	01
12	蔡永碧	2250020506	0102108990006243179	0006243179	34086.2300	0.0000	0.0000	34086.2300	0.0000	2019-08-30 00:24:00	正常	01
13	苏武强	2250020555	0102108990006243181	0006243181	94374.6200	0.0000	0.0000	94374.6200	0.0000	2019-08-30 00:16:00	正常	01
14	曾庆都	2250020503	0102108990006243417	0006243417	21643.5300	0.0000	0.0000	21643.5300	0.0000	2019-08-30 00:23:00	正常	01
15	潘明祥	2250500202	0102108990006243505	0006243505	11378.5800	0.0000	0.0000	11378.5800	0.0000	2019-08-30 00:17:00	正常	01
16	陈明平	2250444286	0102108990006243512	0006243512	11071.9200	0.0000	0.0000	11071.9200	0.0000	2019-08-30 00:15:00	正常	01
17	邓泰平	2250444377	0102100200008272402	0008272402	11156.5700	0.0000	4212.9300	4753.9600	2189.6800	2019-08-30 00:17:00	正常	01
18	熊江	2250020576	0102100200008273508	0008273508	23548.1800	0.0000	9912.5700	10661.7600	2973.8500	2019-08-30 00:10:00	正常	熊江
19	伍昌燕	2250600713	0102101640006066998	0006066998	10479.6500	0.0000	4263.0100	4355.1100	1861.5300	2019-08-30 00:10:00	正常	01
20	蒋仕荣	0476104631	0102100410011253083	0011253083	50449.4400	0.0000	18480.4000	29469.3400	2499.7000	2019-08-30 00:22:00	正常	01

图 7–27　更换集中器后用采系统台区低压用户采集情况

同期系统台区低压用户采集监测情况如图 7–28 所示，台区供售电量及线损率情况如图 7–29 所示。

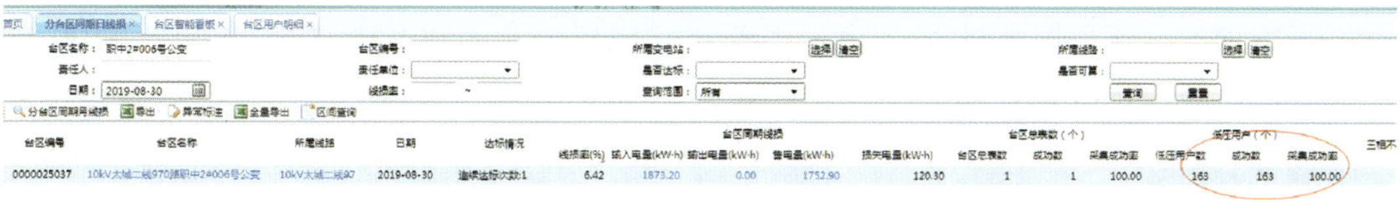

台区编号	台区名称	所属线路	日期	达标情况	台区同期线损					台区总表数（个）			低压用户（个）			三相不
					线损率(%)	输入电量(kW·h)	输出电量(kW·h)	售电量(kW·h)	损失电量(kW·h)	台区总表数	成功数	采集成功率	低压用户数	成功数	采集成功率	
0000025037	10kV大城二线970路职中2#006号公变	10kV大城二线97	2019-08-30	连续达标次数1	6.42	1873.20	0.00	1752.90	120.30	1	1	100.00	163	163	100.00	

图 7–28　同期系统台区低压用户采集监测情况

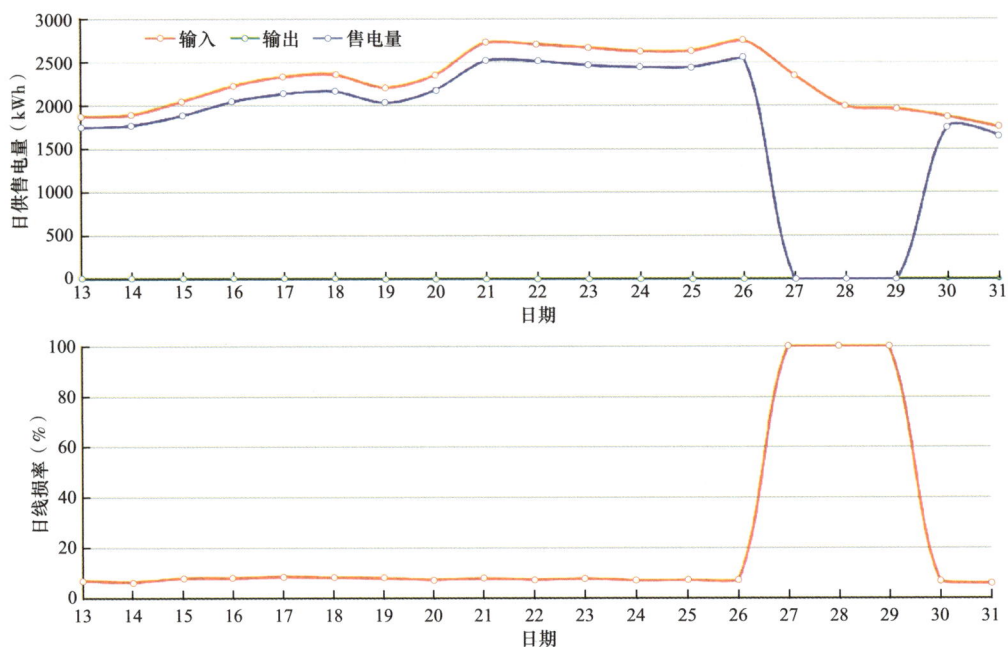

图 7-29 台区供售电量及线损率情况

分析心得：当台区售电量突变为 0 kWh，而用户档案未发生突变时，优先核实集中器是否发生故障，同时在现场更换集中器后应及时进行采集档案维护和调试上线。

第三节 计量因素

一、异常类型：台区总表接线错误

典型台区：10kV 城茶线 951 路唐家坪 060 号公用变压器。

基本情况：该台区 8 月 19 日起，其供电量电量突变为 0kWh，线损率变为 –100%。同期系统台区供售电量及线损率情况如图 7-30 所示。

异常分析：

初步分析：该台区线损率突变后，售电量仍在正常范围，供电量突变为 0kWh，初

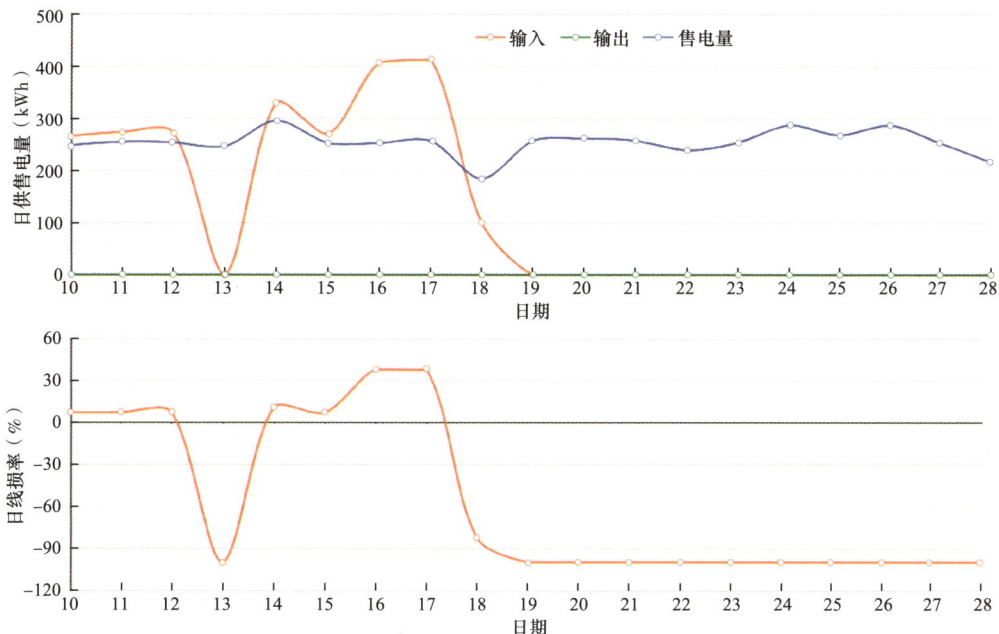

图 7-30　台区供售电量及线损率情况

步怀疑总表采集失败。

深入分析：检查同期系统台区日线损计算中，台区总表采集成功率为 100%（见图 7-31），进一步检查台区总表表底，发现表底冻结正常，但正向表底未走字，反向表底走低（见图 7-32），查询电流数据发现 A、B、C 三相电流均为负值（见图 7-33），由此断定总表接线错误；根据采集系统近段时间冻结数据可以看出，该台区总表从 8 月 18 日开始反向计量（见图 7-34），从营销 SG186 系统 – 计量点工单查询发现，该台区

图 7-31　台区总表采集成功率

图 7-32　同期系统台区总表表底

257

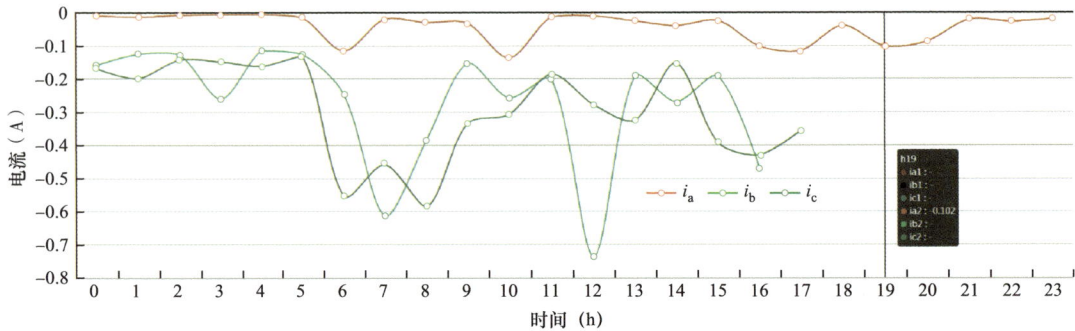

图 7-33 同期系统电流数据

图 7-34 用采系统冻结表底

8月18日更换了关口互感器（见图7-35），工作人员在接线时未仔细核对导致接线错误，反向计量。8月30日现场纠正错误接线后，线损率恢复正常（见图7-36）。

分析心得：该台区线损异常主要是人为因素导致，暴露出部分工作人员业务不熟悉，工作责任心不强。更换计量装置后，应持续观察相关数据的合理性，以便及时发现错误、纠正错误。

图 7-35 营销 SG186 系统计量点工单查询结果

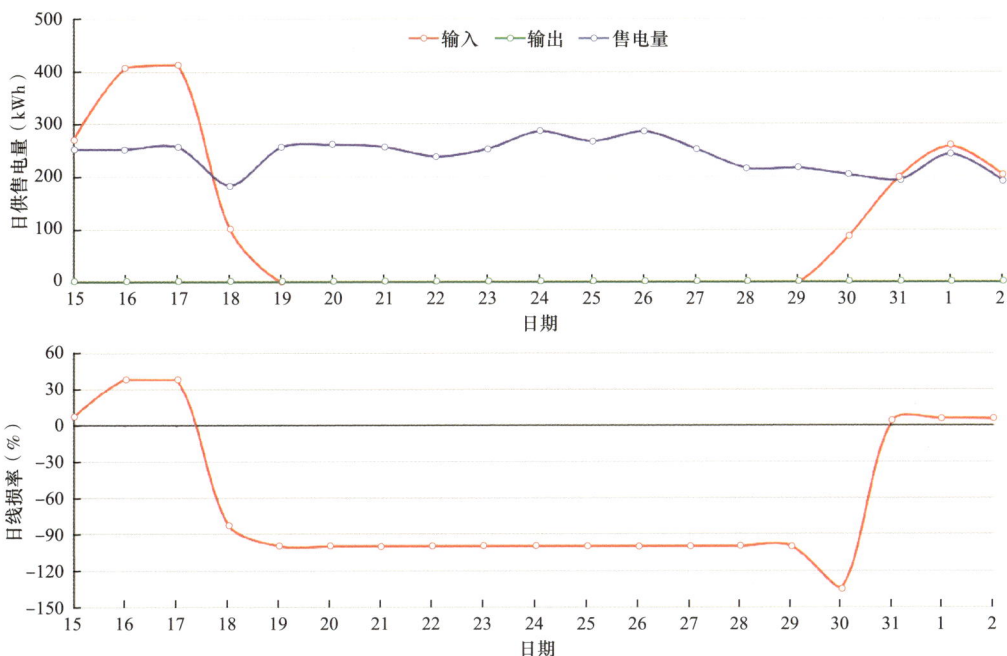

图 7-36　整改后台区供售电量线损率情况

二、异常类型：台区总表故障

典型台区： 10kV 竹镇线 953 路杜家梁 015 号公用变压器。

基本情况： 该台区日线损率在 6% 左右波动，5 月 31 日起，其供电量电量突变为 0kWh，线损率变为 –100%。同期系统台区供售电量及线损率情况如图 7-37 所示。

异常分析：

初步分析： 该台区线损率突变后，售电量仍在正常范围，供电量突变为 0，而同期日线损中，台区总表采集成功率为 0（见图 7-38），初步怀疑总表采集故障。

深入分析： 进一步查询用采系统该台区总表冻结数据，发现 5 月 31 日 ~ 6 月 2 日无冻结数据（见图 7-39），导致 5 月 31 日 ~ 6 月 2 日同期系统无表底，供电量为 0kWh，无法计算台区线损率；6 月 3 日，工作人员到现场对该台区总表采集进行调试，发现该表计出现时断时续的黑屏现象，断定该表计出现故障，导致表计数据无法上传。对该表计进行更换（总表计量点变更工单如图 7-40 所示），线损率由 –100% 恢复到 6%，如图 7-41 所示。

分析心得： 对于台区总表采集失败的情况，首先可以在采集系统中进行相关调试，

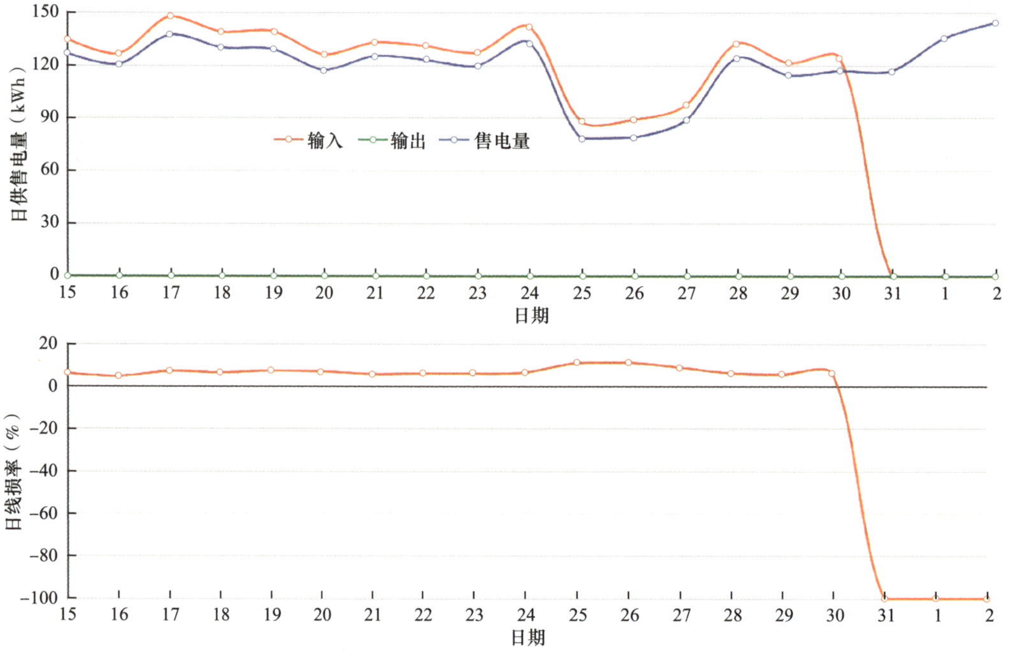

图 7−37　同期系统台区供售电量及线损率情况

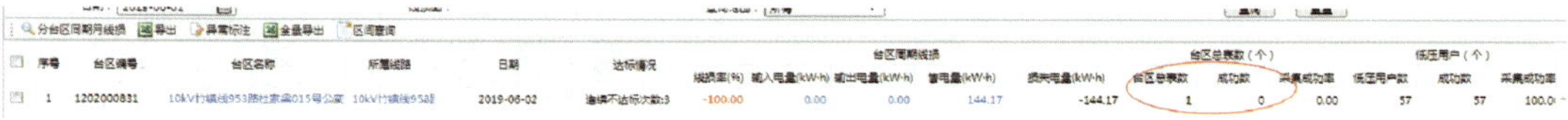

序号	台区编号	台区名称	所属线路	日期	达标情况	台区同期线损					台区总表数（个）			低压用户（个）		
						线损率(%)	输入电量(kW·h)	输出电量(kW·h)	售电量(kW·h)	损失电量(kW·h)	台区总表数	成功数	采集成功率	低压用户数	成功数	采集成功率
1	1202000831	10kV竹镇线953路[illegible]015号公变	10kV竹镇线953路	2019-06-02	连续不达标次数:3	-100.00	0.00	0.00	144.17	-144.17	1	0	0.00	57	57	100.0

图 7−38　台区总表采集成功率

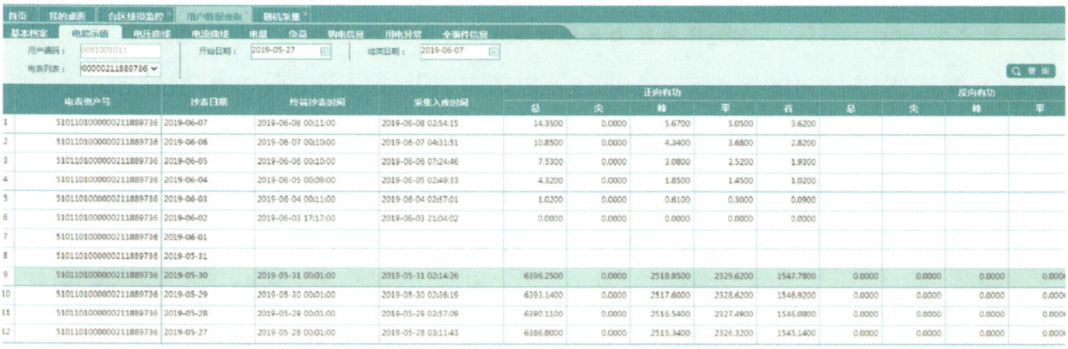

首页　我的桌面　台区线损监控　用户数据查询　随机采集

基本档案　电能示值　电压曲线　电流曲线　电量　负荷　购电信息　用电异常　全事件信息

用户编码：0081001011　开始日期：2019-05-27　结束日期：2019-06-07

电表列表：000000211889736　查询

	电表资产号	抄表日期	终端抄表时间	采集入库时间	正向有功					反向有功			
					总	尖	峰	平	谷	总	尖	峰	平
1	5101101000000211889736	2019-06-07	2019-06-08 00:11:00	2019-06-08 02:54:15	14.3500	0.0000	5.6700	5.0500	3.6200				
2	5101101000000211889736	2019-06-06	2019-06-07 00:10:00	2019-06-07 04:31:51	10.8500	0.0000	4.3400	3.6800	2.8200				
3	5101101000000211889736	2019-06-05	2019-06-06 00:10:00	2019-06-06 07:24:46	7.5300	0.0000	3.0800	2.5200	1.9300				
4	5101101000000211889736	2019-06-04	2019-06-05 00:09:00	2019-06-05 02:49:33	4.3200	0.0000	1.8500	1.4500	1.0200				
5	5101101000000211889736	2019-06-03	2019-06-04 00:11:00	2019-06-04 02:37:01	1.0200	0.0000	0.6100	0.3000	0.0900				
6	5101101000000211889736	2019-06-02	2019-06-03 17:17:00	2019-06-03 21:04:02	0.0000	0.0000	0.0000	0.0000	0.0000				
7	5101101000000211889736	2019-06-01											
8	5101101000000211889736	2019-05-31											
9	5101101000000211889736	2019-05-30	2019-05-31 00:01:00	2019-05-31 02:14:26	6396.2500	0.0000	2518.8500	2329.6200	1547.7800	0.0000	0.0000	0.0000	0.000
10	5101101000000211889736	2019-05-29	2019-05-30 00:01:00	2019-05-30 02:36:19	6393.1400	0.0000	2517.6000	2328.6200	1546.9200	0.0000	0.0000	0.0000	0.000
11	5101101000000211889736	2019-05-28	2019-05-29 00:01:00	2019-05-29 02:57:09	6390.1100	0.0000	2516.5400	2327.4900	1546.0800	0.0000	0.0000	0.0000	0.000
12	5101101000000211889736	2019-05-27	2019-05-28 00:01:00	2019-05-28 03:11:43	6386.8000	0.0000	2515.3400	2326.3200	1545.1400	0.0000	0.0000	0.0000	0.000

图 7−39　用采系统冻结表底

确认无法调试成功后再到现场进行核查，去现场之前做好准备工作，比如准备一只表计和终端（集中器）备用，可避免重复跑路，提高工作效率。

图 7-40　营销 SG186 系统计量点工单查询结果

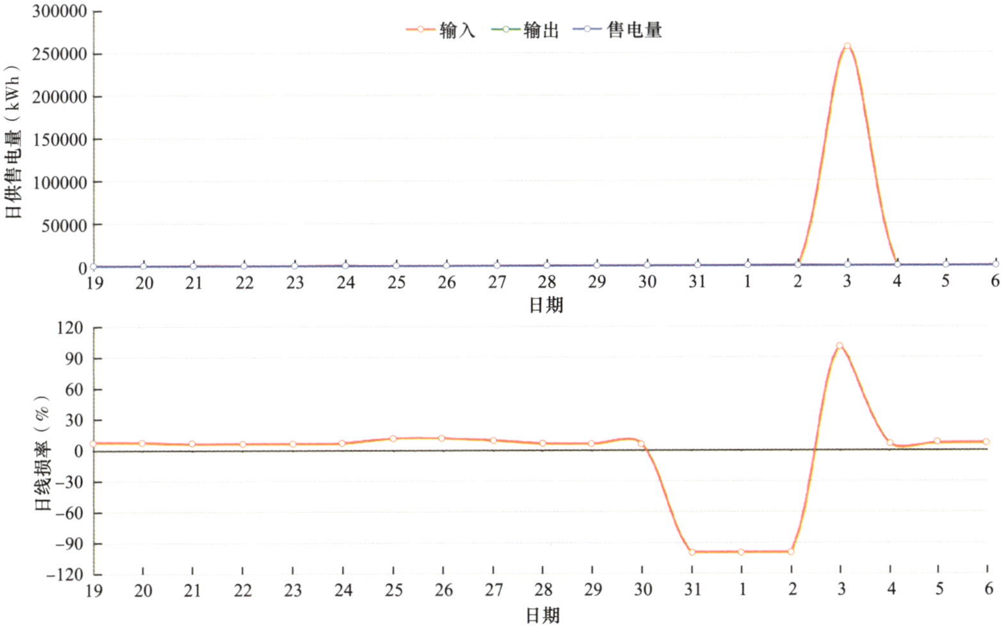

图 7-41　整改后台区供售电量及线损率情况

第四节 换表因素

典型台区： 10kV 城茶线 951 路社房 034 号公用变压器。

基本情况： 该台区日线损率在 6% 左右波动，7 月 17~23 日，其供售电量突变为 0kWh，线损率变为 –100%。同期系统台区日供售电量及线损率情况如图 7–42 所示。

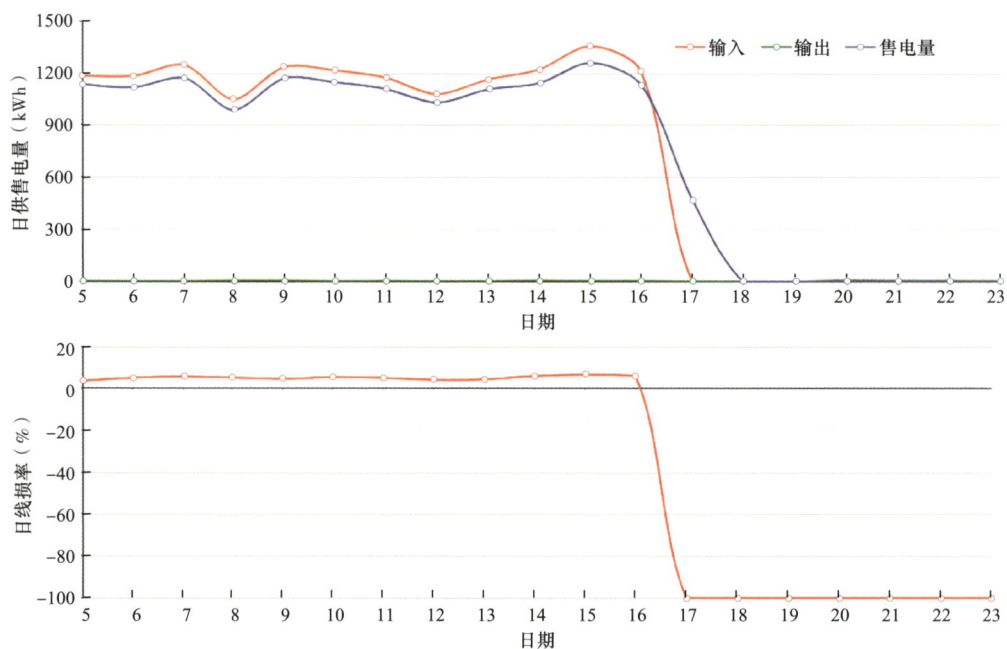

图 7–42 台区供售电量及线损率情况

异常分析：

初步分析： 该台区线损率突变后，供售电量均为 0kWh，总表关口配置、用户档案均无异常，总表、用户均表底缺失，初步判断为集中器故障。同期系统台区总表，用户表底采集情况如图 7–43 所示，用户表底情况如图 7–44 所示。

262

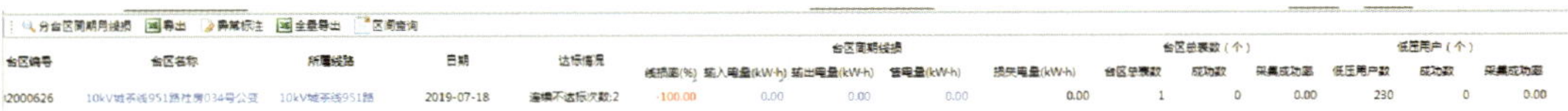

台区编号	台区名称	所属线路	日期	达标情况	台区周期线损					台区总表数（个）			低压用户（个）		
					线损率(%)	输入电量(kW·h)	输出电量(kW·h)	售电量(kW·h)	损失电量(kW·h)	台区总表数	成功数	采集成功率	低压用户数	成功数	采集成功率
2000626	10kV城茶线951路社房034号公变	10kV城茶线951路	2019-07-18	连续不达标次数:2	-100.00	0.00	0.00	0.00	0.00	1	0	0.00	230	0	0.00

图 7-43　台区总表、用户采集情况

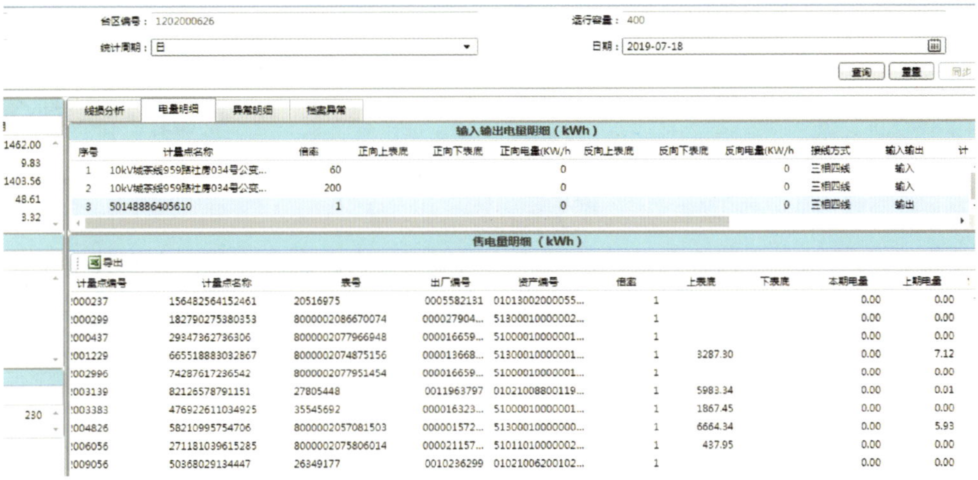

台区编号：1202000626　　运行容量：400

统计周期：日　　日期：2019-07-18

查询　重置　同步

线损分析　电量明细　异常明细　档案异常

输入输出电量明细（kWh）

序号	计量点名称	倍率	正向上表底	正向下表底	正向电量(KW/h	反向上表底	反向下表底	反向电量(KW/h	接线方式	输入输出	计
1	10kV城茶线959路社房034号公变...	60			0			0	三相四线	输入	
2	10kV城茶线959路社房034号公变...	200			0			0	三相四线	输入	
3	50148886405610	1			0			0	三相四线	输出	

售电量明细（kWh）

导出

计量点编号	计量点名称	表号	出厂编号	资产编号	倍率	上表底	下表底	本期电量	上期电量
:000237	156482564152461	20516975	0005582131	01013002000055...	1			0.00	0.00
:000299	182790275380353	8000002086670074	000027904...	51300010000002...	1			0.00	0.00
:000437	29347362736306	8000002077966948	000016659...	51000010000001...	1			0.00	0.00
:001229	665518883032867	8000002074875156	000013668...	51300010000001...	1	3287.30		0.00	7.12
:002996	74287617236542	8000002077951454	000016659...	51000010000001...	1			0.00	0.00
:003139	82126578791151	27805448	0011963797	01021008800119...	1	5983.34		0.00	0.01
:003383	476922611034925	35545692	000016323...	51000010000001...	1	1867.45		0.00	0.00
:004826	58210995754706	8000002057081503	000001572...	51300010000000...	1	6664.34		0.00	5.93
:006056	271181039615285	8000002075806014	000021157...	51011010000002...	1	437.95		0.00	0.00
:009056	50368029134447	26349177	0010236299	01021006200102...	1			0.00	0.00

图 7-44　台区总表、用户表底情况

深入分析：通过台区总表冻结数据（见图 7–45）可推断，该台区总表 7 月 20 日进行过换表，经了解，7 月 17 日该台区配电变压器所在杆塔因暴雨倒杆，配电变压器及计量采集装置全部损坏，7 月 19 日晚完成全部抢修工作，但负责营销 SG186 系统换表流程的业务人员 7 月 23 日才完成归档，换表流程不及时，现场换表时间与流程时间间隔太久，是该台区长时间线损异常的主要原因。营销 SG186 系统台区总表计量点换表流程如图 7–46 所示。

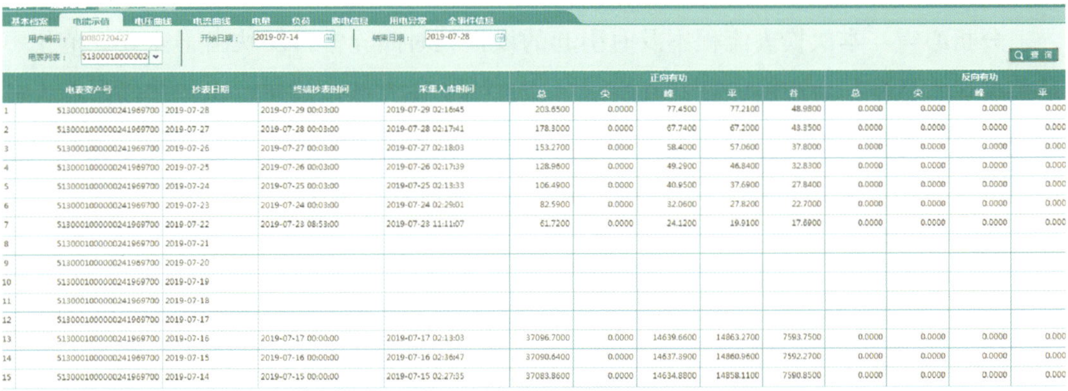

基本档案　电能示值　电压曲线　电流曲线　电量　负荷　购电信息　用电异常　全事件信息

用户编码：0080720427　开始日期：2019-07-14　结束日期：2019-07-28

电表列表：51300010000002

查询

	电表资产号	抄表日期	终端抄表时间	采集入库时间	正向有功					反向有功			
					总	尖	峰	平	谷	总	尖	峰	平
1	5130001000000241969700	2019-07-28	2019-07-29 00:03:00	2019-07-29 02:16:45	203.6500	0.0000	77.4500	77.2100	48.9800	0.0000	0.0000	0.0000	0.000
2	5130001000000241969700	2019-07-27	2019-07-28 00:03:00	2019-07-28 02:17:41	178.3000	0.0000	67.7400	67.2000	43.3500	0.0000	0.0000	0.0000	0.000
3	5130001000000241969700	2019-07-26	2019-07-27 00:03:00	2019-07-27 02:18:03	153.2700	0.0000	58.4000	57.0600	37.8000	0.0000	0.0000	0.0000	0.000
4	5130001000000241969700	2019-07-25	2019-07-26 00:03:00	2019-07-26 02:17:39	128.9600	0.0000	49.2900	46.8400	32.8300	0.0000	0.0000	0.0000	0.000
5	5130001000000241969700	2019-07-24	2019-07-25 00:03:00	2019-07-25 02:13:33	106.4900	0.0000	40.9500	37.6900	27.8400	0.0000	0.0000	0.0000	0.000
6	5130001000000241969700	2019-07-23	2019-07-24 00:03:00	2019-07-24 02:29:01	82.5900	0.0000	32.0600	27.8200	22.7000	0.0000	0.0000	0.0000	0.000
7	5130001000000241969700	2019-07-22	2019-07-23 08:53:00	2019-07-23 11:11:07	61.7200	0.0000	24.1200	19.9100	17.6900	0.0000	0.0000	0.0000	0.000
8	5130001000000241969700	2019-07-21											
9	5130001000000241969700	2019-07-20											
10	5130001000000241969700	2019-07-19											
11	5130001000000241969700	2019-07-18											
12	5130001000000241969700	2019-07-17											
13	5130001000000241969700	2019-07-16	2019-07-17 00:00:00	2019-07-17 02:13:03	37096.7000	0.0000	14639.6600	14863.2700	7593.7500	0.0000	0.0000	0.0000	0.000
14	5130001000000241969700	2019-07-15	2019-07-16 00:00:00	2019-07-16 02:36:47	37090.6400	0.0000	14637.3900	14860.9600	7592.2700	0.0000	0.0000	0.0000	0.000
15	5130001000000241969700	2019-07-14	2019-07-15 00:00:00	2019-07-15 02:27:35	37083.8600	0.0000	14634.8800	14858.1100	7590.8500	0.0000	0.0000	0.0000	0.000

图 7-45　用采系统台区总表冻结数据

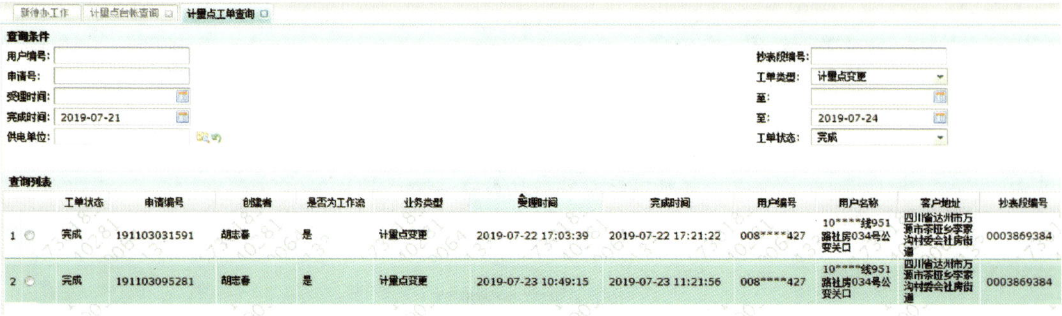

图 7-46 台区总表换表流程查询结果

7月23日完成换表流程和采集调试后，同期系统台区总表、用户表底数据恢复（见图 7-47），7月24日线损恢复正常（见图 7-48）。

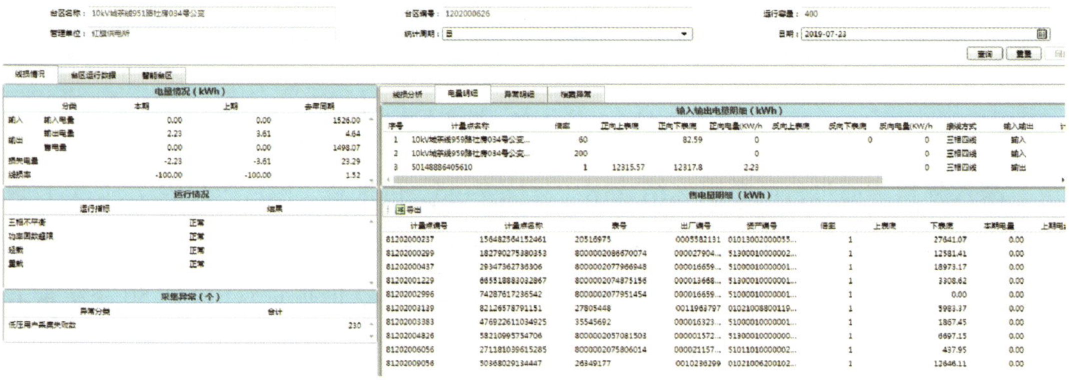

图 7-47 整改后台区总表、用户表底情况

分析心得： 本次换表流程不及时引起的线损长时间异常，反映出了业务规范化不足，现场与系统一致率的问题存在盲区。应加强工作人员规范化意识，现场作业人员应规范填写相关工单并及时传递给业务人员，业务人员在收到工单后及时完成相关流程归档并做好后续数据准确性的观察，确保异常线损及时恢复。

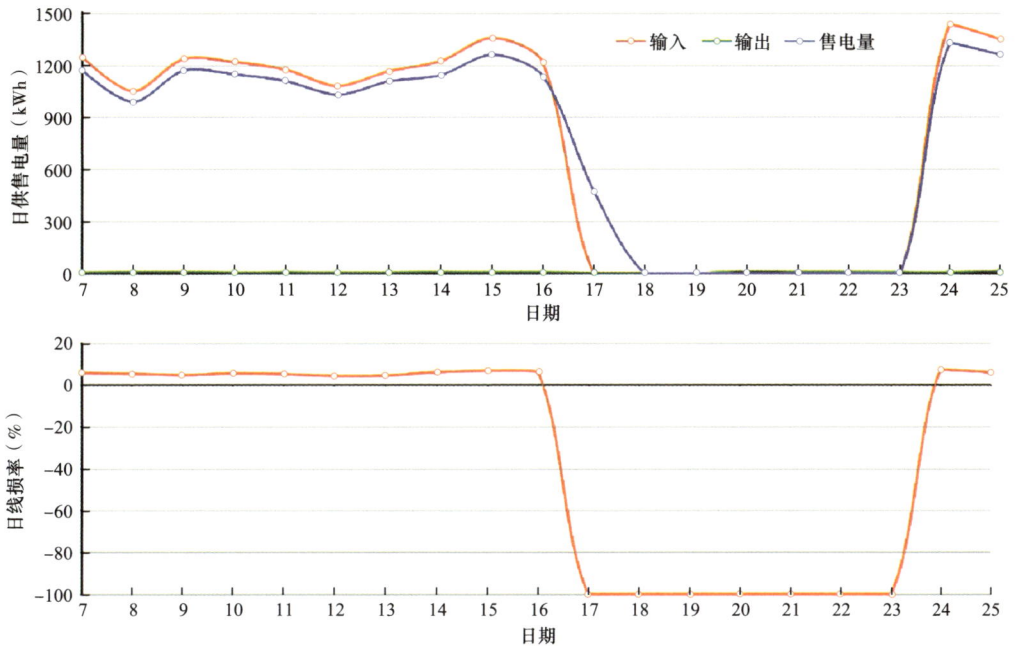

图 7-48　整改后台区线损率

参 考 文 献

[1] 吴安官、倪保珊 . 电力系统线损分析与计算［M］. 北京：中国电力出版社，2013.

[2] 电力工业部 . 供电营业规则［S］. 北京：中国电力出版社，2017.

[3] 国家电网有限公司营销部 . 台区同期线损异常处理手册［M］. 北京：中国电力出版社，2018.

[4] 冯凯 . 同期线损管理系统使用手册［M］. 北京：中国电力出版社，2019.

[5] 王承民，刘莉 . 配电网节能与经济运行［M］. 北京：中国电力出版社，2012.